无机化学学习指导

孙亚秋 张 欣 主编

南开大学出版社

天 津

图书在版编目(CIP)数据

无机化学学习指导 / 孙亚秋，张欣主编. ——天津：南开大学出版社，2009.10(2025.9 重印)
ISBN 978-7-310-03238-9

Ⅰ.无… Ⅱ.①孙…②张… Ⅲ.无机化学－高等学校－教学参考资料　Ⅳ.O61

中国版本图书馆 CIP 数据核字(2009)第 169819 号

版权所有　　侵权必究

无机化学学习指导
WUJIHUAXUE XUEXI ZHIDAO

南开大学出版社出版发行
出版人：王　康
地址：天津市南开区卫津路 94 号　　邮政编码：300071
营销部电话：(022)23508339　　营销部传真：(022)23508542
https://nkup.nankai.edu.cn

天津泰宇印务有限公司印刷　全国各地新华书店经销
2009 年 10 月第 1 版　　2025 年 9 月第 3 次印刷
880×1230 毫米　32 开本　9.875 印张　278 千字
定价:39.00 元

如遇图书印装质量问题，请与本社营销部联系调换，电话：(022)23508339

内容提要

全书共十九章,前十章为无机化学基本原理,后九章为元素化学。每章分教学要求、重点与难点、精选例题解析、练习题及练习题参考答案五部分。这种结构编排有利于学生在明确学习重点的基础上,提高分析和解决问题的能力,熟练规范化的解题方法。本书可以作为各类高校无机化学和普通化学教师和学生的习题集,也适于高年级学生考研复习之用。

前　言

　　本书是为综合性大学和师范院校化学专业及相关专业的学生学习无机化学而编写的一本教学参考书。编者通过多年的教学经验，深感通过用例题和练习题的方法帮助学生熟练地掌握好每章的基本概念和基本理论是十分必要的。

　　本书以普通高等教育"十五"国家级规划教材及面向二十一世纪教材《无机化学》(上、下)为依据编写。全书共十九章，每章分为五部分内容，包括教学要求、重点与难点、精选例题解析、练习题及练习题参考答案。精选例题解析基本概括了每章的重点和难点内容，这样可以启发学生的思维，学会如何正确地分析问题、解决问题；练习题部分可以帮助学生进一步理解每章的基本概念和理论，学生通过解题，可以检查对所学内容的实际掌握情况。

　　本书由孙亚秋、张欣主编。张欣编写第 1~10 章，孙亚秋编写第 11~19 章。最后由孙亚秋补充、修改、整理和定稿。感谢本教研室许艳艳、高东昭、刘媛媛、杨祎洁、钱璟等再次订正。

　　由于编者水平有限，错误之处在所难免，恳请读者批评指正。

编者

2009.5

目 录

第一章 化学基础知识 ……………………………………………… (1)
  一、教学要求 …………………………………………………… (1)
  二、重点与难点 ………………………………………………… (1)
  三、精选例题解析 ……………………………………………… (1)
  四、练习题 ……………………………………………………… (5)
  五、练习题参考答案 …………………………………………… (9)

第二章 化学热力学基础 …………………………………………… (10)
  一、教学要求 …………………………………………………… (10)
  二、重点与难点 ………………………………………………… (10)
  三、精选例题解析 ……………………………………………… (10)
  四、练习题 ……………………………………………………… (19)
  五、练习题参考答案 …………………………………………… (27)

第三章 化学反应速率 ……………………………………………… (28)
  一、教学要求 …………………………………………………… (28)
  二、重点与难点 ………………………………………………… (28)
  三、精选例题解析 ……………………………………………… (28)
  四、练习题 ……………………………………………………… (35)
  五、练习题参考答案 …………………………………………… (40)

第四章 化学平衡 …………………………………………………… (41)
  一、教学要求 …………………………………………………… (41)
  二、重点与难点 ………………………………………………… (41)
  三、精选例题解析 ……………………………………………… (41)
  四、练习题 ……………………………………………………… (50)
  五、练习题参考答案 …………………………………………… (57)

第五章　原子结构与元素周期律 ……………………………… (58)
一、教学要求 …………………………………………………… (58)
二、重点与难点 ………………………………………………… (58)
三、精选例题解析 ……………………………………………… (58)
四、练习题 ……………………………………………………… (66)
五、练习题参考答案 …………………………………………… (73)

第六章　化学键理论概述 ………………………………………… (74)
一、教学要求 …………………………………………………… (74)
二、重点与难点 ………………………………………………… (74)
三、精选例题解析 ……………………………………………… (74)
四、练习题 ……………………………………………………… (85)
五、练习题参考答案 …………………………………………… (92)

第七章　酸碱解离平衡 …………………………………………… (94)
一、教学要求 …………………………………………………… (94)
二、重点与难点 ………………………………………………… (94)
三、精选例题解析 ……………………………………………… (94)
四、练习题 ……………………………………………………… (99)
五、练习题参考答案 …………………………………………… (102)

第八章　沉淀溶解平衡 …………………………………………… (104)
一、教学要求 …………………………………………………… (104)
二、重点与难点 ………………………………………………… (104)
三、精选例题解析 ……………………………………………… (104)
四、练习题 ……………………………………………………… (111)
五、练习题参考答案 …………………………………………… (114)

第九章　氧化还原反应 …………………………………………… (116)
一、教学要求 …………………………………………………… (116)
二、重点与难点 ………………………………………………… (116)
三、精选例题解析 ……………………………………………… (116)
四、练习题 ……………………………………………………… (130)
五、练习题参考答案 …………………………………………… (140)

目　录

第十章　配位化合物 …………………………………… (141)
　　一、教学要求 ……………………………………… (141)
　　二、重点与难点 …………………………………… (141)
　　三、精选例题解析 ………………………………… (141)
　　四、练习题 ………………………………………… (150)
　　五、练习题参考答案 ……………………………… (154)

第十一章　碱金属和碱土金属 ………………………… (156)
　　一、教学要求 ……………………………………… (156)
　　二、重点与难点 …………………………………… (156)
　　三、精选例题解析 ………………………………… (157)
　　四、练习题 ………………………………………… (164)
　　五、练习题参考答案 ……………………………… (171)

第十二章　碳族元素和硼族元素 ……………………… (174)
　　一、教学要求 ……………………………………… (174)
　　二、重点与难点 …………………………………… (174)
　　三、精选例题解析 ………………………………… (175)
　　四、练习题 ………………………………………… (186)
　　五、练习题参考答案 ……………………………… (192)

第十三章　氮族元素 …………………………………… (194)
　　一、教学要求 ……………………………………… (194)
　　二、重点与难点 …………………………………… (194)
　　三、精选例题解析 ………………………………… (194)
　　四、练习题 ………………………………………… (201)
　　五、练习题参考答案 ……………………………… (207)

第十四章　氧族元素 …………………………………… (210)
　　一、教学要求 ……………………………………… (210)
　　二、重点与难点 …………………………………… (210)
　　三、精选例题解析 ………………………………… (210)
　　四、练习题 ………………………………………… (214)
　　五、练习题参考答案 ……………………………… (221)

第十五章 卤素 (224)
- 一、教学要求 (224)
- 二、重点与难点 (224)
- 三、精选例题解析 (225)
- 四、练习题 (229)
- 五、练习题参考答案 (236)

第十六章 铜副族元素和锌副族元素 (239)
- 一、教学要求 (239)
- 二、重点与难点 (239)
- 三、精选例题解析 (239)
- 四、练习题 (251)
- 五、练习题参考答案 (258)

第十七章 铬、锰、钛、钒 (261)
- 一、教学要求 (261)
- 二、重点与难点 (261)
- 三、精选例题解析 (261)
- 四、练习题 (271)
- 五、练习题参考答案 (278)

第十八章 铁系元素和铂系元素 (280)
- 一、教学要求 (280)
- 二、重点与难点 (280)
- 三、精选例题解析 (280)
- 四、练习题 (287)
- 五、练习题参考答案 (291)

第十九章 无机物性质规律讨论 (294)
- 一、教学要求 (294)
- 二、重点与难点 (294)
- 三、精选例题解析 (294)
- 四、练习题 (299)
- 五、练习题参考答案 (303)

第一章 化学基础知识

一、教学要求

1. 掌握理想气体、气体分压、气体分体积等基本概念。
2. 理解并掌握理想气体定律即理想气体状态方程,道尔顿分压定律。

二、重点与难点

重点:混合气体分压的计算,理想气体定律及其应用。
难点:分压、分体积、体积分数等概念的理解,R 的数值和单位的选择。

三、精选例题解析

1. 已知 1 L 某气体在标准状况下质量为 2.86 g,试计算该气体的平均相对分子质量,并计算其在 17 ℃和 207 kPa 时的密度。

解:设气体摩尔质量为 M,气体质量为 m,则该气体的物质的量 $n=m/M$。

由理想气体状态方程 $pV=nRT$, $n=\dfrac{pV}{RT}=\dfrac{m}{M}$

有 $M=\dfrac{mRT}{pV}=\dfrac{2.86 \text{ g}\times 8.314 \text{ J}\cdot\text{mol}^{-1}\times 273 \text{ K}}{101.3\times 10^3 \text{ Pa}\times 1\times 10^{-3} \text{ m}^3}=64 \text{ g}\cdot\text{mol}^{-1}$

$M=\dfrac{mRT}{pV}=\dfrac{\rho RT}{P}$

所以 $\rho = \dfrac{pM}{RT}$

当 $T=(17+273)\text{K}=290\text{ K}$，$P=207\times 10^3\text{ Pa}$

$$\rho = \dfrac{207\times 10^3 \text{ Pa}\times 64\text{ g}\cdot\text{mol}^{-1}}{8.314\text{ J}\cdot\text{mol}^{-1}\times 290\text{ K}}=5.49\text{ g}\cdot\text{L}^{-1}$$

2. 410 K 时某容器内装有 0.30 mol N_2，0.10 mol O_2 和 0.10 mol He，当混合气体的总压为 100 kPa 时 He 的分压是多少？N_2 的分体积是多少？

解：$p_{\text{He}}=\dfrac{n_{\text{He}}}{n_\text{总}}\cdot p_\text{总}=\dfrac{0.1\text{ mol}}{(0.1+0.1+0.3)\text{mol}}\times 100\text{ kPa}=20\text{ kPa}$

有理想气体状态方程：$p_\text{总} V_\text{总}=n_\text{总} RT$

$$V_\text{总}=\dfrac{n_\text{总} RT}{p_\text{总}}=\dfrac{0.5\text{ mol}\times 8.314\text{ J}\cdot\text{mol}^{-1}\times 410\text{ K}}{100\text{ kPa}}=17\text{ L}$$

$$V_{N_2}=\dfrac{n_{N_2}}{n_\text{总}}\times V_\text{总}=\dfrac{3\text{ mol}}{5\text{ mol}}\times 17\text{ L}=10\text{ L}$$

3. 在 100 kPa 和 298 K 时，有含饱和水蒸气的空气 3.47 L，如将其中的水除去，则干燥空气的体积为 3.36 L。试求在此温度下水的饱和蒸气压。

解：$V_{\text{水蒸气}}=3.47\text{ L}-3.36\text{ L}=0.11\text{ L}$

因为温度不变

所以 $p_{\text{水蒸气}}=p_\text{总}\times \dfrac{V_{\text{水蒸气}}}{V_\text{总}}=100\text{ kPa}\times \dfrac{0.11\text{ L}}{3.47\text{ L}}=3.17\text{ kPa}$

故此温度下水的饱和蒸气压为 3.17 kPa。

4. 氧气在 1.0132×10^5 Pa、300 K 时体积为 2 L，氮气在 2.0265×10^5 Pa、300 K 时体积为 1 L。现将这两种气体在 1 L 的容器中混合，如温度仍为 300 K，问混合气体的总压力是否等于 3.0397×10^5 Pa，为什么？

解：因为混合前后的体积不等，混合气体的总压力不等于 3.0397×10^5 Pa。由 $p_1V_1=p_2V_2$ 得：

$$p_{O_2}=1.0132\times 10^5\times \dfrac{2}{1}=2.0264\times 10^5\text{ Pa}$$

$$p_{N_2} = 2.0625 \times \frac{1}{1} = 2.0265 \times 10^5 \text{ Pa}$$

混合气体的总压力为:

$$p_{总} = 2.0264 \times 10^5 \text{ Pa} + 2.0265 \times 10^5 \text{ Pa}$$
$$= 4.0529 \times 10^5 \text{ Pa}$$

答:混合气体的总压力为 4.0529×10^5 Pa。

5. 合成氨原料气中氢气和氮气的体积比是 3∶1,除这两种气体外,原料气体中还含有其他杂质气体 4%(体积百分数),原料气总压力为 1.52×10^7 Pa,求氮、氢的分压。

解:按题意,氢气、氮气和杂质气体的体积分数分别是 $\frac{96 \times 3}{100 \times 4}$、$\frac{96 \times 1}{100 \times 4}$ 和 $\frac{4}{100}$。故氮气和氢气分压为:

$$p_{H_2} = 1.52 \times 10^7 \times \frac{96 \times 3}{100 \times 4} = 1.09 \times 10^7 \text{ Pa}$$

$$p_{N_2} = 1.52 \times 10^7 \times \frac{96 \times 1}{100 \times 4} = 0.36 \times 10^7 \text{ Pa}$$

答:氢气和氮气的分压分别为 1.09×10^7 Pa 和 0.36×10^7 Pa。

6. 将 32.0 g 的氧气和 56.0 g 的氮气盛于 10.0 L 的容器中,设温度为 300 K,试计算:这两种气体的分压;气体混合物的总压。

解:(1) 由 $p_i V = n_i RT$ 得:

$$p_{O_2} = \frac{\frac{32.0}{32.0} \times 8314.3 \times 300}{10.0} = 2.49 \times 10^5 \text{ Pa}$$

$$p_{N_2} = \frac{\frac{56.0}{28} \times 8314.3 \times 300}{10.0} = 4.99 \times 10^5 \text{ Pa}$$

气体混合物的总压为:

$$p_{总} = p_{O_2} + p_{N_2}$$
$$= 2.49 \times 10^5 \text{ Pa} + 4.99 \times 10^5 \text{ Pa}$$
$$= 7.48 \times 10^5 \text{ Pa}$$

答:氧气的分压为 2.49×10^5 Pa,氮气的分压为 4.99×10^5 Pa,混

合物的总压为 7.48×10^5 Pa。

7. 在 280 K 时,一敞口烧瓶盛某种气体,须加热到什么温度,才能使烧瓶中 $\frac{1}{3}$ 体积的气体逸出?

解:由于是敞口烧瓶,p 和 V 不变。又由于有 $\frac{1}{3}$ 体积的气体逸出,则剩余 $\frac{2}{3}$ 体积。

由 $pV=n_1RT_1=n_2RT_2$ 可得出:

$$n_1T_1=\frac{2}{3}n_1T_2$$

故温度为:$T_2=\frac{3}{2}T_1=\frac{280\times 3}{2}=420$ K

答:须加热到 420 K。

8. 对于一定量的混合气体,试回答下列问题:
(1)恒压下,温度变化时各组分气体的体积分数是否变化?
(2)恒温下,压力变化时各组分气体的分压是否变化?
(3)恒温下,体积变化时各组分气体的摩尔分数是否变化?

答:(1)不变。当 p、n 一定时,$\frac{V_1}{V_2}=\frac{T_1}{T_2}$,即体积和温度成正比,故体积分数不会变。

(2)改变。因为总压变化,各组分气体的摩尔分数不变,故分压也变化。

(3)不变。因为物质的量没变,所以摩尔分数不变。

9. 常温下将装有相同气体的体积为 5 L、压力为 9.1193×10^5 Pa 和体积为 10 L、压力为 6.0795×10^5 Pa 的两个容器间的连接阀门打开,问平衡时的压力为多少?

解:根据气态方程有:

$$n_1=\frac{p_1V_1}{RT},\ n_2=\frac{p_2V_2}{RT}$$

混合后气体的总物质的量为:

$$n_{总} = n_1 + n_2 = \frac{p_1V_1 + p_2V_2}{RT} = \frac{p_{平}V_{总}}{RT}$$

故平衡时的压力为：

$$p_{平} = \frac{p_1V_1 + p_2V_2}{V_{总}}$$

$$= \frac{9.1193 \times 10^5 \times 5 + 6.0795 \times 10^5 \times 10}{5 + 10}$$

$$= 7.09 \times 10^5 \text{ Pa}$$

答：平衡时的压力为 7.09×10^5 Pa。

四、练习题

1. 称为核素的是这样一种原子，它具有一定数目的(　　)。
   A. 质子和中子　　　　　　B. 电子和质子
   C. 核子和电子　　　　　　D. 电子和中子

2. 原子质量与其无关，而相对原子质量与其有关的是(　　)。
   A. 中子数和质子数　　　　B. 核电荷数
   C. 核素的丰度　　　　　　D. $_{6}^{12}$C 原子质量的 1/12

3. 对单一核素元素而言，它的相对原子质量和原子质量数值相等，后者的单位是(　　)。
   A. A　　　B. u　　　C. n　　　D. m

4. 一种元素的相对原子质量，是该元素的一定质量与核素 $_{6}^{12}$C 的摩尔质量 1/12 的比值，这一质量是(　　)。
   A. 原子质量　　　　　　　B. 各核素原子质量的平均质量
   C. 平均质量　　　　　　　D. 1 mol 原子平均质量

5. 同位素即质子数相同而另一种微粒数目不同的同一元素的互称，这另一种微粒数目是(　　)。
   A. 质量数　　　　　　　　B. 中子数
   C. 核电荷数　　　　　　　D. 核外电子层数

6. 同量数是具有一定条件的不同元素的互称。这些条件是(　　)。

A. 质子数相同,质量数不同　　B. 质量数相同,质子数不同
C. 质子数相同,中子数不同　　D. 中子数相同,质量数不同

7. 红磷和白磷为同素异形体是因为(　　)。
　　A. 两者颜色不同　　　　　　B. 两者物理性质不同
　　C. 两者结构不同　　　　　　D. 两者互相转化

8. $^{40}_{20}Ca$ 和 $^{40}_{22}Ar$ 两者互为(　　)。
　　A. 同位素　　　　　　　　　B. 同质子异核素
　　C. 同质子异荷素　　　　　　D. 同量数

9. 原子核失去一个中子则(　　)。
　　A. 原子的化学性质发生变化
　　B. 使原子中的原子核数增加
　　C. 原子序数减小
　　D. 原子的一种物理性质发生变化

10. 对 $^{24}_{12}Mg$、$^{23}_{12}Mg$、$^{26}_{12}Mg$ 三种符号而言,下列说法错误的是(　　)。
　　A. 它们代表三种元素　　　　B. 它们代表三种不同的原子
　　C. 它们代表三种核素　　　　D. 它们代表 Mg 的三种同位素

11. 在 300 K 时,把电解水得到并经干燥的 H_2 和 O_2 的混合气体 40.0 g,通入 60.0 L 的真空容器中,H_2 和 O_2 的分压比为(　　)。
　　A. 3∶1　　　B. 2∶1　　　C. 1∶1　　　D. 4∶1

12. 相对分子质量较小的气体分子的运动速率比相对分子质量较大的气体分子的运动速率(　　)。
　　A. 大　　　　B. 小　　　　C. 相同　　　D. 无一定关系

13. 某组分气体分压力的大小与它在气体混合物中成正比的是(　　)。
　　A. 体积　　　B. 质量　　　C. 浓度　　　D. 摩尔分数

14. 在恒温恒压下,把 0.2 L N_2 和 0.3 L O_2 混合,所得混合气体的体积是(　　)。
　　A. 0.6 L　　　B. 0.1 L　　　C. 0.5 L　　　D. 2/3 L

15. 严格地讲,只有在一定的条件下,气体状态方程式才是正确的,这时

的气体称为理想气体。这条件是（　　）。
A. 气体分子间的化学反应忽略不计
B. 各气体的分压和气体分子本身的体积忽略不计
C. 各气体分子的"物质的量"和气体分子间的引力忽略不计
D. 气体分子间的引力，气体分子本身的体积忽略不计

16. 在同温同压下，相同体积的各种气体所含的分子数目是相同的，首先提出这一理论的是（　　）。
    A. 道尔顿　　　　　　　　B. 盖·吕萨克
    C. 波义尔　　　　　　　　D. 阿佛加德罗

17. "物质的量"相同的两种气体于同温度下，在同一容器中混合，该混合气体的压力（　　）。
    A. 等于各种气体单独存在时的压力
    B. 等于各种气体单独存在时的压力之积
    C. 等于各种气体单独存在时的压力之和
    D. 等于各种气体单独存在时的压力之差

18. 某主族元素最高价含氧酸的化学式为 HRO_4，它能与氢生成氢化物，其中氢的含量为 2.74%，这个元素为（　　）。
    A. N　　　　　B. F　　　　　C. Cl　　　　　D. P

19. 在常温下将装有相同气体的体积为 5 L、压力为 9 kPa 和体积为 10 L、压力为 6 kPa 的两容器间的连接阀门打开，平衡后的压力为（　　）。
    A. 7 kPa　　　B. 3 kPa　　　C. 4 kPa　　　D. 6 kPa

20. 把 NH_3 和 HCl 气体分别置于一根 100 cm 长的玻璃管的两端，并使其自由扩散，两气体将在管内某处相遇而生成白烟，该处距 NH_3 端（　　）。
    A. 60 cm　　　B. 50 cm　　　C. 70 cm　　　D. 80 cm

21. 在下述条件中，能使实际气体接近理想气体的是（　　）。
    A. 低温、高压　　　　　　B. 高温、低压
    C. 低温、低压　　　　　　D. 高温、高压

22. 一种未知气体在一台扩散仪内以 10.0 mm·s^{-1} 的速率扩散,在此仪器内,甲烷气体以 30.0 mm·s^{-1} 的速度扩散,此未知气体的相对分子质量为(　　)。

  A. 1.78　　　　B. 5.33　　　　C. 48　　　　D. 144.4

23. 核素和元素的概念正确的是(　　)。

  A. 核素和元素的原子都必须具有一定数目的质子和一定数目的中子

  B. 核素和元素的原子都必须具有一定数目的质子,但中子数可以不同

  C. 核素和元素都是指一类原子的总称

  D. 核素是某种特定的原子,它的质子数和中子数都是一定的,而元素是一类原子的总称,这类原子的质子数相同,而中子数可以不同

24. 核素 $^{12}_{6}C$ 的原子质量为 12.000 0 u,丰度为 98.89%;核素 $^{13}_{6}C$ 的原子质量为 13.003 3 u,丰度为 1.109%,则 C 的平均原子质量为(　　)。

  A. 13.000 8　　B. 12.011 0　　C. 12.011 u　　D. 13.004 5

25. 下列说法正确的是(　　)。

  A. 44 g CO_2 和 32 g O_2 所含的分子数相同,因而体积不同

  B. 12 g CO_2 和 12 g O_2 的质量相等,因而"物质的量"相同

  C. 1 mol CO_2 与 1 mol O_2 的"物质的量"相同,因而它们的分子数相同

  D. 22.4 L CO_2 与 22.4 L O_2 的体积相同,"物质的量"一定相等

26. 将 300 K、500 kPa 的 O_2 5 L、400 K、200 kPa 的 H_2 10 L 和 200 K、200 kPa 的 N_2 3 L,三种气体压入 10 L 容器中维持 300 K,这时气体状态是(　　)。

  A. O_2 的压力降低,N_2、H_2 压力增加

  B. H_2 的压力降低,N_2、O_2 的压力增加

  C. N_2 的压力不变

  D. O_2、N_2、H_2 的压力降低

27. 在相同条件下，NH_3 的扩散速度是 HCl 扩散速度的（　　）。

　　A. 2 倍　　　B. 1.5 倍　　　C. 2.5 倍　　　D. 1 倍

五、练习题参考答案

1. A	2. C、D	3. B	4. D	5. B	6. B
7. C	8. D	9. D	10. A	11. B	12. A
13. D	14. C	15. D	16. D	17. C	18. C
19. A	20. A	21. B	22. D	23. D	24. C
25. C	26. D	27. B			

第二章 化学热力学基础

一、教学要求

1. 理解热、功、热力学能、状态函数、焓变、标准摩尔生成焓、熵、熵变、吉布斯自由能、标准生成自由能等概念。
2. 了解热力学第一、第二、第三定律的基本内容。
3. 掌握盖斯定律并运用盖斯定律和标准摩尔生成焓计算反应的焓变;运用吉布斯-赫姆霍兹公式计算反应的自由能变;判断反应自发进行的方向。

二、重点与难点

重点:掌握状态函数的变化量 ΔU、ΔH、ΔS、ΔG 的数值只决定于体系的始态和终态,与变化途径无关。会运用盖斯定律进行计算。掌握标准状态下 $\Delta_r H^\theta$ 和 $\Delta_r G^\theta$ 的计算,通过计算判断化学反应自发进行的方向和反应进行的温度。

难点:理解焓、熵、吉布斯自由能等概念的物理意义,运用化学反应等温式求算 $\Delta_r G$、K^θ。

三、精选例题解析

1. 下列叙述,其中正确的是( )。
   A. 焓是为了研究问题方便而引入的一个物理量

B. 焓可以认为就是体系所含的热量

C. 封闭体系不做其他功时，$\Delta_r H = Q_p$

D. 焓是状态函数

解：A 和 D 是正确的。B 是错误的，焓 $H = U + pV$。并不是体系所含的热量。C 也是错误的，因为一个封闭体系，只有在等压过程且不做其他功时，才有 $\Delta_r H = Q_p$ 的关系。

2. 已知：$16H^+ + 2MnO_4^- + 10Cl^- = 2Mn^{2+} + 5Cl_2 + 8H_2O$

$$\Delta_r G_m^\theta(1) = -142.0 \text{ kJ} \cdot \text{mol}^{-1}$$

$$Cl_2 + 2Fe^{2+} = 2Cl^- + 2Fe^{3+}$$

$$\Delta_r G_m^\theta(2) = -113.6 \text{ kJ} \cdot \text{mol}^{-1}$$

求反应 $MnO_4^- + 5Fe^{2+} + 8H^+ = Mn^{2+} + 5Fe^{3+} + 4H_2O$ 的 $\Delta_r G_m^\theta$。

解：$2MnO_4^- + 10Cl^- + 16H^+ = 2Mn^{2+} + 5Cl_2 + 8H_2O$ (1)

$Cl_2 + 2Fe^{2+} = 2Cl^- + 2Fe^{3+}$ (2)

$\frac{1}{2}(1)$ 式 $+ \frac{5}{2}(2)$ 式得

反应：$MnO_4^- + 5Fe^{2+} + 8H^+ = Mn^{2+} + 5Fe^{3+} + 4H_2O$

$$\Delta_r G_m^\theta = \frac{1}{2}\Delta_r G(1) + \frac{5}{2}\Delta_r G(2)$$

$$= \frac{1}{2} \times (-142) + \frac{5}{2} \times (-113.6)$$

$$= -355 \text{ kJ} \cdot \text{mol}^{-1}$$

故该反应的 $\Delta_r G_m^\theta$ 为 $-355 \text{ kJ} \cdot \text{mol}^{-1}$。

3. 煤中含有硫，燃烧时产生有害的 SO_3，用生石灰消除 SO_3 减少污染，进行下列反应：

$$CaO(s) + SO_3(g) = CaSO_4(s)$$

此反应在 298 K、101.3 kPa 时，$\Delta_r H^\theta = -402.0 \text{ kJ} \cdot \text{mol}^{-1}$，$\Delta_r G^\theta = -345.7 \text{ kJ} \cdot \text{mol}^{-1}$。求反应自发进行的最高炉温。

解：升高温度，反应逆向进行，最终反应将不自发，本题即求此时的温度。先求出 $\Delta_r S^\theta$。由 $\Delta_r G^\theta = \Delta_r H^\theta - T\Delta_r S^\theta$ 得：

$$\Delta_r S^\theta = \frac{\Delta_r H^\theta - \Delta_r G^\theta}{T}$$

$$= \frac{(-402.0)-(-345.7)}{298}$$

$$= -0.189 \text{ kJ} \cdot \text{mol}^{-1} \cdot \text{K}^{-1}$$

在某温度下反应自发进行时：$\Delta_r H^\theta - T\Delta_r S^\theta < 0$

代入数据得：$-402.0 - T \times (-0.189) < 0$

$$T < \frac{402.0}{0.189} = 2\ 127\ \text{K}$$

答：反应的炉温最高为 2 127 K。

4. 已知 298 K 时 KCl 晶体溶于水 $\Delta_r H^\theta = 8.4 \text{ kJ} \cdot \text{mol}^{-1}$，$\Delta_r S^\theta = 96 \text{ J} \cdot \text{mol}^{-1} \cdot \text{K}^{-1}$。求此溶解过程自由能变化 $\Delta_r G^\theta$。并回答，此溶解过程是否自发？随温度变化的趋势如何？

解：$\Delta_r G^\theta = \Delta_r H^\theta - T\Delta_r S^\theta$

$$= 8.4 - 298 \times 96 \times 10^{-3}$$

$$= -20.2 \text{ kJ} \cdot \text{mol}^{-1} < 0$$

此溶解过程可以在 298 K 时自发进行。

又 $\Delta_r H^\theta > 0$，而 $\Delta_r S^\theta > 0$，当温度升高时 $\Delta_r G^\theta$ 减小，即溶解过程随温度升高趋势增大。

5. 在标准状态下，下列各组内反应的等压热效应是否相同？说明理由。

(1) $N_2(g) + 3H_2(g) \Longrightarrow 2NH_3(g)$

$\frac{1}{2}N_2(g) + \frac{3}{2}H_2(g) \Longrightarrow NH_3(g)$

(2) $H_2(g) + Br_2(g) \Longrightarrow 2HBr(g)$

$H_2(g) + Br_2(l) \Longrightarrow 2HBr(g)$

答：(1) 不相同。因为等压热效应 $\Delta_r H^\theta$ 是容量性质，与体系中各物质的量有关。

(2) 不相同。因为等压热效应 $\Delta_r H^\theta$ 是状态函数的改变量，与体系中各组分的聚集状态有关。

6. 已知：

$2Cu_2O(s) + O_2(g) == 4CuO(s)$ $\Delta_r H^\theta = -290 \text{ kJ} \cdot \text{mol}^{-1}$

$CuO(s) + Cu(s) == Cu_2O(s)$ $\Delta_r H^\theta = -12 \text{ kJ} \cdot \text{mol}^{-1}$

试计算 $CuO(s)$ 的标准生成热。

解：

$2Cu_2O(s) + O_2(g) == 4CuO(s)$ $\Delta_r H_1^\theta = -290 \text{ kJ} \cdot \text{mol}^{-1}$

$+) 2CuO(s) + 2Cu(s) == 2Cu_2O(s)$ $\Delta_r H_2^\theta = -12 \text{ kJ} \cdot \text{mol}^{-1} \times 2$

―――――――――――――――――――――――――――――――――

$2Cu(s) + O_2(g) == 2CuO(s)$ $\Delta_r H^\theta = -314 \text{ kJ} \cdot \text{mol}^{-1}$

由反应热定义可知：

$$\Delta_f H^\theta(CuO) = \frac{\Delta_r H^\theta}{2} = \frac{-314}{2} = -157 \text{ kJ} \cdot \text{mol}^{-1}$$

答： $CuO(s)$ 的标准生成热为 $-157 \text{ kJ} \cdot \text{mol}^{-1}$。

7. 已知下列热化学方程式：

$Fe_2O_3(s) + 3CO(g) == 2Fe(s) + 3CO_2(g)$

$\Delta_r H_1^\theta = -25 \text{ kJ} \cdot \text{mol}^{-1}$

$3Fe_2O_3(s) + CO(g) == 2Fe_3O_4(s) + CO_2(g)$

$\Delta_r H_2^\theta = -47 \text{ kJ} \cdot \text{mol}^{-1}$

$Fe_3O_4(s) + CO(g) == 3FeO(s) + CO_2(g)$

$\Delta_r H_3^\theta = +19 \text{ kJ} \cdot \text{mol}^{-1}$

不用查表，计算下列反应的 $\Delta_r H^\theta$：

$FeO(s) + CO(g) == Fe(s) + CO_2(g)$

解： $\frac{1}{2} \times (1)$式 $- \frac{1}{6} \times (2)$式 $- \frac{1}{3} \times (3)$：

$FeO(s) + CO(g) == Fe(s) + CO_2(g)$

反应的热效应为：

$$\Delta_f H^\theta = \frac{1}{2} \times \Delta_r H_1^\theta - \frac{1}{6} \times \Delta_r H_2^\theta - \frac{1}{3} \times \Delta_r H_3^\theta$$

$$= \frac{1}{2} \times (-25) - \frac{1}{6} \times (-47) - \frac{1}{3} \times (+19)$$

$$= -11 \text{ kJ} \cdot \text{mol}^{-1}$$

答： 此反应的 $\Delta_r H^\theta$ 为 $-11 \text{ kJ} \cdot \text{mol}^{-1}$。

8. 已知 $PbO(s, 黄) + SO_3(g) == PbSO_4(s)$ 的 $\Delta_r H^\theta =$

$-305.3 \text{ kJ} \cdot \text{mol}^{-1}$,试求 $PbSO_4(s)$ 的生成热。

解:$PbSO_4(s)$ 的生成热为:

$$\Delta_f H^\theta(PbSO_4, s) = \Delta_r H^\theta + \Delta_f H^\theta(SO_3, g) + \Delta_f H^\theta(PbO, s, 黄)$$
$$= -305.3 + (-395.7) + (-215)$$
$$= -916 \text{ kJ} \cdot \text{mol}^{-1}$$

答:$PbSO_4(s)$ 的生成热为 $-916 \text{ kJ} \cdot \text{mol}^{-1}$。

9. 制备水煤气时将水蒸气自赤热的煤中通过,即有如下反应发生:

$$C + H_2O \Longrightarrow CO + H_2 (主要的)$$
$$CO + H_2O \Longrightarrow CO_2 + H_2 (次要的)$$

将此混合气体冷至室温(298 K)即得水煤气,其中含 CO、H_2 及少量的 CO_2(水气可以不计)。设水煤气的燃烧产物皆是气体。

(1)若只有第一反应发生,将 1 L 水煤气燃烧能放热若干?

(2)若有 95% 的 C 转化为 CO,5% 的 C 转化为 CO_2,求 1 L 此种水煤气燃烧时放热多少?

解:水煤气的燃烧反应为:

$$CO(g) + \frac{1}{2}O_2(g) \Longrightarrow CO_2(g)$$
$$\Delta_r H_1^\theta = -393 - (-110) = -283 \text{ kJ} \cdot \text{mol}^{-1}$$
$$H_2(g) + \frac{1}{2}O_2(g) \Longrightarrow H_2O(g)$$
$$\Delta_r H_2^\theta = -242 \text{ kJ} \cdot \text{mol}^{-1}$$

(1)若只发生第一个反应:水煤气中 CO 和 H_2 的物质的量相等。1 L 水煤气中含 0.5 L H_2 和 0.5 L CO,其物质的量为:

$$n_{H_2} = n_{CO} = \frac{pV_{H_2}}{RT}$$
$$= \frac{1.013 \times 10^5 \text{ Pa} \times 0.5 \times 10^{-3} \text{ m}^3}{8.314 \text{ J} \cdot \text{mol}^{-1} \cdot \text{K}^{-1} \times 298 \text{ K}}$$
$$= 2.04 \times 10^{-2} \text{ mol}$$

1 L 水煤气燃烧的反应热为:

$$\Delta_r H^\theta = 2.04 \times 10^{-2} \times (-283) + 2.04 \times 10^{-2} \times (-242)$$
$$= -10.7 \text{ kJ}$$

(2)水蒸气自赤热的煤中通过,发生下列反应:

$$C + H_2O = CO + H_2$$

$$C + 2H_2O = CO_2 + 2H_2$$

由题意和反应方程式可知,若生成 0.95 mol CO,则生成 0.05 mol CO_2,生成氢气 $0.95 + 2 \times 0.05 = 1.05$ mol。1 L 水煤气中 CO 和 H_2 的分体积分别为:

$$V_{CO} = V \cdot x_{CO}$$
$$= 1.0 \text{ L} \times \frac{0.95 \text{ mol}}{0.95 \text{ mol} + 0.05 \text{ mol} + 1.05 \text{ mol}}$$
$$= 0.46 \text{ L}$$

$$V_{H_2} = 1.0 \text{ L} \times \frac{1.05 \text{ mol}}{0.95 \text{ mol} + 0.05 \text{ mol} + 1.05 \text{ mol}} = 0.51 \text{ L}$$

1 L 水煤气中所含 CO 和 H_2 的物质的量分别为:

$$n_{CO} = \frac{0.46 \times 10^{-3} \text{ m}^3 \times 1.013 \times 10^5 \text{ Pa}}{8.314 \text{ J} \cdot \text{mol}^{-1} \cdot \text{K}^{-1} \times 298 \text{ K}} = 0.018\ 8 \text{ mol}$$

$$n_{H_2} = \frac{0.51 \times 10^{-3} \text{ m}^3 \times 1.013 \times 10^5 \text{ Pa}}{8.314 \text{ J} \cdot \text{mol}^{-1} \cdot \text{K}^{-1} \times 298 \text{ K}} = 0.020\ 9 \text{ mol}$$

1 L 水煤气燃烧的反应热为:

$$\Delta_r H^\theta = 0.018\ 8 \times (-283) + 0.020\ 9 \times (-242)$$
$$= -10.4 \text{ kJ}$$

答:(1)1 L 水煤气燃烧能放热 10.7 kJ;(2)1 L 水煤气燃烧时放热 10.4 kJ。

10. 计算下列反应在 298 K 时的 $\Delta_r G^\theta$,哪些反应是自发的?

(1) $NH_3(g) \longrightarrow N_2(g) + H_2(g)$

(2) $SiO_2(s) + HF(g) \longrightarrow SiF_4(g) + H_2O(g)$

(3) $PbS(s) + O_2(g) \longrightarrow PbO(s, 红色) + SO_2(g)$

解:(1) $2NH_3(g) = N_2(g) + 3H_2(g)$

$$\Delta_r G^\theta = -2\Delta_f G^\theta(NH_3, g)$$
$$= -(-16.5) \times 2$$
$$= +33 \text{ kJ} \cdot \text{mol}^{-1}$$

这个反应是非自发的。

(2) $SiO_2(s) + 4HF(g) \Longrightarrow SiF_4(g) + 2H_2O(g)$

$\Delta_r G^\theta = \Delta_f G^\theta(SiF_4, g) + 2\Delta_f G^\theta(H_2O, g) - 4\Delta_f G^\theta(HF, g) - \Delta_f G^\theta(SiO_2, s)$

$= -1\,572.7 + (-228) \times 2 - (-273) \times 4 - (-856.7)$

$= -80 \text{ kJ} \cdot \text{mol}^{-1}$

此反应是自发的。

(3) $PbS(s) + \frac{3}{2}O_2(g) \Longrightarrow PbO(s, 红) + SO_2(g)$

$\Delta_r G^\theta = \Delta_f G^\theta(PbO, s, 红) + \Delta_f G^\theta(SO_2, g) - \Delta_f G^\theta(PbS, s)$

$= -189 + (-300) - (-98.7)$

$= -390.3 \text{ kJ} \cdot \text{mol}^{-1}$

此反应是自发的。

11. 计算反应 $MgCO_3(s) \Longrightarrow MgO(s) + CO_2(g)$ 在 298.15 K 时的标准焓变化,吉布斯自由能变化和熵变化。

解: 298 K 时反应的标准焓变化为:

$\Delta_r H^\theta = \Delta_f H^\theta(CO_2, g) + \Delta_f H^\theta(MgO, s) - \Delta_f H^\theta(MgCO_3, s)$

$= -393 + (-601.7) - (-1\,096)$

$= 101.3 \text{ kJ} \cdot \text{mol}^{-1}$

反应的标准吉布斯自由能变化为:

$\Delta_r G^\theta = \Delta_f G^\theta(CO_2, g) + \Delta_f G^\theta(MgO, s) - \Delta_f G^\theta(MgCO_3, s)$

$= -394 + (-569.4) - (-1\,012)$

$= 48.6 \text{ kJ} \cdot \text{mol}^{-1}$

反应的标准熵变化为:

$\Delta_r S^\theta = S^\theta(CO_2, g) + S^\theta(MgO, g) - S^\theta(MgCO_3, s)$

$= 214 + 26.0 - 65.7$

$= 174.3 \text{ J} \cdot \text{mol}^{-1} \cdot \text{K}^{-1}$

12. 指定 $NH_4Cl(s)$ 分解产物的分压皆为 1×10^5 Pa,试求 $NH_4Cl(s)$ 分解的最低温度。

解: $NH_4Cl(s) \Longrightarrow NH_3(g) + HCl(g)$

$\Delta_r G^\theta = \Delta_f G^\theta(NH_3, g) + \Delta_f G^\theta(HCl, g) - \Delta_f G^\theta(NH_4Cl, s)$

$$= -16.5 + (-95.4) - (-203)$$
$$= 91.1 \text{ kJ} \cdot \text{mol}^{-1}$$

$\Delta_f G^\theta > 0$，该反应在常温下非自发进行。

298 K 时反应的标准焓变化和熵变化分别为：
$$\Delta_r H^\theta = \Delta_f H^\theta(NH_3, g) + \Delta_f H^\theta(HCl, g) - \Delta_f H^\theta(NH_3Cl, s)$$
$$= -46.11 + (-92.5) - (-315)$$
$$= 176.4 \text{ kJ} \cdot \text{mol}^{-1}$$
$$\Delta_r S^\theta = S^\theta(NH_3, g) + S^\theta(HCl, g) - S^\theta(NH_4Cl, s)$$
$$= 192.3 + 186.6 - 94.6$$
$$= 284.3 \text{ J} \cdot \text{mol}^{-1} \cdot \text{K}^{-1}$$

当 $\Delta_r G^\theta < 0$ 时，即 $T > \dfrac{\Delta_r H^\theta}{\Delta_r S^\theta}$ 时，反应才能自发进行。

故 NH_4Cl 的分解温度为：
$$T > \frac{\Delta_r H^\theta}{\Delta_r S^\theta} = \frac{176.4 \times 10^3}{284.3} = 620.5 \text{ K}$$

答：$NH_4Cl(s)$ 的分解温度为 620.5 K。

13. 试用热力学原理说明一氧化碳还原三氧化二铝是否可行？

答：一氧化碳还原氧化铝的反应方程式为：
$$Al_2O_3(s) + 3CO(g) = 2Al(s) + 3CO_2(g)$$

298 K 时反应的标准吉布斯自由能变化为：
$$\Delta_r G^\theta = 2\Delta_f G^\theta(Al, s) + 3\Delta_f G^\theta(CO_2, g) - \Delta_f G^\theta(Al_2O_3, s) - 3\Delta_f G^\theta(CO, g)$$
$$= 0 + 3 \times (-393) - (-1582) - 3 \times (-137)$$
$$= 811 \text{ kJ} \cdot \text{mol}^{-1}$$

反应在常温不能自发进行。

298 K 时反应的标准焓变化和标准熵变化分别为：
$$\Delta_r H^\theta = 2\Delta_f H^\theta(Al, s) + 3\Delta_f H^\theta(CO_2, g) - \Delta_f H^\theta(Al_2O_3, s) - 3\Delta_f H^\theta(CO, g)$$
$$= 0 + 3 \times (-393) - (-1676) - 3 \times (-110)$$
$$= 827 \text{ kJ} \cdot \text{mol}^{-1}$$

$$\Delta_r S^\theta = 2S^\theta(\text{Al,s}) + 3S^\theta(\text{CO}_2,\text{g}) - S^\theta(\text{Al}_2\text{O}_3,\text{s}) - 3S^\theta(\text{CO,g})$$
$$= 2 \times 28.3 + 3 \times 214 - 50.9 - 3 \times 198$$
$$= 53.7 \text{ J} \cdot \text{mol}^{-1} \cdot \text{K}^{-1}$$

由于 $\Delta_r S^\theta > 0$,温度升高时 $\Delta_r G^\theta$ 减小,故反应在高温下可自发进行。自发进行的温度是

$$T > \frac{\Delta_r H^\theta}{\Delta_r S^\theta} = \frac{827 \times 10^3}{53.7} = 15\ 400 \text{ K}$$

反应自发进行的温度高于 15 400 K 时,理论上可行,但目前实际上很难达到这样高的温度。

14. 利用下面热力学数据计算反应:

$$\text{CuS(s)} + \text{H}_2(\text{g}) = \text{Cu(s)} + \text{H}_2\text{S(g)}$$

可以发生的最低温度。

	$\Delta_f H_m^\theta / \text{kJ} \cdot \text{mol}^{-1}$	$S_m^\theta / \text{J} \cdot \text{mol}^{-1} \cdot \text{K}^{-1}$
CuS(s)	−53.1	66.5
H$_2$(g)	0	130.7
H$_2$S(g)	−20.6	205.8
Cu(s)	0	33.2

解:因为 $\Delta_r G_m^\theta = \Delta_r H_m^\theta - T\Delta_r S_m^\theta$

当 $\Delta_r G_m^\theta < 0$ 时,有 $\Delta_r H_m^\theta - T\Delta_r S_m^\theta < 0$, $T > \dfrac{\Delta_r H_m^\theta}{\Delta_r S_m^\theta}$

$$\Delta_r H_m^\theta = \Delta_f H_m^\theta(\text{Cu,s}) + \Delta_f H_m^\theta(\text{H}_2\text{S,g}) - \Delta_f H_m^\theta(\text{CuS,s}) - \Delta_f H_m^\theta(\text{H}_2,\text{g})$$
$$= 0 - 20.6 \text{ kJ} \cdot \text{mol}^{-1} - (-53.1 \text{ kJ} \cdot \text{mol}^{-1}) - 0$$
$$= 32.5 \text{ kJ} \cdot \text{mol}^{-1}$$

$$\Delta_r S_m^\theta = S_m^\theta(\text{Cu,s}) + S_m^\theta(\text{H}_2\text{S,g}) - S_m^\theta(\text{CuS,s}) - S_m^\theta(\text{H}_2,\text{g})$$
$$= 205.8 + 33.2 - 66.5 - 130.7$$
$$= 41.8 \times 10^{-3} \text{ kJ} \cdot \text{mol}^{-1} \cdot \text{K}^{-1}$$

$$T > \frac{32.5 \text{ kJ} \cdot \text{mol}^{-1}}{41.8 \times 10^{-3} \text{ kJ} \cdot \text{mol}^{-1} \cdot \text{K}^{-1}} = 777.5 \text{ K}$$

故可发生反应的最低温度为 778 K。

15. 在 1.013×10^5 Pa,373 K 下,18 g $H_2O(l)$ 汽化成 $H_2O(g)$,吸热 40.58 kJ。试计算该过程的 ΔU 和 ΔS。

解：$\Delta U = \Delta H - \Delta(PV) = \Delta H - nRT$

$$= 40.58 \text{ kJ} - \frac{18 \text{ g}}{18 \text{ g} \cdot \text{mol}^{-1}} \times 8.314 \text{ J} \cdot \text{mol}^{-1} \times$$

$$373 \text{ K} \times 10^{-3}$$

$$= 37.48 \text{ kJ}$$

$$\Delta S = \frac{Q_r}{T} = \frac{40.58 \text{ kJ}}{373 \text{ K}} = 108.8 \text{ J} \cdot \text{K}^{-1}$$

故该过程的 ΔH 为 37.48 kJ,ΔS 为 108.8 J·K^{-1}。

16. 已知 $A(g) + B(s) \Longrightarrow C(g) + D(s)$
$\Delta_r H_m^\theta = -52.99$ kJ·mol^{-1},298 kPa、100 kPa 下发生反应,体系做了最大功并放热 1.49 kJ。求 Q、W、$\Delta_r U_m^\theta$、$\Delta_r S_m^\theta$ 和 $\Delta_r G_m^\theta$。

解：由题意：$Q = -1.49$ kJ

$$\Delta_r U_m^\theta = \Delta_r H_m^\theta - \Delta(PV) = \Delta_r H_m^\theta - \Delta nRT$$

$$= \Delta_r H_m^\theta = -52.99 \text{ kJ} \cdot \text{mol}^{-1}$$

$$\Delta_r U_m^\theta = Q + W$$

所以 $W = \Delta_r U_m^\theta - Q = -52.99$ kJ·mol^{-1} - (-1.49 kJ·mol^{-1})

$$= -51.5 \text{ kJ} \cdot \text{mol}^{-1}$$

$$\Delta S = \frac{Q_r}{T} = \frac{-1.49 \text{ kJ}}{298 \text{ K}} = -5.0 \text{ J} \cdot \text{mol}^{-1} \cdot \text{K}^{-1}$$

$$\Delta_r G_m^\theta = \Delta_r H_m^\theta - T \Delta_r S_m^\theta$$

$$= -52.99 \text{ kJ} \cdot \text{mol}^{-1} -$$

$$298 \text{ K} \times (-5.0 \times 10^{-3}) \text{kJ} \cdot \text{mol}^{-1} \cdot \text{K}^{-1}$$

$$= -51.5 \text{ kJ} \cdot \text{mol}^{-1}$$

四、练习题

1. 如果一个反应在标准状态时任何温度下均是自发进行的,则下列各式正确的是(   )。

A. $\Delta_r H^\theta < 0, \Delta_r S^\theta > 0$ B. $\Delta_r H^\theta < 0, \Delta_r S^\theta < 0$

C. $\Delta_r H^\theta > 0, \Delta_r S^\theta > 0$ D. $\Delta_r H^\theta > 0, \Delta_r S^\theta > 0$

2. 已知反应：

    $C(石墨) + O_2(g) == CO_2(g)$ $\Delta_r H^\theta = -393.7 \text{ kJ} \cdot \text{mol}^{-1}$

    $C(金刚石) + O_2(g) == CO_2(g)$ $\Delta_r H^\theta = -395.8 \text{ kJ} \cdot \text{mol}^{-1}$

    则反应 $C(石墨) == C(金刚石)$ 的 $\Delta_r H^\theta$ 等于（   ）。

    A. $-789.5 \text{ kJ} \cdot \text{mol}^{-1}$ B. $2.1 \text{ kJ} \cdot \text{mol}^{-1}$

    C. $-2.1 \text{ kJ} \cdot \text{mol}^{-1}$ D. $789.5 \text{ kJ} \cdot \text{mol}^{-1}$

3. 已知反应：$2NO(g) + O_2(g) == 2NO_2(g)$ 的 $\Delta_r G^\theta = 143.2 \text{ kJ} \cdot \text{mol}^{-1}$，则 $\Delta_f G^\theta(NO_2, g)$ 为（   ）。

    A. $-143.2 \text{ kJ} \cdot \text{mol}^{-1}$ B. $-56.6 \text{ kJ} \cdot \text{mol}^{-1}$

    C. $+56.6 \text{ kJ} \cdot \text{mol}^{-1}$ D. 以上数值都不是

4. 下列 $H_2(g)$ 燃烧生成水蒸气的热化学方程式，其中正确的是（   ）。

    A. $2H_2(g) + O_2(g) == 2H_2O(l)$ $\Delta_r H^\theta = -571.6 \text{ kJ} \cdot \text{mol}^{-1}$

    B. $2H_2 + O_2 == 2H_2O$ $\Delta_r H^\theta = -483.6 \text{ kJ} \cdot \text{mol}^{-1}$

    C. $H_2 + \frac{1}{2}O_2 == H_2O$ $\Delta_r H^\theta = -285.8 \text{ kJ} \cdot \text{mol}^{-1}$

    D. $H_2(g) + \frac{1}{2}O_2(g) == H_2O(g)$ $\Delta_r H^\theta = -285.8 \text{ kJ} \cdot \text{mol}^{-1}$

5. 已知 $S^\theta(Na, s) = 51.2 \text{ J} \cdot \text{K}^{-1} \cdot \text{mol}^{-1}$，$S^\theta(Cl_2, g) = 223 \text{ J} \cdot \text{K}^{-1} \cdot \text{mol}^{-1}$，$S^\theta(NaCl, s) = 72.1 \text{ J} \cdot \text{K}^{-1} \cdot \text{mol}^{-1}$，则反应：$2Na(s) + Cl_2(g) == 2NaCl(s)$ 的 $\Delta_r S^\theta / \text{J} \cdot \text{K}^{-1} \cdot \text{mol}^{-1}$ 为（   ）。

    A. 484.2   B. -181.2 C. 202.1   D. -202.1

6. 已知反应：

    $2P(s) + 3Cl_2(g) == 2PCl_3(l)$ $\Delta_r H_1^\theta = -638 \text{ kJ} \cdot \text{mol}^{-1}$

    $PCl_3(l) + Cl_2(g) == PCl_5(s)$ $\Delta_r H_2^\theta = -144 \text{ kJ} \cdot \text{mol}^{-1}$

    则 $PCl_5(s)$ 的 $\Delta_f H^\theta$ 为（   ）。

    A. $-782 \text{ kJ} \cdot \text{mol}^{-1}$ B. $782 \text{ kJ} \cdot \text{mol}^{-1}$

    C. $463 \text{ kJ} \cdot \text{mol}^{-1}$ D. $-463 \text{ kJ} \cdot \text{mol}^{-1}$

7. 某反应的 $\Delta_r H^\theta = -122 \text{ kJ} \cdot \text{mol}^{-1}$，$\Delta_r S^\theta = -231.4 \text{ J} \cdot \text{K}^{-1} \cdot$

mol^{-1},则在标准状态下,对此反应下列叙述正确的是(   )。

A. 在任何温度下均自发进行

B. 在任何温度下均非自发进行

C. 仅在高温下自发进行

D. 仅在低温下自发进行

8. 下列各组符号所代表的体系的性质均属状态函数的是(   )。

    A. U、H、W   B. S、H、Q   C. U、H、G   D. S、H、W

9. 已知某反应升温时 $\Delta_r G^\theta$ 值减小,则下列情况与其相符的是(   )。

    A. $\Delta_r S^\theta <0$ B. $\Delta_r S^\theta >0$ C. $\Delta_r H^\theta >0$ D. $\Delta_r H^\theta <0$

10. 在相同温度和压力下,按熵值递增次序排列,正确的是(   )。

    A. $O_2(g)$、$H_2O(l)$、$H_2O(g)$

    B. $I_2(s)$、$Br_2(l)$、$Cl_2(g)$

    C. $NaCl(s)$、$C(金刚石)$、$HNO_3(g)$

    D. $CO_2(g)$、$Hg(l)$、$SiO_2(s)$

11. 下列反应中,$\Delta_r H^\theta = \Delta_f H^\theta(AgBr,s)$ 的是(   )。

    A. $Ag^+(aq) + Br^-(aq) == AgBr(s)$

    B. $Ag(s) + \frac{1}{2}Br_2(l) == AgBr(s)$

    C. $2Ag(s) + Br_2(l) == 2AgBr(s)$

    D. $Ag(s) + \frac{1}{2}Br_2(g) == AgBr(s)$

12. 下列叙述,其中正确的是(   )。

    A. $\Delta_r H^\theta <0$ 的反应在标态时总是自发进行的

    B. 单质的 $S^\theta = 0$

    C. 单质的 $\Delta_f H^\theta = 0$,$\Delta_f G^\theta = 0$

    D. $\Delta_r H^\theta <0$,$\Delta_r S^\theta >0$ 的反应总是自发进行的

13. 已知某反应在 T_1 和 T_2 时的标准吉布斯自由能变分别为 $\Delta_r G_1^\theta$ 和 $\Delta_r G_2^\theta$,据此能计算出该反应的(   )。

    A. $\Delta_r G^\theta$ B. $\Delta_r H^\theta$ C. $\Delta_r S^\theta$ D. $\Delta_r H^\theta$ 和 $\Delta_r S^\theta$

14. 298 K 时,NaCl 在水中的溶解度为 36.2 g/100 g H_2O,现将 36.2 g

NaCl 加入 1 L 的水中，则此溶解过程的吉布斯自由能变和熵变为（　　）。

A. $\Delta_r G^\theta > 0, \Delta_r S^\theta > 0$ 　　　B. $\Delta_r G^\theta < 0, \Delta_r S^\theta < 0$

C. $\Delta_r G^\theta < 0, \Delta_r S^\theta > 0$ 　　　D. $\Delta_r G^\theta > 0, \Delta_r S^\theta < 0$

15. 环境对体系做 10 kJ 的功，且体系从环境获得 5 kJ 的热量，则体系热力学能变化为（　　）。

    A. -15 kJ　　B. -5 kJ　　C. $+5$ kJ　　D. $+15$ kJ

16. 下列体系的性质，不具有广度性质的是（　　）。

    A. 密度　　B. H　　C. T　　D. G

17. 下列叙述，正确的是（　　）。

    A. 标准摩尔生成焓是在标准压力和指定温度下，由指定的单质合成 1 mol 该物质的等压热效应

    B. 标准摩尔生成焓是在标准压力下，273 K 时测得的焓值

    C. 标准摩尔生成焓是指标准压力下，298 K 时由单质生成 1 mol 该物质的等压热效应

    D. 标准摩尔生成焓是在标准压力下，298 K 时由稳定单质生成 1 mol 该物质的等压热效应

18. 已知 298 K 时，$Ag_2O(s)$ 的 $\Delta_f G^\theta = -10.82$ kJ·mol^{-1}，则 $Ag_2O(s)$ 分解为 $Ag(s)$ 和 $O_2(g)$ 的反应（　　）。

    A. 在标准状态时是非自发反应

    B. 在标准态时是自发反应

    C. 在室温标准态时是自发反应

    D. 在室温标准态时是非自发反应

19. 下列反应方程式中，放出热量最多的反应是（　　）。

    A. $CH_4(g) + \dfrac{3}{2} O_2(g) \longrightarrow CO(g) + 2H_2O(l)$

    B. $CH_4(g) + \dfrac{3}{2} O_2(g) \longrightarrow CO(g) + 2H_2O(g)$

    C. $CH_4(g) + 2O_2(g) \longrightarrow CO_2(g) + 2H_2O(l)$

    D. $CH_4(g) + 2O_2(g) \longrightarrow CO_2(g) + 2H_2O(g)$

20. 在 300 K 时,某反应的 $\Delta_r G^\theta < 0$, $\Delta_r H^\theta = 3$ kJ·mol^{-1},则该反应的 $\Delta_r S^\theta$ ( )。

　　A. <10 kJ·mol^{-1}·K^{-1}　　　B. >10 J·mol^{-1}·K^{-1}

　　C. $\geqslant 0.01$ kJ·mol^{-1}·K^{-1}　　D. $\leqslant 0.01$ kJ·mol^{-1}·K^{-1}

21. $\Delta_f H^\theta \neq 0$,且 $\Delta_f G^\theta \neq 0$ 的物质是( )。

　　A. Kr(g)　　B. Zn^{2+}(aq)　　C. N$_2$(g)　　D. O$_2$(g)

22. 若某封闭体系所吸收的热量,全部用来增加体系的焓值,则需要满足的条件是( )。

　　A. 恒容过程　　　　　　B. 恒压不做其他功

　　C. 恒温过程　　　　　　D. 不做其他功

23. 某一封闭体系,其状态发生变化由 A→B 时,经历两条不同途径 I 和 II,则下列关系式正确的是( )。

　　A. $Q_1 = Q_2$　　　　　　B. $Q_1 - Q_2 = H_1 - H_2$

　　C. $\Delta H_1 = \Delta H_2$　　　　D. $\Delta U_1 = \Delta U_2$

24. 表明熵变的下列反应,正确的是( )。

　　A. O$_2$(g) ⟶ O$_2$(l)　　$\Delta_r S^\theta < 0$

　　B. 3O$_2$(g) ⟶ 2O$_3$(g)　　$\Delta_r S^\theta > 0$

　　C. O$_2$(g) ⟶ 2O(g)　　$\Delta_r S^\theta > 0$

　　D. O$_2$(g, 1 010 kPa) ⟶ O$_2$(g, 101 kPa)　　$\Delta_r S^\theta < 0$

25. 298 K 时,SO$_2$(g)的 $\Delta_f G^\theta = -300.5$ kJ·mol^{-1},

　　　　　　$\Delta_f H^\theta = -296.1$ kJ·mol^{-1},

当升温时,反应 S(s,斜方) + O$_2$(g) ⟶ SO$_2$(g) 的 $\Delta_r G^\theta$ 的值将( )。

　　A. 保持不变　　　　　　B. 改变正、负号

　　C. 增加　　　　　　　　D. 减小

26. 下列情况属于封闭体系的是( )。

　　A. 用水壶烧开水

　　B. 氢气在盛有氯气的密闭绝热器中燃烧

　　C. 氢氧化钠在烧杯里与盐酸反应

D. 反应 $N_2O_4(g) \Longrightarrow 2NO_2(g)$ 在密闭容器中进行

27. 下列反应 $\Delta_r S^\theta < 0$ 的是( )。
    A. $F(g) + e^- \Longrightarrow F^-(l)$
    B. $2F(g) = F_2(g)$
    C. $NaCl(s) \Longrightarrow Na^+(aq) + Cl^-(aq)$
    D. $MgCO_3(s) \Longrightarrow MgO(s) + CO_2(g)$

28. 下列叙述,其中正确的是( )。
    A. 恒温条件下,$\Delta_r G^\theta = \Delta_r H^\theta - T\Delta_r S^\theta$
    B. 因为 $\Delta_r G^\theta(T) = -RT\ln K$,所以温度升高时 K 值减小
    C. 可逆反应达平衡时,$\Delta_r G^\theta(T) = 0$
    D. 当温度为 0 K 时,所有放热反应都将是自发反应

29. 在一个循环体系中,体系的熵变为( )。
    A. 增加   B. 减少   C. 零   D. 不定

30. 下列热化学方程式书写不正确的是( )。
    A. $H_2(g) + O_2(g) \Longrightarrow H_2O(l)$ $\Delta_r H^\theta = -285.8 \text{ kJ} \cdot \text{mol}^{-1}$
    B. $C(石墨) + O_2(g) \Longrightarrow CO_2(g)$ $\Delta_r H^\theta = -393 \text{ kJ} \cdot \text{mol}^{-1}$
    C. $ZnO(s) + SO_3(g) \Longrightarrow ZnSO_4(s)$ $\Delta_r H^\theta = -238.8 \text{ kJ} \cdot \text{mol}^{-1}$
    D. $2C(石墨) + 2O_2(g) \Longrightarrow 2CO_2(g)$ $\Delta_r H^\theta = -786 \text{ kJ} \cdot \text{mol}^{-1}$

31. 已知:
    $C(石墨) + O_2(g) \Longrightarrow CO_2(g)$ $\Delta_r S_1^\theta = 3.3 \text{ J} \cdot \text{K}^{-1} \cdot \text{mol}^{-1}$
    $C(金刚石) + O_2(g) \Longrightarrow CO_2(g)$ $\Delta_r S_2^\theta = 6.6 \text{ J} \cdot \text{K}^{-1} \cdot \text{mol}^{-1}$
    则反应 $C(石墨) \Longrightarrow C(金刚石)$ 的 $\Delta_r S^\theta$ 为( )。
    A. $6.6 \text{ J} \cdot \text{K}^{-1} \cdot \text{mol}^{-1}$ B. $-3.3 \text{ J} \cdot \text{K}^{-1} \cdot \text{mol}^{-1}$
    C. $9.9 \text{ J} \cdot \text{K}^{-1} \cdot \text{mol}^{-1}$ D. $3.3 \text{ J} \cdot \text{K}^{-1} \cdot \text{mol}^{-1}$

32. 298 K 时反应 $A + B \longrightarrow C + D$ 的 $\Delta_r G^\theta = -10 \text{ kJ} \cdot \text{mol}^{-1}$. 已知:298 K 时 A、B、C、D 皆为气体,当由等物质的量的 A 和 B 开始反应时,则达到平衡时混合物中( )。
    A. 无 C 和 D
    B. 无 A 和 B
    C. A 和 B、C 及 D 都有,A 和 B 的量大于 C 和 D 的量

D. A 和 B、C 及 D 都有,但 C 和 D 的量大于 A 和 B 的量

33. 已知 298 K 时,反应 $HCl(g) + NH_3(g) \Longrightarrow NH_4Cl(s)$ 的 $\Delta_r H^\theta = -176.9 \text{ kJ} \cdot \text{mol}^{-1}$, $\Delta_r S^\theta = -284.6 \text{ J} \cdot \text{K}^{-1} \cdot \text{mol}^{-1}$, $\Delta_r G^\theta = -92 \text{ kJ} \cdot \text{mol}^{-1}$,则此反应在 398 K 时的 K^θ 的计算式为( )。

A. $\lg K^\theta = \dfrac{92 \times 10^3}{2.303 \times 0.082 \times 398}$

B. $\lg K^\theta = \dfrac{176.9 \times 10^3 - 398 \times 284.6}{2.303 \times 8.314 \times 398}$

C. $\lg K^\theta = \dfrac{-176.9 \times 10^3 + 398 \times 284.6}{2.303 \times 8.314 \times 398}$

D. $\lg K^\theta = \dfrac{92 \times 10^3}{2.303 \times 8.314 \times 398}$

34. 已知 298 K 时,反应 $AgBr(s) \Longrightarrow Ag^+(aq) + Br^-(aq)$ 的 $\Delta_r G^\theta = 70.25 \text{ kJ} \cdot \text{mol}^{-1}$,则此反应的平衡常数为( )。

A. 2.0×10^{-12} B. 4.9×10^{-13}
C. 2.0×10^{-13} D. 4.9×10^{-12}

35. 已知某反应在 298 K 时的 $K_{c1} = 5$,398 K 时 $K_{c2} = 11$,则反应的 $\Delta_r H^\theta$ 值为( )。

A. <0 B. >0 C. 等于零 D. 不一定

36. 已知某反应体系处于 $Q_c > K_c$ 的状态,由此可知反应此时( )。

A. 正向可自发进行 B. 逆向可自发进行
C. $\Delta_r G^\theta > 0$ D. $\Delta_r G^\theta < 0$

37. 若 298 K 时,$HCO_3^-(aq)$ 和 $CO_3^{2-}(aq)$ 的 $\Delta_f G^\theta$ 分别为 $-587.06 \text{ kJ} \cdot \text{mol}^{-1}$ 和 $-528.10 \text{ kJ} \cdot \text{mol}^{-1}$,则反应
$$HCO_3^-(aq) \Longrightarrow H^+(aq) + CO_3^{2-}(aq)$$
的 $\Delta_r G^\theta$ 和平衡常数分别为( )。

A. $1\,115.16 \text{ kJ} \cdot \text{mol}^{-1}$ 和 4.7×10^{-11}
B. $58.96 \text{ kJ} \cdot \text{mol}^{-1}$ 和 4.7×10^{-11}
C. $-58.96 \text{ kJ} \cdot \text{mol}^{-1}$ 和 4.7×10^{-11}
D. $58.96 \text{ kJ} \cdot \text{mol}^{-1}$ 和 4.7×10^{-12}

38. 已知 298 K 时热力学数据如下：

热力学数据	$NH_3(g)$	$HCl(g)$	$NH_4Cl(s)$
$\Delta_f H^\theta / kJ \cdot mol^{-1}$	-46.2	-92.3	-315
$S^\theta / J \cdot K^{-1} \cdot mol^{-1}$	193	187	94.6

计算反应 $NH_4Cl(s) = NH_3(g) + HCl(g)$ 分解的最低温度。

39. 已知：$CO(g)$ 的 $\Delta_f H^\theta = -111\ kJ \cdot mol^{-1}$，石墨的升华热为 $715\ kJ \cdot mol^{-1}$，$O_2(g)$ 的离解能为 $496\ kJ \cdot mol^{-1}$。求 CO 的分子键能。

40. 已知 298 K 时，$Ag_2O(s)$ 的 $\Delta_f G^\theta = -10.82\ kJ \cdot mol^{-1}$，$\Delta_f H^\theta = -30.57\ kJ \cdot mol^{-1}$。计算 298 K 时反应 $Ag_2O(s) = 2Ag(s) + \frac{1}{2}O_2(g)$ 的 $\Delta_r S^\theta$。

41. 已知：$Cu_2O(s) + \frac{1}{2}O_2(g) = 2CuO(s)$ 的 $\Delta_r G^\theta(300) = -107.9\ kJ \cdot mol^{-1}$，$\Delta_r G^\theta(400) = -95.33\ kJ \cdot mol^{-1}$，计算该反应的 $\Delta_r H^\theta$ 和 $\Delta_r S^\theta$。

42. 已知：

热力学数据	$Fe_2O_3(s)$	$Fe_3O_4(s)$	$O_2(g)$
$\Delta_f H^\theta / kJ \cdot mol^{-1}$	-822	$-1\ 117$	0
$S^\theta / J \cdot K^{-1} \cdot mol^{-1}$	90	146	206

通过计算回答：

(1) 反应 $3Fe_2O_3(s) = 2Fe_3O_4(s) + \frac{1}{2}O_2(g)$ 的 $\Delta_r G^\theta$ 等于多少？

(2) 在 298 K、标准状态下，$Fe_2O_3(s)$ 和 $Fe_3O_4(s)$ 哪种更稳定？

43. 已知 298 K 时，$\Delta_f G^\theta(HI,g) = 1.72\ kJ \cdot mol^{-1}$，$\Delta_f H^\theta(HI,g) = 26.5\ kJ \cdot mol^{-1}$，求反应：$\frac{1}{2}H_2(g) + \frac{1}{2}I_2(s) = HI(g)$ 在标准状态下的 $\Delta_r G^\theta$ 作为温度函数的表达式。

44. 已知：

$Al(s) = Al(g)$　　$\Delta_r H_1^\theta = 326\ kJ \cdot mol^{-1}$

$Al(g) = Al^{3+}(g) + 3e^-$　　$\Delta_r H_2^\theta = 5\ 138\ kJ \cdot mol^{-1}$

$Al^{3+}(g) + 3F^-(g) = AlF_3(s)$ $\Delta_r H_3^\theta = -5\,964\ kJ \cdot mol^{-1}$

$F_2(g) = 2F(g)$ $\Delta_r H_4^\theta = 160\ kJ \cdot mol^{-1}$

$F(g) + e^- = F^-(g)$ $\Delta_r H_5^\theta = -350\ kJ \cdot mol^{-1}$

计算 $AlF_3(s)$ 的标准摩尔生成热。

五、练习题参考答案

1. A   2. B   3. D   4. D   5. B   6. D
7. D   8. C   9. B   10. B   11. B   12. D
13. D   14. C   15. D   16. A、C   17. A   18. D
19. C   20. B   21. B   22. B   23. C、D   24. A、C
25. D   26. D   27. A、B   28. D   29. C   30. A
31. B   32. D   33. B   34. B   35. B   36. B
37. B
38. $T > 618.4\ K$
39. $1\,074\ kJ \cdot mol^{-1}$
40. $66.3\ J \cdot K^{-1} \cdot mol^{-1}$
41. $\Delta_r H^\theta = -145.6\ kJ \cdot mol^{-1}, \Delta_r S^\theta = -125.7\ J \cdot K^{-1} \cdot mol^{-1}$
42. (1) $\Delta_r G^\theta = 194.9\ kJ \cdot mol^{-1}$；(2) $Fe_2O_3(s)$ 更稳定
43. $\Delta_r G^\theta = 26.5 - 0.083T$（提示：先求出 $\Delta_r S^\theta$）
44. $\Delta_r H^\theta(AlF_3, s) = -1\,310\ kJ \cdot mol^{-1}$

第三章 化学反应速率

一、教学要求

1. 了解化学反应速率的概念。理解有效碰撞、活化分子、活化能的概念。
2. 理解质量作用定律和化学反应速率表达式。
3. 掌握浓度、温度、催化剂对化学反应速率的定性和定量影响。

二、重点与难点

重点：理解基元反应、反应级数、反应分子数、活化能的概念。利用实验数据推断化学反应的速率表达式。能利用质量作用定律和阿仑尼乌斯公式进行有关计算。掌握浓度、温度、催化剂对化学反应速率的影响。

难点：不同概念如活化能与活化分子，反应级数与反应分子数的区别和联系。根据阿仑尼乌斯公式求算反应的活化能及不同温度下反应的速率常数。

三、精选例题解析

1. 以各组分浓度的变化率表示下列反应：
$$4HBr + O_2 \longrightarrow 2Br_2 + 2H_2O$$
的瞬时速度。并找出各速度间的相互关系。

解: $r(\text{HBr}) = -\dfrac{dc(\text{HBr})}{dt}$, $r(\text{Br}_2) = \dfrac{dc(\text{Br}_2)}{dt}$

$r(\text{O}_2) = -\dfrac{dc(\text{O}_2)}{dt}$, $r(\text{H}_2\text{O}) = \dfrac{dc(\text{H}_2\text{O})}{dt}$

各速度间的相互关系为：

$$\frac{1}{4} \cdot \frac{-dc(\text{HBr})}{dt} = \frac{-dc(\text{O}_2)}{dt}$$

$$= \frac{1}{2} \cdot \frac{dc(\text{Br}_2)}{dt}$$

$$= \frac{1}{2} \cdot \frac{dc(\text{H}_2\text{O})}{dt}$$

2.反应 $\text{H}_2(\text{g}) + \text{I}_2(\text{g}) =\!=\!= 2\text{HI}(\text{g})$ 可能有如下三个基元步骤：

① $\text{I}_2 =\!=\!= \text{I} + \text{I}$

② $\text{I} + \text{I} =\!=\!= \text{I}_2$

③ $\text{H}_2 + 2\text{I} =\!=\!= 2\text{HI}$

试对于每个基元步骤分别写出其速率方程，指出每个基元反应的反应级数和反应分子数，并写出每个速率常数的单位。

解: 对于第一个基元反应：速率方程为 $r = k_1 c(\text{I}_2)$ 反应级数为一级，反应分子数为1，速率常数为 k_1 单位为 s^{-1}；

对于第二个基元反应：速率方程为 $r = k_2 c(\text{I})^2$ 反应级数为二级，反应分子数为2，速率常数为 k_1 单位为 $\text{L} \cdot \text{mol}^{-1} \cdot \text{s}^{-1}$；

对于第三个基元反应：速率方程为 $r = k_3 c(\text{I})^2 \cdot c(\text{H}_2)$ 反应级数为三级，反应分子数为3，速率常数为 k_1 单位为 $\text{L}^2 \cdot \text{mol}^{-2} \cdot \text{s}^{-1}$。

3. $\text{A}(\text{g}) \longrightarrow \text{B}(\text{g})$ 为二级反应，当 A 的浓度为 $0.05\ \text{mol} \cdot \text{L}^{-1}$ 时，其反应速度为 $1.2\ \text{mol} \cdot \text{L}^{-1} \cdot \text{min}^{-1}$。

(1)写出该反应的速度方程；

(2)计算速度常数；

(3)温度不变时，欲使反应速度加倍，A 的浓度应是多大？

解: (1)该反应的速度方程为 $v = kc^2(\text{A})$。

(2)将数据 $c(\text{A}) = 0.050\ \text{mol} \cdot \text{L}^{-1}$、$v_1 = 1.2\ \text{mol} \cdot \text{L}^{-1} \cdot \text{min}^{-1}$ 代入上述速度方程得：

$$k = \frac{v_1}{c^2(A)}$$

$$= \frac{1.2 \text{ mol} \cdot \text{L}^{-1} \cdot \text{min}^{-1}}{(0.050 \text{ mol} \cdot \text{L}^{-1})^2}$$

$$= 480 \text{ L} \cdot \text{mol}^{-1} \cdot \text{min}^{-1}$$

(3)温度不变时，k 不变。欲使速度加倍，则 A 的浓度为：

$$c(A) = \sqrt{\frac{2v_1}{k}}$$

$$= \sqrt{\frac{2 \times 1.2}{480}}$$

$$= 0.071 \text{ mol} \cdot \text{L}^{-1}$$

4. 反应 $D(g) \longrightarrow$ 产物，当 D 浓度为 $0.150 \text{ mol} \cdot \text{L}^{-1}$ 时，反应速度是 $0.030 \text{ mol} \cdot \text{L}^{-1} \cdot \text{min}^{-1}$，如该反应为：

(1) 零级反应；

(2) 一级反应；

(3) 二级反应。

反应速度常数分别是多少？

解：(1) 为零级反应时，速度常数为：

$$k = v = 0.030 \text{ mol} \cdot \text{L}^{-1} \cdot \text{min}^{-1}$$

(2) 为一级反应时，速度常数为：

$$k = \frac{v}{c(D)}$$

$$= \frac{0.030 \text{ mol} \cdot \text{L}^{-1} \cdot \text{min}^{-1}}{0.150 \text{ mol} \cdot \text{L}^{-1}}$$

$$= 0.2 \text{ min}^{-1}$$

(3) 为二级反应时，速度常数为：

$$k = \frac{v}{c^2(D)}$$

$$= \frac{0.030 \text{ mol} \cdot \text{L}^{-1} \cdot \text{min}^{-1}}{(0.150 \text{ mol} \cdot \text{L}^{-1})^2}$$

$$= 1.33 \text{ L} \cdot \text{mol}^{-1} \cdot \text{min}^{-1}$$

5. 在 600 K 时,反应 $2NO+O_2 \longrightarrow 2NO_2$ 的实验数据如下:

初始浓度		初始速度/$mol \cdot L^{-1} \cdot s^{-1}$
$c(NO)/mol \cdot L^{-1}$	$c(O_2)/mol \cdot L^{-1}$	(NO 浓度降低的速度)
0.010	0.010	2.5×10^{-3}
0.010	0.020	5.0×10^{-3}
0.030	0.020	4.5×10^{-2}

(1)写出上述反应的速度方程式。反应的级数是多少?

(2)试计算速度常数;

(3)当 $c(NO)=0.015\ mol \cdot L^{-1}$,$c(O_2)=0.025\ mol \cdot L^{-1}$ 时,反应速度是多少?

解:(1)该反应的速度方程为 $v=kc^m(NO) \cdot c^n(O_2)$。分析实验数据,找出 m、n 值,即得速度方程。

前两次实验中,$c(NO)$ 不变,$c(O_2)$ 增大 1 倍,速度也增大 1 倍,说明反应速度与 $c(O_2)$ 浓度成正比,$n=1$。

后两次实验中,$c(O_2)$ 不变,$c(NO)$ 增大 3 倍,速度增大 9 倍,说明反应速度与 NO 浓度的二次方成正比,$m=2$。因此该反应的速度方程为:

$$v=k \cdot c^2(NO) \cdot c(O_2)$$

它是一个三级反应。

(2)反应的速度常数为:

$$k = \frac{v}{c^2(NO) \cdot c(O_2)}$$
$$= \frac{2.5 \times 10^{-3}}{(0.010)^2 \times 0.01}$$
$$= 2.5 \times 10^3\ L^2 \cdot mol^{-2} \cdot s^{-1}$$

(3)反应速度为:

$$v = kc^2(NO) \cdot c(O_2)$$
$$= 2.5 \times 10^3 \times (0.015)^2 \times 0.025$$
$$= 1.4 \times 10^{-2}\ mol \cdot L^{-1} \cdot s^{-1}$$

6. 某反应 A $\longrightarrow$ 产物,当 A 的浓度等于 $0.050\ mol \cdot L^{-1}$ 及

$0.10\ mol\cdot L^{-1}$时,测得其反应速度,如果前后两次速度的比值为:(1) 0.50,(2)1.0,(3)0.25。求上述三种情况下反应的级数。

解:设该反应的速度方程为 $v=k\cdot c^m(A)$。

前后两次速度的比值为:

$$\frac{v_1}{v_2}=\left[\frac{c_1(A)}{c_2(A)}\right]^m=\left(\frac{0.05}{0.10}\right)^m=\frac{1}{2^m}$$

(1)当比值为 0.50 时,$\frac{1}{2^m}=0.50, m=1$,为一级反应。

(2)当比值为 1.0 时,$\frac{1}{2^m}=1, m=0$,为零级反应。

(3)当比值为 0.25 时,$\frac{1}{2^m}=0.25, m=2$,为二级反应。

7.实验测得某化学反应 $a\text{A}+b\text{B}+d\text{D}\longrightarrow$ 产物,在不同初始浓度时反应速度的实验数据:

实验顺序	$c(A)/$ $mol\cdot L^{-1}$	$c(B)/$ $mol\cdot L^{-1}$	$c(D)/$ $mol\cdot L^{-1}$	$v/$ $mol\cdot L^{-1}\cdot s^{-1}$
1	1.0	1.0	1.0	2.4×10^{-3}
2	2.0	1.0	1.0	2.4×10^{-3}
3	1.0	2.0	1.0	4.8×10^{-3}
4	1.0	1.0	2.0	9.6×10^{-3}

写出该反应的速度方程式。反应级数是多少? 并计算速度常数。

解:设该反应的速度方程式为 $v=k\cdot c^m(A)\cdot c^n(B)\cdot c^p(D)$,分析实验数据,找出 $m、n、p$ 值,即可确定速度方程。

1、2 次实验中 $c(B)、c(D)$ 不变,$c(A)$ 增加 1 倍,v 不变。说明此反应的速度与 $c(A)$ 浓度无关,故 $m=0$。

1、4 次实验,$c(A)、c(B)$ 不变,$c(D)$ 增加 1 倍,v 增大为原来的 4 倍,说明此反应的速度与 $c(D)$ 浓度的二次方成正比,故 $p=2$。

1、3 次实验:$c(A)、c(D)$ 不变,$c(B)$ 增大为原来的 2 倍,v 增大为原来的 2 倍,说明此反应的速度与 $c(D)$ 浓度成正比,故 $n=1$。

因此,该反应的速度方程为:

$$v=k\cdot c(B)\cdot c^2(D)$$

总反应级数为三,对 A 为零级,对 B 为一级,对 D 为二级,取实验数据中任一组即可求出:

$$k = \frac{v}{c(B) \cdot c^2(D)} = 2.4 \times 10^{-3} \text{ L}^2 \cdot \text{mol}^{-2} \cdot \text{s}^{-1}$$

8. N_2O_5 分解的反应,$T_1 = 400$ K 时,$k_1 = 1.4$ s^{-1};$T_2 = 450$ K 时,$k_2 = 43$ s^{-1},求该反应的活化能。

解:已知 $T_1 = 400$ K,$k_1 = 1.4$ s^{-1},$T_2 = 450$ K,$k_2 = 43$ s^{-1}。由教材式(6-14)可得:

$$\begin{aligned} E_a &= 2.30 R \left(\frac{T_2 T_1}{T_2 - T_1}\right) \lg \frac{k_2}{k_1} \\ &= 2.30 \times 8.31 \times \frac{400 \times 450}{450 - 400} \times \lg \frac{43}{1.4} \\ &= 102.5 \times 10^3 \text{ J} \cdot \text{mol}^{-1} \\ &= 102.5 \text{ kJ} \cdot \text{mol}^{-1} \end{aligned}$$

答:该反应的活化能 E_a 为 102.5 kJ·mol^{-1}。

9. 某反应 $E_a = 82$ kJ·mol^{-1},速度常数 $k_1 = 1.2 \times 10^{-2}$ L·mol^{-1}·s^{-1}(300 K 时),求 400 K 的 k_2。

解:已知 $E_a = 82$ kJ·mol^{-1} = 82×10^3 J·mol^{-1},$k_1 = 1.2 \times 10^{-2}$ L·mol^{-1}·s^{-1},$T_1 = 300$ K,$T_2 = 400$ K。

由教材式(6-14)可得:

$$\begin{aligned} \lg k_2 &= \frac{E_a}{2.30 R} \left(\frac{T_2 - T_1}{T_2 T_1}\right) + \lg k_1 \\ &= \frac{82 \times 10^3}{2.30 \times 8.31} \left(\frac{400 - 300}{400 \times 300}\right) + \lg 1.2 \times 10^{-2} \end{aligned}$$

$$k_2 = 44.7 \text{ L} \cdot \text{mol}^{-1} \cdot \text{s}^{-1}$$

答:400 K 时的 k 为 44.7 L·mol^{-1}·s^{-1}。

10. 对于下列反应:

$$C(s) + CO_2(g) \rightleftharpoons 2CO(g)$$

$$\Delta_r H = +172.5 \text{ kJ} \cdot \text{mol}^{-1}$$

若增加总压力,或升高温度,或加入催化剂,反应速度常数 $k_正$、$k_逆$,反应速度 $v_正$、$v_逆$ 及平衡常数 K 将如何变化?平衡将怎样移动?分别填入下表中。

条件	$k_正$	$k_逆$	$v_正$	$v_逆$	K	平衡移动方向
增加总压力						
升高温度						
加入催化剂						

答：

条件	$k_正$	$k_逆$	$v_正$	$v_逆$	K	平衡移动方向
增加总压力	不变	不变	增大	增大	不变	向左
升高温度	增大	增大	增大	增大	增大	向右
加入催化剂	增大	增大	增大	增大	不变	不变

11. 某一级反应 400 K 时的半衰期是 500 K 时的 100 倍，估算反应的活化能。

解：一级反应半衰期公式：$t_{\frac{1}{2}} = \dfrac{0.693}{k}$

据题意：$t'_{\frac{1}{2}} = 100 t_{\frac{1}{2}}$

所以 $k' = \dfrac{1}{100} k$

$$\lg \frac{k'}{k} = \frac{E_a}{2.303R} \left(\frac{T' - T}{TT'} \right)$$

$$\lg \frac{1}{100} = \frac{E_a}{2.303 \times 8.314 \text{ J} \cdot \text{mol}^{-1}} \times \left(\frac{400 - 500}{400 \times 500} \right)$$

$E_a = 76.6 \text{ kJ} \cdot \text{mol}^{-1}$

故反应的活化能为 $76.6 \text{ kJ} \cdot \text{mol}^{-1}$

12. 蔗糖水解反应 $C_{12}H_{22}O_{11} + H_2O \longrightarrow 2C_6H_{12}O_6$

活化能 $E_a = 110 \text{ kJ} \cdot \text{mol}^{-1}$；298 K 时其半衰期 $t_{\frac{1}{2}} = 1.22 \times 10^4$ s，且 $t_{\frac{1}{2}}$ 与反应物浓度无关。

(1) 试问此反应的反应级数；

(2) 试写出其速率方程；

(3) 试求 308 K 时的速率常数 k。

解：(1) 由题意 $t_{\frac{1}{2}}$ 与反应物浓度无关，可知此反应为一级反应

(2) 其速率方程为：$r = k[C_{12}H_{22}O_{11}]$

(3) 298 K 时 $k = \dfrac{0.639}{t_{\frac{1}{2}}} = \dfrac{0.693}{1.22 \times 10^4 \text{ s}} = 5.7 \times 10^{-5} \text{ s}^{-1}$

$\lg \dfrac{k'}{k} = \dfrac{E_a}{2.303R}\left(\dfrac{T'-T}{TT'}\right)$

$\lg \dfrac{k'}{5.7 \times 10^5 \text{ s}^{-1}} = \dfrac{110 \text{ kJ·mol}^{-1}}{2.303 \times 8.314 \text{ J·mol}^{-1}} \times \left(\dfrac{308-298}{308 \times 298}\right)$

$k' = 2.40 \times 10^{-4} \text{ s}^{-1}$

四、练习题

1. 对于反应 $2NO(g) + O_2(g) \longrightarrow 2NO_2(g)$，下列表达式错误的是（　　）。

   A. $\dfrac{\Delta c(NO_2)}{\Delta t} = -\dfrac{\Delta C(O_2)}{\Delta t}$ B. $\dfrac{1}{2}\dfrac{\Delta c(NO)}{\Delta t} = -\dfrac{\Delta c(O_2)}{\Delta t}$

   C. $\dfrac{1}{2}\dfrac{\Delta c(NO_2)}{\Delta t} = -\dfrac{\Delta c(O_2)}{\Delta t}$ D. $-\dfrac{\Delta c(NO)}{\Delta t} = -\dfrac{\Delta c(NO_2)}{\Delta t}$

2. 已知 N_2O_5 分解的速度方程 $v = k \cdot c(N_2O_5)$，下列说法正确的是（　　）。

   A. 该反应为一级反应   B. 升高温度，k 值减小
   C. 增大浓度 k 值增大   D. k 的单位是 s^{-1}

3. 对于反应：$X + 3Y \longrightarrow 2Z$，若用 $\dfrac{dc(Z)}{dt}$ 表示反应的速度，下列表达式中与此相等的是（　　）。

   A. $-\dfrac{dc(Z)}{dt}$ B. $-\dfrac{dc(Z)}{dt}$

   C. $-\dfrac{2}{3}\dfrac{dc(Y)}{dt}$ D. $-\dfrac{1}{3}\dfrac{dc(Z)}{dt}$

4. 298 K 时，反应 $S_2O_8^{2-}(aq) + 2I^-(aq) \longrightarrow 2SO_4^{2-}(aq) + I_2(aq)$，进行实验，得到的数据列如表中：

初始浓度/mol·L^{-1}		$\dfrac{\Delta c(I_2)}{\Delta t}$/mol·L^{-1}·min^{-1}
S$_2$O$_8^{2-}$	I$^-$	
1.0×10^{-4}	1.0×10^{-2}	0.65×10^{-6}
2.0×10^{-4}	1.0×10^{-2}	1.30×10^{-6}
2.0×10^{-4}	0.5×10^{-2}	0.65×10^{-6}

则 I$^-$ 消耗的速度常数为(　　)。

A. 0.65　　B. 1.30　　C. 6.5　　D. 130

5. 反应 X+Y ⟶ 产物，在 673 K 时，速度常数等于 0.050 L^2·mol^{-2}·s^{-1}，该反应的级数为(　　)。

A. 一级　　B. 二级　　C. 三级　　D. 四级

6. 反应 H$_2$O$_2$+2H$^+$+2I$^-$ ⟶ 2H$_2$O+I$_2$ 的实验数据如下：

	c(H$_2$O$_2$)/mol·L^{-1}	c(I$^-$)/mol·L^{-1}	c(H$^+$)/mol·L^{-1}	v(I$_2$)/mol·L^{-1}·s^{-1}
1	0.010	0.010	0.10	1.75×10^{-6}
2	0.030	0.010	0.10	5.25×10^{-6}
3	0.030	0.020	0.10	1.05×10^{-5}
4	0.030	0.020	0.20	1.05×10^{-5}

则该反应的反应级数为(　　)。

A. 五级　　B. 四级　　C. 三级　　D. 二级

7. 反应 I$_2$+H$_2$ ⟶ 2HI 的机理为：

$$I_2 \longrightarrow 2I \quad (快反应)$$
$$2I \longrightarrow I_2 \quad (快反应)$$
$$H_2 + 2I \longrightarrow 2HI \quad (慢反应)$$

则反应 H$_2$+I$_2$ ⟶ 2HI 属于(　　)。

A. 基元反应　　B. 简单反应　　C. 复杂反应　　D. 双分子反应

8. 反应 A+B ⟶ 产物为简单反应，则其反应速度常数的单位是(　　)。

A. L·mol^{-1}·s^{-1}　　B. L^2·mol^{-2}·min^{-1}

C. $L \cdot mol^{-1} \cdot min^{-1}$　　　　D. $L^2 \cdot mol^{-2} \cdot s^{-1}$

9. 若反应 $2A+2B \longrightarrow$ 产物的速度 $v=k \cdot c_A \cdot c_B^2$，则下列说法错误的是（　　）。

   A. 该反应的反应级数为 4　　　　B. A 的反应级数为 1

   C. B 的反应级数为 2　　　　　　D. 该反应的级数为 3

10. 下列说法不正确的是（　　）。

    A. $v=k \cdot c(H^+) \cdot c(H_2O_2)$ 是基元反应：$H^+ + H_2O_2 \longrightarrow H_3O_2^+$ 的速度方程式

    B. 若反应 $X+2Y \longrightarrow$ 产物的速度方程是 $v=k \cdot c(X) \cdot c(Y)^2$，则这个反应一定是基元反应

    C. 基元反应 $X+2Y \longrightarrow$ 产物的速度方程是 $v=k \cdot c(X) \cdot c(Y)^2$

    D. 反应 $X+2Y \longrightarrow$ 产物的反应分子数为 3

11. 关于速度常数 k 的单位，下列说法中正确的是（　　）。

    A. 无量纲参数　　　　　　　　B. 单位为 $mol \cdot L^{-1} \cdot s^{-1}$

    C. 单位为 $mol^2 \cdot L^{-1} \cdot s^{-1}$　　D. 由具体反应而定

12. 以最慢速度进行的反应是（　　）。

    A. 小的反应物浓度和大的速度常数

    B. 小的反应物浓度和小的速度常数

    C. 大的反应物浓度和小的速度常数

    D. 大的反应物浓度和大的速度常数

13. 在体积相同的密闭容器中，反应 $2SO_2+O_2 \longrightarrow 2SO_3$，在下列 4 种条件下开始反应时，反应速度最快的是（　　）。

    A. 在 700 K，5 mol SO_2 和 5 mol O_2 反应

    B. 在 700 K，20 mol SO_2 和 5 mol O_2 反应

    C. 在 500 K，10 mol SO_2 和 5 mol O_2 反应

    D. 在 700 K，15 mol SO_2 和 5 mol O_2 反应

14. 能增加反应速度的因素是（　　）。

    A. 加催化剂　　　　　　　　　B. 增加反应碰撞次数

    C. 升高温度　　　　　　　　　D. 增加反应面积

15. 升高相同温度,反应速度增加幅度大的是( )。
    A. 双分子反应   B. 活化能大的反应
    C. 活化能小的反应   D. 三分子反应

16. 对于一个化学反应来说,下列说法正确的是( )。
    A. $\Delta_r G^\theta$ 越负,反应速度越快   B. $\Delta_r H^\theta$ 越负,反应速度越快
    C. 活化能越大,反应速度越快   D. 活化能越小,反应速度越快

17. 某反应历程为:
$$T+U \longrightarrow V+W \quad (快)$$
$$V \longrightarrow X \quad (慢)$$
$$X \longrightarrow T+Y \quad (快)$$

    该反应的中间产物为( )。
    A. X   B. W   C. U   D. T

18. 反应:$mA + nB \longrightarrow pC + qD$ 进行 4s 后,$-\dfrac{dc(A)}{dt} = 0.02$ mol·$L^{-1} \cdot s^{-1}$,下列表达式错误的是( )。

    A. $-\dfrac{dc_B}{dt} = \dfrac{0.02n}{m}$ B. $-\dfrac{dc_B}{dt} = \dfrac{0.02m}{n}$

    C. $\dfrac{dc_D}{dt} = \dfrac{0.02q}{m}$ D. $\dfrac{dc_D}{dt} = \dfrac{0.02m}{q}$

19. 对于反应 $2D+E \longrightarrow 2F$,若反应机理为:
$$D \rightleftharpoons 2G \quad (快)$$
$$G+E \rightleftharpoons H \quad (快)$$
$$H+D \rightleftharpoons F \quad (慢)$$

    则反应的速度方程为( )。
    A. $v = k \cdot c(D)^2 \cdot c(E)$ B. $v = k \cdot c(D) \cdot c(E)$
    C. $v = k \cdot c(D)^{3/2} \cdot c(E)$ D. $v = k \cdot c(D)^{1/2} \cdot c(E)$

20. 对于反应 C→产物,当 C 的浓度为 0.05 mol·L^{-1} 时,反应速度为 0.015 mol·$L^{-1} \cdot s^{-1}$;当 C 的浓度为 0.01 mol·L^{-1} 时反应速度为 0.003 mol·$L^{-1} \cdot s^{-1}$;若 C 的浓度为 0.25 mol·L^{-1} 时,则反应

速度为( )。

A. 0.03 mol·L^{-1}·s^{-1}　　　　B. 0.075 mol·L^{-1}·s^{-1}

C. 0.045 mol·L^{-1}·s^{-1}　　　　D. 0.05 mol·L^{-1}·s^{-1}

21. 反应 W→产物的速度常数为 8 L^2·mol^{-2}·s^{-1}，若浓度消耗掉一半时的速度为 8 mol·L^{-1}·s^{-1}，则起始浓度为( )。

    A. 8 mol·L^{-1}　　　　B. 4 mol·L^{-1}

    C. 16 mol·L^{-1}　　　　D. 2 mol·L^{-1}

22. 反应 A+B⟶C 为简单反应，当 A 和 B 的浓度为 0.2 mol·L^{-1} 时，反应速度为 0.32 mol·L^{-1}·s^{-1}，当它们的浓度消耗掉 1/4 时，反应速度为( )。

    A. 0.18 mol·L^{-1}·s^{-1}　　　　B. 0.08 mol·L^{-1}·s^{-1}

    C. 0.04 mol·L^{-1}·s^{-1}　　　　D. 0.16 mol·L^{-1}·s^{-1}

23. 反应 A+B⟶C 的速度方程为 $v=k\cdot c(A)\cdot c(B)^x$，若 k 的单位是 L·mol^{-1}·s^{-1}，则 x 的值为( )。

    A. 4　　　　B. 1　　　　C. 3　　　　D. 2

24. 在 291 K，鲜牛奶大约 4 小时发酸，但在 278 K 的冰箱中可保存 48 小时。假定反应速度与发酸时间成反比，计算牛奶发酸的反应活化能 E_a。

25. $2O_3(g) \longrightarrow 3O_2(g)$ 的活化能 $E_a=117$ kJ·mol^{-1}，设 $O_3(g)$ 的生成热为 +142 kJ·mol^{-1}，画出反应过程的势能图。

26. 反应 X + 2Y→产物的实验数据如下：

初始浓度		初速度/mol·L^{-1}·s^{-1}
$c(X)$/mol·L^{-1}	$c(Y)$/mol·L^{-1}	
0.02	0.02	7.3×10^{-4}
0.01	0.02	3.65×10^{-4}
0.01	0.01	1.83×10^{-4}

(1) 写出上述反应的速度方程式？

(2) 反应的级数是多少？

(3) 当 X 和 Y 的浓度均为 0.04 mol·L^{-1} 时的反应速度。

五、练习题参考答案

1. A、B、D 2. A、D 3. C 4. B 5. C 6. D
7. C 8. A、C 9. A 10. B、D 11. D 12. B
13. B 14. C 15. B 16. D 17. A 18. B、D
19. C 20. B 21. D 22. A 23. B
24. $E_a = 128.6 \text{ kJ} \cdot \text{mol}^{-1}$
25. $-284 \text{ kJ} \cdot \text{mol}^{-1}$

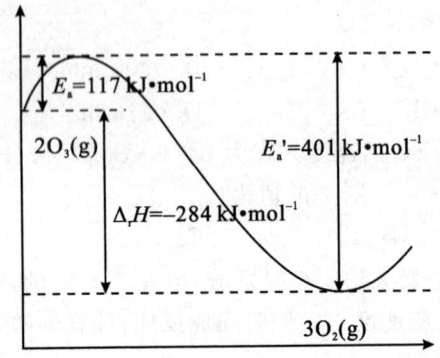

26. (1) $v = 1.82 c(X) \cdot c(Y)$
    (2) 二级
    (3) $2.91 \times 10^{-3} \text{ mol} \cdot \text{L}^{-1} \cdot \text{s}^{-1}$

第四章 化学平衡

一、教学要求

1. 理解化学平衡的概念、平衡常数的表达方法和含义；
2. 掌握平衡移动原理及浓度、温度、压力对化学平衡移动的影响；
3. 熟练进行化学平衡的有关计算。

二、重点与难点

重点：化学平衡的概念，化学平衡移动方向的判断，有关化学平衡的计算。
难点：有关气相反应化学平衡的计算。

三、精选例题解析

1. 1 000 K 时，反应 $2SO_2(g)+O_2(g) \rightleftharpoons 2SO_3(g)$ 的 $K_p = 3.50 \text{ Pa}^{-1}$。求反应 $SO_2(g)+\dfrac{1}{2}O_2(g) \rightleftharpoons SO_3(g)$ 在该温度下的 K_p、K_c 各是多少？

解：$2SO_2(g)+O_2(g) \rightleftharpoons 2SO_3(g)$ $\qquad K_p = 3.50 \text{ Pa}^{-1}$

$SO_2(g)+\dfrac{1}{2}O_2(g) \rightleftharpoons SO_3(g)$ $\qquad K_p'$

$K_p' = K_p^{1/2} = 3.5^{1/2} = 1.87 \text{ Pa}^{-1}$

$K_c = \dfrac{K_p}{(RT)^{-1/2}}$

$= 1.87\ \text{Pa}^{-1} \times (8.314 \times 1\,000)^{1/2}\ \text{J}\cdot\text{mol}^{-1}\cdot\text{K}$

$= 170.5\ (\text{L}\cdot\text{mol}^{-1})^{1/2}$

2.27 ℃时,反应 $2NO_2(g) \rightleftharpoons N_2O_4(g)$ 实现平衡时,反应物和产物的分压分别为 p_1 和 p_2。试写出 K_c、K_p 和 K^θ 的表达式,并求出 $\dfrac{K_c}{K^\theta}$ 的值。(以 $p^\theta = 100\ \text{kPa}$ 计算)

解:据题意可知

$$K_c = \dfrac{K_p}{(RT)^{-1}} = RT K_p = \dfrac{RT p_2}{p_1^2}$$

$$K_p = \dfrac{p_2}{p_1^2}$$

$$K^\theta = \dfrac{\dfrac{p_2}{p^\theta}}{\left(\dfrac{p_1}{p^\theta}\right)^2} = \dfrac{p_2 p^\theta}{p_1^2}$$

$$\dfrac{K_c}{K^\theta} = \dfrac{RT p_2}{p_1^2} \times \dfrac{p_1^2}{p_2 p^\theta} = \dfrac{RT}{p^\theta}$$

$$= \dfrac{8.314\ \text{J}\cdot\text{mol}^{-1}\cdot\text{K}^{-1} \times 300\ \text{K}}{100 \times 10^3\ \text{Pa}} = 24.94\ \text{L}\cdot\text{mol}^{-1}$$

3.某温度下,100 kPa 时反应 $2NO_2 \rightleftharpoons N_2O_4$ 的标准平衡常数 $K^\theta = 3.06$,求 NO_2 的平衡转化率。

解:设原有 NO_2 物质的量为 1 mol,NO_2 转化率为 x。

$$\begin{array}{ccc} 2NO_2 & \rightleftharpoons & N_2O_4 \\ 1 & & 0 \\ 1-x & & \dfrac{x}{2} \end{array}$$

$$K^\theta = \dfrac{\dfrac{\dfrac{x}{2}}{1-\dfrac{x}{2}}\dfrac{p}{p^\theta}}{\left(\dfrac{1-x}{1-\dfrac{x}{2}}\dfrac{p}{p^\theta}\right)^2}$$

第四章 化学平衡

所以 $\dfrac{\frac{x}{2}(1-\frac{x}{2})}{(1-x)^2}=3.06$，$x=72.5\%$

4. 某温度下，反应 $N_2(g)+3H_2(g)\rightleftharpoons 2NH_3(g)$ 的 $K_c=0.77$。试用计算结果判断，当 $c_{N_2}=0.81\ mol\cdot L^{-1}$、$c_{H_2}=0.32\ mol\cdot L^{-1}$、$c_{NH_3}=0.15\ mol\cdot L^{-1}$ 时，反应进行的方向。

解：$Q_c = \dfrac{c_{NH_3}^2}{c_{N_2}\cdot c_{H_2}^3}$

$= \dfrac{0.15^2\ mol\cdot L^{-1}}{0.81\ mol\cdot L^{-1}\times 0.32^3\ mol\cdot L^{-1}}$

$= 0.85\ L\cdot mol^{-1}$

因为 $Q_c > K_c$，所以反应向逆方向进行。

5. 一定量的氯化铵受热分解：$NH_4Cl(s)\rightleftharpoons NH_3(g)+HCl(g)$，$\Delta_r H_m^\theta = 161\ kJ\cdot mol^{-1}$，$\Delta_r S_m^\theta = 250\ J\cdot mol^{-1}\cdot K^{-1}$，求在 700 K 达到平衡时体系的总压强。

解：$\Delta_r G_m^\theta = \Delta_r H_m^\theta - T\Delta_r S_m^\theta = -RT\ln K^\theta$

$= 161\ kJ\cdot mol^{-1} - 250\ J\cdot mol^{-1}\cdot K^{-1}\times 700\ K$

$\ln K^\theta = \dfrac{14\ kJ\cdot mol^{-1}}{8.314\ J\cdot mol^{-1}\times 700\ K}$

$\ln K^\theta = 2.4$

$K^\theta = 11.1$

$K^\theta = \dfrac{p_{NH_3}}{p^\theta}\cdot\dfrac{p_{HCl}}{p^\theta}$

$11.1 = \dfrac{p_{NH_3}^2}{(100\times 10^3)^2}$

$p_{NH_3} = p_{HCl} = 333\ kPa$

所以 $p_总 = p_{NH_3} + p_{HCl} = 333\times 2 = 666\ kPa$

6. 现有下列反应

$$H_2(g)+CO_2(g)\rightleftharpoons H_2O(g)+CO(g)$$

在 1 259 K 达平衡。平衡时 $[H_2]=[CO_2]=0.44\ mol\cdot L^{-1}$，$[H_2O]=[CO]=0.56\ mol\cdot L^{-1}$，求此温度下的平衡常数及开始时 H_2 和 CO_2

的浓度。

解：
$$H_2(g) + CO_2(g) \rightleftharpoons H_2O(g) + CO(g)$$

平衡浓度　　0.44　　　0.44　　　　0.56　　　0.56

$$K_c = \frac{(0.56)^2}{(0.44)^2} = 1.6$$

由反应方程式可知，生成 0.56 mol H_2O 和 CO，消耗 0.56 mol H_2 和 0.56 mol 的 CO_2，因此 H_2 和 CO_2 的起始浓度为：

$$0.44 + 0.56 = 1.0 \text{ mol} \cdot L^{-1}$$

答：平衡常数为 1.6，H_2 和 CO_2 的起始浓度为 1.0 mol·L^{-1}。

7. 将 0.050 0 g 气体 N_2O_4 放在封闭的 0.20 L 容器中，并在 298 K 保温。下列反应

$$N_2O_4(g) \rightleftharpoons 2NO_2(g)$$

的平衡常数 $K_c = 0.005\ 77$。

(1) 计算放入 N_2O_4 气体的浓度；

(2) 计算每一组分气体的平衡浓度和分压；

(3) 求 K_p（分压和 K_p 分别用 atm 和 Pa 表示）。

解：(1) N_2O_4 的浓度为：

$$\frac{0.050\ 0/92}{0.20} = 2.72 \times 10^{-3} \text{ mol} \cdot L^{-1}$$

(2) 设平衡时 N_2O_4 消耗的浓度为 x mol·L^{-1}。则

$$N_2O_4(g) \rightleftharpoons 2NO_2(g)$$

平衡浓度　　$(2.72 \times 10^{-3} - x)$　　　　$2x$

$$K_c = \frac{[NO_2]^2}{[N_2O_4]}$$

$$0.005\ 77 = \frac{(2x)^2}{(2.72 \times 10^{-3} - x)}$$

$$x = 1.39 \times 10^{-3} \text{ mol} \cdot L^{-1}$$

N_2O_4 和 NO_2 的平衡浓度和平衡分压分别为：

$$[N_2O_4] = 2.72 \times 10^{-3} - 1.39 \times 10^{-3} = 1.33 \times 10^{-3} \text{ mol} \cdot L^{-1}$$

$$[NO_2] = 1.39 \times 10^{-3} \times 2 = 2.78 \times 10^{-3} \text{ mol} \cdot L^{-1}$$

第四章 化学平衡

$$P_{N_2O_4} = c_{N_2O_4} RT$$
$$= 1.33 \times 10^{-3} \times 8314.3 \times 298 = 3.30 \times 10^3 \text{ Pa}$$
$$= \frac{3.30 \times 10^3}{1.013 \times 10^5} \text{ atm} = 3.26 \times 10^{-2} \text{ atm}$$

$$p_{NO_2} = 2.78 \times 10^{-3} \times 8314.3 \times 298 = 6.89 \times 10^3 \text{ Pa}$$
$$= 6.80 \times 10^{-2} \text{ atm}$$

(3) $K_p = \dfrac{p_{NO_2}^2}{p_{N_2O_4}} = \dfrac{(6.89 \times 10^3)^2}{3.30 \times 10^3} = 1.44 \times 10^4 \text{ Pa} = 0.142 \text{ atm}$

答：(1) 放入 N_2O_4 气体的浓度为 2.27×10^{-3} mol·L^{-1}。

(2) 平衡体系中 N_2O_4 的浓度为 1.33×10^{-3} mol·L^{-1}，分压为 3.30×10^3 Pa，或 3.26×10^{-2} atm；NO_2 的浓度为 2.78×10^{-3} mol·L^{-1}，分压为 6.89×10^3 Pa，或 6.80×10^{-2} atm。

(3) K_p 为 1.44×10^4 Pa，或 0.142 atm。

8. PCl_5 加热后它的分解反应式为：

$$PCl_5(g) \rightleftharpoons PCl_3(g) + Cl_2(g)$$

在 10 L 密闭容器内盛有 2 mol PCl_5，某温度时有 1.5 mol 分解，求该温度下的平衡常数。若在该密闭容器中通入 1 mol Cl_2 后，有多少摩尔 PCl_5 分解？

解： $PCl_5(g) \rightleftharpoons PCl_3(g) + Cl_2(g)$

平衡浓度 $\dfrac{2-1.5}{10}$ $\dfrac{1.5}{10}$ $\dfrac{1.5}{10}$

$$K_c = \frac{[PCl_3][Cl_2]}{[PCl_5]} = \frac{\left(\dfrac{1.5}{10}\right)^2}{\dfrac{2-1.5}{10}} = 0.45$$

设通入 1 mol Cl_2 后有 x mol PCl_5 分解。则

$$PCl_5(g) \rightleftharpoons PCl_3(g) + Cl_2(g)$$

平衡浓度 $\dfrac{2-x}{10}$ $\dfrac{x}{10}$ $\dfrac{x+1}{10}$

$$K_c = \frac{\left(\frac{x}{10}\right)\left(\frac{x+1}{10}\right)}{\frac{2-x}{10}} = 0.45$$

$$x = 1.32 \text{ mol}$$

答:在该温度下平衡常数为 0.45。通入 1 mol Cl_2 后,有 1.32 mol PCl_5 分解。

9. PCl_5 加热分解为 PCl_3 和 Cl_2,将 2.695 g PCl_5 装入 1 L 容器中,在 523 K 时达平衡后,总压力为 101.3 kPa,求 PCl_5 的分解率和 K_p。

解:
$$PCl_5(g) \rightleftharpoons PCl_3(g) + Cl_2(g)$$

平衡浓度 $\quad \frac{2.695}{208.2} - x \qquad x \qquad x$

$$p_{总} = \left(\frac{2.695}{208.2} - x + x + x\right)RT$$

$$101.3 \times 10^3 = (0.012\ 9 + x) \times 8\ 314.3 \times 523$$

$$x = 0.010\ 4 \text{ mol}$$

PCl_5 的分解率为:

$$\frac{0.010\ 4}{0.012\ 9} \times 100\% = 80.6\%$$

$$K_p = K_c \cdot (RT)^{\Delta n} = \frac{[PCl_3][Cl_2]}{[PCl_5]}(RT)^{\Delta n}$$

$$= \frac{(0.010\ 4)^2}{0.012\ 9 - 0.010\ 4} \times (8.314\ 3 \times 523) = 188 \text{Pa}$$

答:PCl_5 的分解率为 80.6%,分解反应的 K_p 为 188Pa。

10. 在 6.0 L 的反应容器和 1 280 K 温度下
$$CO_2(g) + H_2(g) \rightleftharpoons CO(g) + H_2O(g)$$

平衡混合物中,各物质分压分别是 $p_{CO_2} = 6\ 381.9$ kPa;$p_{H_2} = 2\ 137.4$ kPa;$p_{CO} = 8\ 529.5$ kPa;$p_{H_2O} = 3\ 201.1$ kPa;若温度体积保持不变,因除去 CO_2 使 CO 的分压减少到 6 381.9 kPa,试计算:

(1)达到新平衡时 CO_2 的分压;

(2)新平衡时 K_p、K_c 是多少?

(3) 在新平衡体系中加压,使体积减少到 3 L, CO_2 的分压是多少?

解:(1) 设达到新平衡时 CO_2 的分压为 x kPa,因 8 529.5−6 381.9 = 2 147.6,故:

$$CO_2(g) + H_2(g) \rightleftharpoons CO(g) + H_2O(g)$$

平衡 1: 6 381.9　　2 137.4　　8 529.5　　3 201.1

除去部分 CO_2 后。

平衡 2: x　　2 137.4+2 147.6　　6 381.9　　3 201.1−2 147.6

平衡 1: $K_p = \dfrac{p_{CO} \cdot p_{H_2O}}{p_{H_2} \cdot p_{CO_2}} = \dfrac{8\,529.5 \times 3\,201.1}{6\,381.9 \times 2\,137.4} = 2.00$

平衡 2: $K_p = \dfrac{6\,381.9 \times (3\,201.1 - 2\,147.6)}{x \times (2\,137.4 + 2\,147.6)} = 2.00$

$x = 784.5$ kPa

(2) 新平衡并没改变温度,所以 K_p、K_c 没变。

$$K_p = K_c = 2.00$$

(3) 设体积减少到 3 L 时 CO_2 的分压是 y。由 $p_1V_1 = p_2V_2$ 得:

$$784.5 \times 6.0 = y \times 3.0$$

$$y = 1\,569.0 \text{ kPa}$$

答:达到新平衡时 CO_2 的分压为 784.5 kPa,新平衡的 $K_p = K_c = 2.00$。当体积减少到 3 L 时, CO_2 的分压为 1 569.0 kPa。

11. 对 $PCl_5(g) \rightleftharpoons PCl_3(g) + Cl_2(g)$ 反应的平衡体系。在 523 K 时 $K_c = 4.16 \times 10^{-2}$,在该温度下平衡浓度 $[PCl_5] = 1$ mol·L^{-1},$[PCl_3] = [Cl_2] = 0.204$ mol·L^{-1},等温时若压力减少一半(即体积增大一倍),在新的平衡体系中的浓度各为多少?

解:　　　　$PCl_5(g) \rightleftharpoons PCl_3(g) + Cl_2(g)$

平衡 1:　　　1　　　　　　0.204　　　　0.204

平衡 2:　　$\dfrac{1}{2} - x$　　　$\dfrac{0.204}{2} + x$　　　$\dfrac{0.204}{2} + x$

$$K_c = \dfrac{[PCl_3][Cl_2]}{[PCl_5]}$$

$$4.16\times 10^{-2} = \frac{\left(\frac{0.204}{2}+x\right)^2}{\frac{1}{2}-x}$$

$$x = 0.036\ 8$$

$$[PCl_5] = \frac{1}{2} - x = 0.5 - 0.036\ 8 = 0.463\ mol\cdot L^{-1}$$

$$[PCl_3] = [Cl_2] = \frac{0.204}{2} + x$$

$$= 0.102 + 0.036\ 8 = 0.139\ mol\cdot L^{-1}$$

答： 新的平衡体系中 $[PCl_5]$ 为 $0.463\ mol\cdot L^{-1}$，$[PCl_3]$ 和 $[Cl_2]$ 均为 $0.139\ mol\cdot L^{-1}$。

12. 反应 $3H_2(g) + N_2(g) \rightleftharpoons 2NH_3(g)$ 200 ℃时的平衡常数 $K_1^\theta = 0.64$，400 ℃时的平衡常数 $K_2^\theta = 6.0\times 10^{-4}$，据此求该反应的标准摩尔反应热 $\Delta_r H_m^\theta$ 和 $NH_3(g)$ 的标准摩尔生成热 $\Delta_f H_m^\theta$。

解： $\ln\dfrac{K_2^\theta}{K_1^\theta} = \dfrac{\Delta_r H_m^\theta}{R}\left(\dfrac{T_2-T_1}{T_1 T_2}\right)$

$$\ln\frac{6.0\times 10^{-4}}{0.64} = \frac{\Delta_r H_m^\theta}{8.314\times 10^{-3}}\left(\frac{673-473}{673\times 473}\right)$$

$$\Delta_r H_m^\theta = -92.28\ kJ\cdot mol^{-1}$$

$$\Delta_f H_m^\theta = \frac{\Delta_r H_m^\theta}{2} = \frac{-92.28\ kJ\cdot mol^{-1}}{2} = -46.14\ kJ\cdot mol^{-1}$$

故该反应 $\Delta_r H_m^\theta$ 为 $-92.28\ kJ\cdot mol^{-1}$

$NH_3(g)$ 标准摩尔生成热 $\Delta_f H_m^\theta$ 为 $-46.14\ kJ\cdot mol^{-1}$。

13. 室温锌粒放置空气中表面易被氧化，生成 ZnO 膜。如果锌放在真空度为 1.30×10^{-4} Pa 空气氛的安瓿中，试通过有关计算说明其表面是否还会被氧化？

解： 锌氧化反应的方程式为：

$$Zn(s) + \frac{1}{2}O_2(g) \Longrightarrow ZnO(s)$$

反应的吉布斯自由能变为：

$$\Delta_r G = \Delta_r G^\theta + RT\ln Q_r$$

$$= \Delta_f G^\theta(ZnO, s) + RT\ln \frac{1}{(p_{O_2}/p^\theta)^{1/2}}$$

$$= -318.3 + \frac{8.314 \times 298}{1\,000} \ln \frac{1}{(1.3 \times 10^{-4}/10^5)^{1/2}}$$

$$= -293.0 \text{ kJ} \cdot \text{mol}^{-1}$$

$\Delta_r G < 0$,在真空度为 1.3×10^{-4} Pa 空气氛的安瓿中,Zn 能被氧化为 ZnO。

14. 已知大气中含二氧化碳气约为 0.031%(体积),试用化学热力学分析说明,菱镁矿($MgCO_3$)能否稳定存在于自然界中(提示:$MgCO_3$ 如不稳定,将分解成 MgO 和 CO_2)。

解:$MgCO_3$ 分解反应的化学反应式:

$$MgCO_3(s) = MgO(s) + CO_2(g)$$

298 K 时反应的标准吉布斯自由能变为:

$$\Delta_r G^\theta = \Delta_f G^\theta(MgO, s) + \Delta_f G^\theta(CO_2, g) - \Delta_f G^\theta(MgCO_3, s)$$

$$= -601.7 - 393.5 - (-1096)$$

$$= 100.8 \text{ kJ} \cdot \text{mol}^{-1}$$

298 K 时反应的吉布斯自由能变为:

$$\Delta_r G = \Delta_r G^\theta + RT\ln Q_r = \Delta_r G^\theta + RT\ln \frac{p_{CO_2}}{p^\theta}$$

$$= 100.8 + \frac{8.314 \times 298}{1\,000} \ln \frac{1.013 \times 10^5 \times 0.031\%}{10^5}$$

$$= 80.82 \text{ kJ} \cdot \text{mol}^{-1}$$

$\Delta_r G > 0$,$MgCO_3$ 分解反应室温下在空气中不能自发进行。

答:菱镁矿在大气中能稳定存在。

15. 试求算反应 $CaCO_3(s) = CaO(s) + CO_2(g)$ 在 298 K 及 800 K 的 K^θ。

解:$CaCO_3(s) = CaO(s) + CO_2(g)$ 298 K 时,反应的标准吉布斯自由能变为:

$$\Delta_r G^\theta = \Delta_f G^\theta(CaO, s) + \Delta_f G^\theta(CO_2, g) - \Delta_f G^\theta(CaCO_3, s)$$

$$= -604.2 + (-394.4) - (-1\,128.8)$$

$$= 130.2 \text{ kJ} \cdot \text{mol}^{-1}$$

298 K 时反应的平衡常数为:

$$\ln K^\theta = -\frac{\Delta_r G^\theta}{RT} = -\frac{130.2 \times 10^3}{8.314 \times 298} = -52.55$$

$$K^\theta = 1.5 \times 10^{-23}$$

298 K 时反应的标准焓变为：

$$\Delta_r H^\theta = \Delta_f H^\theta(CaO, s) + \Delta_f H^\theta(CO_2, g) - \Delta_f H^\theta(CaCO_3, s)$$
$$= -635.1 + (-393.5) - (-1206.9)$$
$$= 178.3 \text{ kJ} \cdot \text{mol}^{-1}$$

根据教材式(4-17)可得：

$$\ln \frac{K^\theta(800)}{1.5 \times 10^{-23}} = \frac{178.3 \times 10^3}{8.314} \left(\frac{800-298}{800 \times 298}\right)$$

$$K^\theta(800) = 6.1 \times 10^{-4}$$

四、练习题

1. 有下列平衡 $A(g) + 2B(g) \rightleftharpoons 2C(g)$，假如在反器中加入等物质的量的 A 和 B，在达到平衡时，总是正确的是（　　）。

   A. [B]=[C]　　　　　　　　B. [A]=[B]

   C. [B]<[A]　　　　　　　　D. [A]<[B]

2. 对于反应 $N_2O_4(g) \rightleftharpoons 2NO_2(g)$ 其平衡常数 K_c 的单位是（　　）。

   A. $\text{mol} \cdot \text{L}^{-1}$　　　　　　　　B. $(\text{mol} \cdot \text{L}^{-1})^{1/2}$

   C. $(\text{mol} \cdot \text{L}^{-1})^{-1}$　　　　　　D. $(\text{mol} \cdot \text{L}^{-1})^2$

3. 在 $K_p = K_c(RT)^{\Delta n}$ 中，如果压力单位为 atm，浓度单位为 $\text{mol} \cdot \text{L}^{-1}$，则 R 为（　　）。

   A. $8.314 \text{ J} \cdot \text{mol}^{-1} \cdot \text{K}^{-1}$

   B. $8134 \text{ kPa} \cdot \text{L} \cdot \text{mol}^{-1} \cdot \text{K}^{-1}$

   C. $82.06 \text{ mL} \cdot \text{atm} \cdot \text{mol}^{-1} \cdot \text{K}^{-1}$

   D. $0.08206 \text{ L} \cdot \text{atm} \cdot \text{mol}^{-1} \cdot \text{K}^{-1}$

4. 已知反应 $A(g) + 2B(l) \rightleftharpoons 4C(g)$ 的平衡常数 $K=0.123$，那么反应 $4C(g) \rightleftharpoons A(g) + 2B(l)$ 的平衡常数为（　　）。

   A. 0.123　　　B. -0.123　　　C. 6.47　　　D. 8.13

5. 光气（$COCl_2$）在适当温度时，可部分离解成 CO 和 Cl_2；$COCl_2(g) \rightleftharpoons CO(g) + Cl_2(g)$ 实验测得，900 K 时，0.631 g $COCl_2$ 在 0.472 L 真空容器中产生的压力为 1.894×10^5 Pa，则光气的离解百分率为（　　）。

　　A. 86.8%　　B. 78.8%　　C. 80%　　D. 83.5%

6. 一定温度下，某混合气体中组分气体 A 的分压为 p_A，其分体积为 V_A，混合气体的总体积为 V，总物质的量为 n，而组分气体 A 的物质的量为 n_A，则平衡时组分气体 A 的分压为（　　）。

　　A. $p_A = \dfrac{n_A RT}{V}$ 　　　　　　B. $p_A = \dfrac{n_A RT}{V_A}$

　　C. $p_A = \dfrac{nRT}{V}$ 　　　　　　D. $p_A = \dfrac{nRT}{V_A}$

7. 对于化学反应：$CaCO_3(s) \rightleftharpoons CaO(s) + CO_2(g)$，其 K_c 表示式为（　　）。

　　A. $K_c = [CO_2]$ 　　　　　　B. $K_c = \dfrac{[CaO][CO_2]}{[CaCO_3]}$

　　C. $K_c = \dfrac{[CaO]}{[CaCO_3]}$ 　　　　　　D. $K_c = \dfrac{[CaCO_3]}{[CaO]}$

8. 已知下列反应在 1 123 K 时的平衡常数：

　　(1) $C(石墨) + CO_2(g) \rightleftharpoons 2CO(g)$　　$K_{c1} = 1.4 \times 10^{12}$

　　(2) $CO(g) + Cl_2(g) \rightleftharpoons COCl_2(g)$　　$K_{c2} = 0.55$

　　则反应 $2COCl_2(g) \rightleftharpoons C(石墨) + CO_2(g) + 2Cl_2(g)$ 在 1 123 K 时的平衡常数 K_c 为（　　）。

　　A. 2.4×10^{-12}　　　　　　B. 2.4×10^{12}

　　C. 1.2×10^{-12}　　　　　　D. 1.2×10^{12}

9. 反应 $SO_2(g) + 2CO(g) \rightleftharpoons S(s) + 2CO_2(g)$ 的平衡常数 K_c 与 K_p 之间的关系为（　　）。

　　A. $K_p = \dfrac{K_c}{RT}$ 　　　　　　B. $K_p = K_c$

　　C. $K_p = K_c RT$ 　　　　　　D. $K_p = K_c (RT)^2$

10. 反应：$CO(g)+H_2O(g) \rightleftharpoons H_2(g)+CO_2(g)$ 在 773 K 时，平衡常数为 K_c，平衡时气体的总压力为 $p_总$，CO 的转化率为 α，则 CO 的平衡分压为（   ）。

   A. $p_总 \dfrac{1-\alpha}{2}$ B. $p_总 \dfrac{1+\alpha}{2}$ C. $p_总 \dfrac{1-\alpha}{4}$ D. $p_总 \dfrac{1+\alpha}{4}$

11. 某一给定的条件下，反应 $NiSO_4 \cdot 6H_2O(s) \rightleftharpoons NiSO_4(s) + 6H_2O(g)$ 的平衡常数为 K_p，则平衡时 $H_2O(g)$ 的蒸气压是（   ）。

   A. $p_{H_2O}=\sqrt[6]{K_p}$ B. $p_{H_2O}=K_p^6$

   C. $p_{H_2O}=\sqrt[3]{K_p}$ D. $p_{H_2O}=K_p$

12. 已知反应在 823 K 时的平衡常数：
   (1) $CoO(s)+CO(g) \rightleftharpoons Co(s)+CO_2(g)$ $K_c=490$
   (2) $CoO(s)+H_2(g) \rightleftharpoons Co(s)+H_2O(g)$ $K_c=67$
   根据上述数据，求得反应：$CO_2(g)+H_2(g) \rightleftharpoons CO(g)+H_2O(g)$ 的平衡常数为（   ）。

   A. 0.14   B. 1.4   C. −0.14   D. −1.4

13. 在 1 023 K，在容积为 18 L 的容器中，发生如下反应：$2H_2(g)+S_2(g) \rightleftharpoons 2H_2S(g)$ 平衡时，混合气体中含有 1.68 mol 的 H_2S，1.37 mol 的 H_2 和 $2.88×10^{-6}$ mol 的 S_2，则该反应的 K_p 为（   ）kPa^{-1}。

   A. $1.1×10^4$ B. $1.1×10^{-4}$

   C. $1.1×10^3$ D. $1.1×10^2$

14. 在碱性溶液中，已知反应 $S(s)+S^{2-}(aq) \rightleftharpoons S_2^{2-}(aq)$ 和 $S(s)+S_2^{2-}(aq) \rightleftharpoons S_3^{2-}(aq)$ 的平衡常数分别为 12.0 和 13.0，则反应 $2S(s)+S^{2-}(aq) \rightleftharpoons S_3^{2-}(aq)$ 的平衡常数等于（   ）。

   A. 142.0   B. 118.0   C. 156.0   D. 108.0

15. 523 K 时，PCl_5 分解为 PCl_3 和 Cl_2，设分解百分率为 α，总压力为 $p_总$，则达到平衡时 PCl_5 的分压为（   ）。

   A. $p_总 \dfrac{\alpha^2}{1-\alpha}$ B. $p_总 \dfrac{1-\alpha}{1+\alpha}$ C. $p_总 \dfrac{1+\alpha}{1-\alpha}$ D. $p_总 \dfrac{1+\alpha}{1-\alpha^2}$

16. 反应 $2NO(g)+O_2(g) \rightleftharpoons 2NO_2(g)$ 的 K_c 与 K_p 的关系是（   ）。

A. $K_p = K_c/RT$ B. $K_p = K_c$
C. $K_p = K_c RT$ D. $K_p = (RT)^2 K_c$

17. 在一定温度和压力下,反应 $PCl_5(g) \rightleftharpoons PCl_3(g) + Cl_2(g)$ 达到平衡后,若改变下列条件之一能使离解度增加的是(   )。

   A. 温度、压力均不变,加入少量 N_2
   B. 体积不变增加压力
   C. 压力不变体积缩小
   D. 加入少量 N_2,压力增加一倍

18. 温度与化学反应的平衡常数之间的关系是(   )。

   A. $\ln\dfrac{K_2}{K_1} = -\dfrac{\Delta_r H^\theta}{R}\left(\dfrac{T_2 - T_1}{T_1 T_2}\right)$ B. $\ln\dfrac{K_2}{K_1} = -\dfrac{E_a}{R}\left(\dfrac{T_2 - T_1}{T_1 T_2}\right)$
   C. $\ln\dfrac{K_2}{K_1} = \dfrac{\Delta_r H^\theta}{R}\left(\dfrac{T_2 - T_1}{T_1 T_2}\right)$ D. $\ln\dfrac{K_2}{K_1} = \dfrac{E_a}{R}\left(\dfrac{T_2 - T_1}{T_1 T_2}\right)$

19. 可逆反应达到平衡后,下列说法正确的是(   )。

   A. 降温 K_c 不变
   B. 升温平衡点不变
   C. 增加生成物浓度平衡点不变
   D. 增加生成物浓度 K_c 不变

20. 在一定温度和压力下一个反应体系达到平衡时的条件是(   )。

   A. 正、逆反应速度停止
   B. 正、逆反应速度相等
   C. 正反应速度减慢,逆反应速度加快
   D. 反应物全部转化成产物

21. 对于反应 $CaCO_3(s) \rightleftharpoons CaO(s) + CO_2(g)$,其平衡常数表达式为(   )。

   A. $K = \dfrac{[CaO][CO_2]}{[CaCO_3]}$ B. $\Delta_r G = -RT\ln K_c + RT\ln Q_c$
   C. $K_p = p_{CO_2}$ D. $\Delta_r G^\theta = -RT\ln K_c$

22. 在 1 073 K 时,反应:$CO(g) + H_2O(g) \rightleftharpoons CO_2(g) + H_2(g)$ 的 $K_c =$ 1.0,最初含有 1.0 mol CO 和 1.0 mol $H_2O(g)$ 的混合气体经反应

达到平衡时,CO 的物质的量及转化率各为( )。

A. 0.25 mol 和 25%　　　　B. 0.67 mol 和 67%

C. 0.50 mol 和 50%　　　　D. 0.33 mol 和 33%

23. 有可逆反应 $C(s) + H_2O(g) \rightleftharpoons CO(g) + H_2(g)$　$\Delta_r H = 133.8\ kJ \cdot mol^{-1}$,下列说法正确的是( )。

A. 加入催化剂可以加快正反应速度

B. 由于反应前后分子数相等,压力对平衡没有影响

C. 加入催化剂可以增加生成物的浓度

D. 加入正催化剂可以加快反应达到平衡的时间

24. 反应:$2CO(g) + O_2(g) \rightleftharpoons 2CO_2(g)$ 在 300 K 时的 K_c 和 K_p 的比值约为( )。

A. 25　　　B. 2 500　　　C. 2.2　　　D. 0.04

25. 已知在某温度下,下列三个反应:

$$N_2(g) + O_2(g) \rightleftharpoons 2NO(g)$$

$$H_2(g) + \frac{1}{2}O_2(g) \rightleftharpoons H_2O(g)$$

$$2NH_3(g) + \frac{5}{2}O_2(g) \rightleftharpoons 2NO(g) + 3H_2O(g)$$

的平衡常数分别为 K_1、K_2、K_3。则在该温度下反应:$N_2(g) + 3H_2(g) \rightleftharpoons 2NH_3(g)$ 的平衡常数为( )。

A. $K_1 + K_2 + K_3$　　　　B. $K_1 \cdot K_2 \cdot K_3$

C. $K_1 \cdot K_2 / K_3$　　　　D. $K_1 \cdot K_2^3 / K_3$

26. 已知 300 K 和 101 325 Pa 时,下列反应:$N_2O_4(g) \rightleftharpoons 2NO_2(g)$ 达到平衡时有 20% 的 N_2O_4 分解成 NO_2,则此反应在 300 K 时的平衡常数 K^θ 的数值为( )。

A. 0.27　　　B. 0.05　　　C. 0.20　　　D. 0.17

27. 某温度时,反应 $H_2(g) + Br_2(g) \rightleftharpoons 2HBr(g)$ 的 $K_c = 4 \times 10^{-2}$,则反应 $HBr \rightleftharpoons \frac{1}{2}H_2(g) + \frac{1}{2}Br_2(g)$ 的 K_c' 的值为( )。

A. $\dfrac{1}{4 \times 10^{-2}}$　B. 4×10^{-2}　C. $\sqrt{4 \times 10^{-2}}$　D. $\dfrac{1}{\sqrt{4 \times 10^{-2}}}$

第四章 化学平衡

28. 反应 $PCl_5(g) \rightleftharpoons PCl_3(g) + Cl_2(g)$ 平衡时总压力为 p，分解率 $\alpha = 50\%$，则此时的 K_p 为（　　）。

    A. $p/3$　　　　B. $p/2$　　　　C. $p/4$　　　　D. $2p/5$

29. 在一定温度和压力下，反应 $2SO_2(g) + O_2(g) \rightleftharpoons 2SO_3(g)$ 达到平衡时，如要使该平衡体系向逆反应方向移动，应采用的措施是（　　）。

    A. 降低总压力　　　　　　　　B. 体积不变，降低压力
    C. 体积和压力均不变　　　　　D. 压力不变，体积缩小

30. 298 K 时反应 $N_2(g) + 3H_2(g) \rightleftharpoons 2NH_3(g)$ 正反应是放热反应。在刚性密闭容器中该反应达到平衡时，若加入稀有气体，估计会出现（　　）。

    A. 平衡右移，氨的产量增加　　B. 平衡状态不变
    C. 平衡左移，氨的产量减小　　D. 正反应速度加快

31. 某温度时，下列反应已达平衡：
    $$CO(g) + H_2O(g) \rightleftharpoons CO_2(g) + H_2(g) \quad \Delta_r H < 0$$
    为了提高 CO 的转化率，可采取的措施是（　　）。

    A. 增加总压力　　　　　　　　B. 减少总压力
    C. 升高温度　　　　　　　　　D. 降低温度

32. 在反应 $A + B \rightleftharpoons C + D$ 中，开始时只有 A 和 B，经过长时间反应，最终结果是（　　）。

    A. C 和 D 浓度大于 A 和 B　　　B. A 和 B 浓度大于 C 和 D
    C. A、B、C、D 浓度不再变化　　D. A 和 B 浓度等于 C 和 D

33. 现把 4 mol 的 NO 和 2 mol 的 O_2 互相混合于一密闭容器中，在恒温下反应。达平衡后，混合气体里剩余的 NO 为最初量的 10%，假如气体混合物最初压力等于 303.9 kPa，求气体混合物在平衡时的总压。

34. 固态 NH_4HS 按下式建立平衡：$NH_4HS(s) \rightleftharpoons NH_3(g) + H_2S(g)$ 在 298 K 达平衡时气体总压是 66.66 kPa。设当固体 NH_4HS 在一密闭容器中分解时，其中已有压力为 45.59 kPa 的 H_2S 存在，求平衡时各气体的分压。

35. $N_2O_4(g) \rightleftharpoons 2NO_2(g)$ 分解反应的 $K_c = 1.0 \times 10^{-5}$,N_2O_4 的起始浓度为 $0.5\ mol \cdot L^{-1}$,求平衡时 NO_2 的浓度。

36. 设反应 $H_2(g) + \dfrac{1}{2}O_2(g) \rightleftharpoons H_2O(g)$ 的 $K_{c1} = 10$,$CO_2(g) \rightleftharpoons CO(g) + \dfrac{1}{2}O_2(g)$ 的 $K_{c2} = 0.001$,求 $1\ mol \cdot L^{-1}\ H_2$ 和 $1\ mol \cdot L^{-1}\ CO_2$ 发生如下反应 $H_2(g) + CO_2(g) \rightleftharpoons H_2O(g) + CO(g)$ 时 H_2 的转化率。

37. $9.2\ g\ N_2O_4$ 在 $101.3\ kPa,300\ K$ 时占有体积 $2.95\ L$,求此时的解离度及平衡常数 K^θ。

38. 某反应 $A(g) \rightleftharpoons B(g) + 2C(g)$ 在体积为 $1\ L$ 的容器内进行。反应前只存在 A,A 的浓度为 $2\ mol \cdot L^{-1}$。恒温下反应达平衡后,B 的浓度为 $0.4\ mol \cdot L^{-1}$,求反应的平衡常数。

39. 在高炉中发生的基本反应之一是:$FeO(s) + CO(g) \rightleftharpoons Fe(s) + CO_2(g)$ 若在某温度下的 $K_p = 0.64$,求在平衡状态下体系的百分组成。

40. 已知下列反应的平衡常数:

$$HCN \rightleftharpoons H^+ + CN^- \qquad K_1 = 4.9 \times 10^{-10}$$
$$NH_3 + H_2O \rightleftharpoons NH_4^+ + OH^- \qquad K_2 = 1.8 \times 10^{-3}$$
$$H_2O \rightleftharpoons H^+ + OH^- \qquad K_w = 1.0 \times 10^{-14}$$

计算反应:$NH_3 + HCN \rightleftharpoons NH_4^+ + CN^-$ 的平衡常数。

41. 已知:$298\ K$ 时 $\Delta_f G^\theta(H_2) = 0$;$\Delta_f G^\theta(I_2, g) = 19.4\ kJ \cdot mol^{-1}$;$\Delta_f G^\theta(HI, g) = 1.72\ kJ \cdot mol^{-1}$。计算反应 $H_2(g) + I_2(g) \rightleftharpoons 2HI(g)$ 在 $298\ K$ 时的 K_p。

42. 在 $523\ K$ 将 $0.11\ mol$ 的 $PCl_5(g)$ 引入 $1L$ 的容器中,建立下列平衡:$PCl_5(g) \rightleftharpoons PCl_3(g) + Cl_2(g)$ 平衡时 $PCl_3(g)$ 的浓度是 $0.05\ mol \cdot L^{-1}$。问在 $523\ K$ 时反应的 K_c 和 K_p 各是多少?

43. 已知:$298\ K$ 时

热力学数据	AgCl(s)	Ag$^+$(aq)	Cl$^-$(aq)
$\Delta_f G$/kJ $\cdot$ mol^{-1}	-109.7	77.1	-131.2

试计算：

(1) 298 K 时 AgCl(s) 的 K_{sp}；

(2) 当溶液中的 $[Ag^+] = 1.0 \times 10^{-3}$ mol·L^{-1}，$[Cl^-] = 1.0 \times 10^{-4}$ mol·L^{-1} 时，反应 AgCl(s) ⇌ Ag$^+$(aq) + Cl$^-$(aq) 的 $\Delta_r G$ 等于多少？此时的反应方向如何？

五、练习题参考答案

1. C　　2. A　　3. D　　4. D　　5. A　　6. A
7. A　　8. A　　9. A　　10. A　　11. A　　12. A
13. C　　14. C　　15. B　　16. A　　17. A　　18. C
19. D　　20. B　　21. C　　22. C　　23. D　　24. A、B
25. D　　26. D　　27. D　　28. A　　29. B　　30. B
31. D　　32. C

33. 212.73 kPa

34. NH$_3$ 为 17.42 kPa，H$_2$S 为 63.01 kPa

35. 2.25×10^{-3} mol·L^{-1}

36. 9%

37. α 为 20%，K_p 为 0.17

38. 0.16

39. CO$_2$ 为 39%，CO 为 61%

40. 88.2

41. 627

42. K_c 为 4.17×10^{-2} mol·L^{-1}，K_p 为 181 kPa

43. (1) $K_{sp} = 1.8 \times 10^{-10}$

　　(2) $\Delta_r G = 15.7$ kJ·mol^{-1}，反应逆向进行

第五章
原子结构与元素周期律

一、教学要求

1. 了解核外电子运动的特征;理解原子轨道的实质,掌握四个量子数的物理意义和取值。
2. 掌握确定基态原子电子组态的构造原理,能写出若干基态原子的电子组态和价电子层构型。
3. 熟悉元素周期表与原子结构、元素性质变化规律与原子结构的关系。

二、重点与难点

重点:了解量子力学对核外电子运动状态的描述方法——电子云的概念;理解描述原子核外电子运动状态的四个量子数的物理意义;理解泡林原理、洪特规则和能量最低原理的正确含义,并掌握若干基态原子的电子组态和价电子层构型。

难点:理解电子云的概念;掌握原子的价电子构型与原子半径、电离能、电子亲和能和电负性变化规律的联系。

三、精选例题解析

1. 下列电子的量子数合理的是(　　)。

A. $\left(1, 0, 0, +\dfrac{1}{2}\right)$ B. $(1, 1, 1, 1)$

C. $\left(1,0,1,+\dfrac{1}{2}\right)$ D. $\left(1,1,0,+\dfrac{1}{2}\right)$

答：原子核电子运动状态可用四个量子数 n,l,m 和 m_s 来描述。四个量子数都有一定取值范围。$n=1$ 时，l 只能取 0，m 也只能取 0，m_s 可以取 $+\dfrac{1}{2}$ 或 $-\dfrac{1}{2}$。所以 A 是合理的一组量子数。正确答案为 A。

2. 氢原子的 3d 和 4s 能级的能量高低为( )。

A. 3d>4s   B. 3d=4s
C. 3d<4s   D. 无法比较

答：氢原子是单电子原子，各轨道能量只由主量子数 n 决定，与角量子数 l 无关。n 越大，轨道的能量就越高，所以 4s>3d。正确答案为 C。

3. Be、B、Mg、Al 四种元素的电负性大小顺序为( )。

A. B>Be>Al>Mg   B. B>Al>Be>Mg
C. B>Be≈Al>Mg   D. B<Al<Be<Mg

答：电负性变化规律是：同一周期主族元素从左到右越来越大，同一主族从上到下越来越小。处于对角线位置的元素，其电负性大致相近。正确答案为 C。

4. 微观粒子的运动有什么特点？

答：电子、质子和中子等微观粒子和光子一样，它们的运动规律与宏观物体不同，具有波粒二象性，服从测不准原理，并且能量是量子化的。

5. 符号 d、$3d_z^2$ 和 $3d^1$ 各代表什么意义？

答：d 是原子轨道的符号，表示 $l=2$ 的电子运动状态。

$3d_z^2$ 表示 $n=3$、$l=2$、$m=0$ 的电子空间运动状态。它在 z 轴方向上电子云密度最大。

$3d^1$ 代表第三电子层($n=3$)的 d($l=2$)原子轨道上有一个电子。该电子处于 $n=3,l=2,m=0,\pm 1$ 或 $\pm 2, m_s=+\dfrac{1}{2}$ 或 $-\dfrac{1}{2}$ 的电子运动状态。

6. 已知某元素在氪之前,当此元素的原子失去 2 个电子后,在它的角量子数为 2 的轨道内全充满,试推断此为何元素,指出在周期表中位置和所在区。

答: 该元素失去 2 个电子后,d 亚层($l=2$)内有 10 个电子(d^{10} 为全充满),可知该元素失去的 2 个电子为最外层的 s 电子,因此该元素的外层电子构型为 $(n-1)d^{10}ns^2$,为ⅡB族元素,属 ds 区元素。又知该元素在 Kr 之前,故该元素为 Zn。

7. 氢原子的核外电子在第四轨道上运动时的能量比它在第一轨道上运动时的能量多 12.7 eV。这个核外电子由第四轨道跃入第一轨道时,所发生的光的频率和波长是多少?

解: 所发出的光的频率为:

$$v=\frac{E_4-E_1}{h}=\frac{12.7\times 0.16\times 10^{-18} \text{ J}}{6.63\times 10^{-34} \text{ J}\cdot\text{s}}=3.06\times 10^{15} \text{ s}^{-1}$$

所发出的光的波长为:

$$\lambda=\frac{c}{v}=\frac{3\times 10^8 \text{ m}\cdot\text{s}^{-1}}{3.06\times 10^{15} \text{ s}^{-1}}=0.978\times 10^{-7} \text{ m}=97.8 \text{ nm}$$

8. 下列说法是否正确?应如何改正?
(1) "s 电子绕核旋转,其轨道为一圆圈,而 p 电子是走 ∞ 字形"。
(2) "主量子数为 1 时,有自旋相反的两条轨道"。
(3) "主量子数为 3 时,有 3s、3p、3d、3f 四条轨道"。

答: (1) 不对,应改为:s 电子绕核旋转,其原子轨道为球形,而 p 电子绕核旋转,其原子轨道为哑铃形。

(2) 不对,应改为:主量子数为 1 时,只有 1 个 1s 轨道。

(3) 不对,应改为:主量子数为 3 时,有 $3s$、$3p_x$、$3p_y$、$3p_z$、$3d_{xy}$、$3d_{yz}$、$3d_{x^2-y^2}$、$3d_{z^2}$、$3d_{xz}$ 九条轨道,没有 f 轨道。

9. 什么叫屏蔽效应?什么叫钻穿效应?如何解释下列轨道能量的差别?

(1) $E_{1s}<E_{2s}<E_{3s}<E_{4s}$

(2) $E_{3s}<E_{3p}<E_{3d}$

(3) $E_{4s}<E_{3d}$

答:其他电子的屏蔽作用对某个选定电子产生的效果叫做屏蔽效应;

由于电子的角量子数 l 不同,其几率的径向分布不同,电子钻到核附近的几率较大者受到核的吸引作用较大,因而能量不同的现象称为电子的钻穿效应。

(1)当 n 不同,l 相同时,n 越大,电子离核的平均距离越远,所以原子中其他电子对它的屏蔽作用则较大,即 σ 值越大,能量就越高。故 $E_{1s}<E_{2s}<E_{3s}<E_{4s}$。

(2)当 n 相同,l 不同时,l 越小,电子的钻穿效应越大,电子钻得越深受核吸引力越强,其他电子对它的屏蔽作用就越小,其能量就越低。故 $E_{3s}<E_{3p}<E_{3d}$。

(3)在多电子原子中电子在 4s 轨道比 3d 轨道钻穿效应大,可以更好地回避其他电子的屏蔽。4s 轨道虽然主量子数比 3d 多 1,但角量子数少 2,其钻穿效应增大对轨道能量的降低作用超过了主量子数增大对轨道能量的升高作用。因此 $E_{4s}<E_{3d}$。

10. 试以钾原子为例来说明电子层、能级、能级组等概念的联系和区别。

答:钾原子的电子排布式为 $1s^2 2s^2 2p^6 3s^2 3p^6 4s^1$。

在一个原子内,具有相同主量子数的电子划为同一电子层,例如 K 原子 2s 和 2p 轨道上的 8 个电子同属于第二电子层。电子层是由主量子数 n 决定的。

每个轨道所处的能量状态称为能级(亚层),能级由 n、l 均相同的轨道组成。例如 K 原子的 2p 能级由 $2p_x$、$2p_y$ 和 $2p_z$ 三条轨道所组成。

把能量相近的能级分为一组,称为能级组。例如,K 原子的 2s 和 2p 能级组成了第二能级组。

11. 在氢原子中 4s 和 3d 哪一个轨道能量高?19 号元素钾和 20 号元素钙的 4s 和 3d 哪一个能量高?说明理由。

答:在氢原子中,$E_{4s}>E_{3d}$,氢原子核外只有一个电子,它只受原子核的作用,而没有其他别的电子的作用。因此,轨道能量由主量子数 n 决定。n 越大,轨道的能量就越高,因此 4s 的能量高于 3d。

钾原子和钙原子都是多电子原子,不同运动状态的电子彼此间存在屏蔽作用,轨道的能量由 n 和 l 决定。又由于 4s 电子钻穿效应比 3d 电子大,能较好地回避其他电子对它的屏蔽作用,相反却能对其他电子起屏蔽作用,因而其能量较低。使 4s 轨道的能量低于 3d。

12. 已知下列元素原子的电子层结构为:

$$3s^2;\ 4s^24p^1;\ 3d^54s^2;\ 3s^23p^3$$

它们分别属于第几周期?第几族?最高氧化数是多少?

答:列表表示如下:

内容	$3s^2$	$4s^24p^1$	$3d^54s^2$	$3s^23p^3$
周期	3	4	4	3
族数	ⅡA	ⅢA	ⅦB	ⅤA
最高氧化数	+2	+3	+7	+5

13. 说明下列事实的原因:

(1) 元素最外层电子数不超过 8 个;

(2) 元素次外层电子数不超过 18 个;

(3) 各周期所包含的元素数分别为 2、8、8、18、18、32 个。

答:(1) 当元素最外层电子数超过 8 时,电子需要填充在最外层的 d 轨道上,但由于钻穿效应的影响,$E_{ns} < E_{(n-1)d}$,故填充 d 轨道之前必须先填充更外层的 s 轨道,而填充更外层 s 轨道,则增加了一个新电子层,原来的 d 电子层变成了次外层,故最外层电子数不超过 8 个。

(2) 当次外层电子数要超过 18 时,必须填充 f 轨道,但在多电子原子中,由于 $E_{ns} < E_{(n-2)f}$,在填充 f 轨道前,必须先填充比次外层还多两层的 s 轨道,这样就又增加了一个新电子层,原来的次外层变成了倒数第三层。因此任何原子的次外层电子数不超过 18 个。

(3) 各周期所容纳元素的数目,是由相应能级组中原子轨道所能容纳的电子总数决定的。如第一能级组,只有 1s 轨道可容纳 2 个电子,所以第一周期有 2 个元素,同理第二、三、四、五、六周期中分别有 8、8、18、18、32 个元素。

14. 在第四周期的 A、B、C、D 四种元素,其价电子数依次为 1、2、2、7,其原子序数按 A、B、C、D 依次增大。已知 A 和 B 的次外层电子数为

8，而 C 与 D 为 18，根据原子结构判断：

(1)哪些是金属元素；

(2)D 与 A 的简单离子是什么？

(3)哪一元素的氢氧化物碱性最强？

(4)B 与 D 两原子间能形成何种化合物？写出化学式。

答：根据其中已知条件推知：A 为 K 元素；B 为 Ca 元素；C 为 Zn 元素；D 为 Br 元素。

(1)其中 K、Ca、Zn 为金属元素。

(2)D 与 A 的简单离子为 Br^- 和 K^+。

(3)KOH 碱性最强。

(4)B 与 D 两原子间能形成溴化钙，化学式为 $CaBr_2$。

15.(1)主族、副族元素的电子层结构各有什么特点？

(2)周期表中 s 区、p 区、d 区和 ds 区元素的电子层结构各有什么特点？

(3)具有下列电子层结构的元素位于周期表中哪一个区？它们是金属还是非金属元素？

$$ns^2; ns^2np^5; (n-1)d^5ns^2; (n-1)d^{10}ns^2$$

答：(1)主族元素的电子层结构的特点是最后的电子填充最外层 s 或 p 轨道上。副族元素最后的电子填入次外层的 d 轨道或倒数第三层的 f 轨道。

(2)s 区元素的价电子层结构为 $ns^{1\sim2}$，p 区元素的价电子层结构为 $ns^2np^{1\sim6}$，d 区元素的电子层结构为 $(n-1)d^{1\sim9}ns^{1\sim2}$，ds 区元素的价电子层结构为 $(n-1)d^{10}ns^{1\sim2}$。

d 区 Pd 最外层电子构型为 $4d^{10}$ 属于例外。

(3)具有 ns^2 价电子层结构的元素位于周期表中 s 区，属于金属元素；

具有 ns^2np^5 价电子层结构的元素位于周期表中 p 区，属于非金属元素；

具有 $(n-1)d^5ns^2$ 价电子层结构的元素位于周期表中 d 区，属于金属元素；

具有$(n-1)d^{10}ns^2$价电子层结构的元素位于周期表中 ds 区,属于金属元素。

16. 根据钾、钙的电离势数据,从电子层结构说明在化学反应过程中,钾表现+1价,钙表现+2价的原因?

答:查表得知,钾、钙的电离势数据如下:

元素	第一电离势/eV	第二电离势/eV	第三电离势/eV
K	4.34	31.625	45.72
Ca	6.11	11.87	51.21

由数据可见,钾的第一电离势较低,为 4.34 eV,而第二电离势突跃地升高,为 31.625 eV,表明钾易失去 1 个电子而表现为+1 价。钙的第一、第二电离势较低,为 6.11 eV 和 11.87 eV,而第三电离势突跃地升高,为 51.21 eV,因而钙易失去 2 个电子,成为[Ar]的稳定构型,所以钙在化学反应中表现为+2 价。

17. 用元素符号填空:

(1)最活泼的气态金属元素是_____;
(2)最活泼的气态非金属元素是_____;
(3)最不易吸引电子的元素是_____;
(4)第四周期的第六个元素的电子构型是_____;
(5)第一电离势最大的元素是_____;
(6)第一电子亲合势最大的元素是_____;
(7)第 2、3、4 周期原子中 p 轨道半充满的元素是_____;
(8)3d 半充满和全充满的元素分别是_____和_____;
(9)电负性相差最小的元素是_____;
(10)电负性相差最大的元素是_____。

答:(1)Cs;
(2)F;
(3)Cs;
(4)$1s^2 2s^2 2p^6 3s^2 3p^6 3d^5 4s^1$;
(5)He;

(6)Cl;

(7)N、P、As;

(8)Cr、Mn 和 Cu、Zn;

(9)镧系和锕系;

(10)F 和 Cs。

18. 已知 M^{2+} 离子 3d 轨道中有 5 个电子,试推出

(1)M 原子的核外电子排布;

(2)M 元素的名称和元素符号;

(3)M 元素在周期表中的位置。

答:(1)M 原子核外电子排布:$1s^2 2s^2 2p^6 3s^2 3p^6 3d^5 4s^2$

(2)锰、Mn

(3)在第四周期ⅦB族

19. 写出下列元素基态原子的电子排布式,并给出原子序数和元素名称。

(1)第 4 个稀有气体;

(2)第四周期的第六个过渡元素;

(3)4p 轨道半充满的元素;

(4)电负性最大的元素;

(5)4f 轨道填充 4 个电子的元素。

答:(1)Kr 氪 36 $[Ar]3d^{10}4s^2 4p^6$

(2)Fe 铁 26 $[Ar]3d^6 4s^2$

(3)As 砷 33 $[Ar]3d^{10}4s^2 4p^3$

(4)F 氟 9 $1s^2 2s^2 2p^5$

(5)Nd 钕 60 $1s^2 2s^2 2p^6 3s^2 3p^6 3d^{10} 4s^2 4p^6 4d^{10} 4f^4 5s^2 5p^6 6s^2$

20. 满足下列条件之一的是什么元素?

(1)+2 价正离子与 Ar 的电子构型相同;

(2)+3 价正离子与 F^- 电子构型相同;

(3)+2 价正离子的 3d 轨道全满。

答:(1)$1s^2 2s^2 2p^6 3s^2 3p^6 4s^2$ 钙   (2)Al   (3)Zn

21. 某元素在 Kr 之前,当它的原子失去 3 个电子后,其角量子数

为 2 的轨道上的电子恰好是半充满,试推断该元素的名称。

答:Fe 元素　　[Ar]$3d^6 4s^2$

四、练习题

1. 玻尔原子模型能够很好地解释(　　)。
   A. 多电子原子的光谱　　　　B. 原子光谱线在磁场中的分裂
   C. 氢原子光谱的成因和规律　D. 原子光谱线的强度
2. 玻尔理论成功地解释氢原子光谱的原因在于(　　)。
   A. 考虑了电子运动具有波粒二象性
   B. 运用经典物理学中能量连续变化的理论
   C. 引入电子运动量子化的特性
   D. 采用了薛定谔方程来处理电子的运动
3. 核外电子的运动不可能同时准确地测出其位置和速度,这是因为(　　)。
   A. 核外电子运动具有波粒二象性
   B. 核外电子的能量具有量子化特性
   C. 核外电子太小,测量仪器精度达不到要求
   D. 由于电子运动速度太快
4. 被誉为"化学之父"的科学家是(　　)。
   A. 道尔顿　　　B. 拉瓦锡　　　C. 阿佛加德罗　D. 门捷列夫
5. 波函数和原子轨道是同义词,因此波函数可理解为(　　)。
   A. 电子的运动轨迹
   B. 电子在空间某处出现的几率密度
   C. 电子的空间运动状态
   D. 以上都不对
6. 波函数一定,则原子核外电子在空间运动状态就确定,但仍不能确定的是(　　)。
   A. 电子的能量
   B. 电子在空间各处出现的几率密度

C. 电子距原子核的平均距离
D. 电子的运动轨迹

7. 下列关于电子云说法正确的是( )。
   A. 电子云是电子在空间出现的几率密度分布的形象化表示法
   B. 电子云就是高速运动着电子所分散成的云
   C. 原子轨道和电子云是同义词
   D. 以上叙述都不对

8. 氢原子 1s 电子的几率径向分布极大值出现在( )。
   A. $r=\infty$ B. $r=0$
   C. $r=a_0$（波尔半径）   D. 没有极大值

9. 由几率径向分布图可知,3s 轨道的峰数是( )。
   A. 3   B. 2   C. 1   D. 0

10. 由几率径向分布图可知,3d 轨道的峰数是( )。
    A. 3   B. 2   C. 1   D. 0

11. 3d 电子的磁量子数可以是( )。
    A. 0,1,2,3   B. 1,2,3
    C. −3,−2,−1,0,1,2,3   D. −2,−1,0,1,2

12. 3d 轨道中最多可容纳的电子数为( )。
    A. 2 个   B. 10 个   C. 14 个   D. 18 个

13. 在 $l=2$ 的电子亚层中最多可容纳的电子数是( )。
    A. 2 个   B. 6 个   C. 10 个   D. 14 个

14. 在 $l=3$ 的电子亚层中含有的轨道数目是( )。
    A. 3   B. 5   C. 7   D. 9

15. 在 $n=1$ 的电子层中的原子轨道数为( )。
    A. 1   B. 2   C. 3   D. 4

16. 在主量子数 $n=4$ 的电子层中的原子轨道数为( )。
    A. 3   B. 7   C. 9   D. 16

17. 在主量子数 $n=3$ 的电子层中,最多可容纳的电子数为( )。
    A. 8 个   B. 10 个   C. 18 个   D. 20 个

18. 下列各组量子数合理的是( )。

   A. $n=2, l=1, m=+1$　　　　B. $n=2, l=0, m=\pm 1$

   C. $n=2, l=2, m=\pm 2$　　　　D. $n=2, l=1, m=\pm 2$

19. 下列各组量子数合理的是( )。

   A. $n=0, l=0, m=0$　　　　B. $n=3, l=0, m=0$

   C. $n=1, l=1, m=1$　　　　D. $n=2, l=3, m=0$

20. 下列各组量子数不合理的是( )。

   A. $n=3, l=3, m=0$　　　　B. $n=3, l=2, m=0$

   C. $n=3, l=1, m=0$　　　　D. $n=3, l=0, m=0$

21. 下列电子的量子数(n、l、m 和 m_s)合理的是( )。

   A. $3, 0, -1, +\frac{1}{2}$　　　　B. $3, 0, 0, +\frac{1}{2}$

   C. $3, 1, 2, -\frac{1}{2}$　　　　D. $3, 3, 0, +\frac{1}{2}$

22. 下列电子的四个量子数不合理的是( )。

   A. $3, 0, 0, +\frac{1}{2}$　　　　B. $3, 0, 0, -\frac{1}{2}$

   C. $3, 1, 0, -\frac{1}{2}$　　　　D. $3, 3, 0, +\frac{1}{2}$

23. 能够正确表示 3p 电子运动状态的一组量子数是( )。

   A. $3, 1, 2, +\frac{1}{2}$　　　　B. $3, 2, 2, +\frac{1}{2}$

   C. $3, 1, 1, +\frac{1}{2}$　　　　D. $3, 1, 2, -\frac{1}{2}$

24. 对 3d 电子来说,下列各组量子数中不正确的是( )。

   A. $3, 2, 2, +\frac{1}{2}$　　　　B. $3, 2, 1, -\frac{1}{2}$

   C. $3, 2, 0, +\frac{1}{2}$　　　　D. $3, 1, 1, +\frac{1}{2}$

25. 下列说法正确的是( )。

A. s 电子绕核旋转,其轨道为一圆圈,而 p 电子是走∞字型
B. 主量子数为 1 时,有自旋相反的两条轨道
C. 主量子数为 3 时,有 3s、3p、3d 三条轨道
D. 主量子数为 4 的电子层最多能容纳电子数为 32 个

26. 在下列轨道上运动的电子,在平面 xy 上的电子几率密度为零的是(　　)。
    A. $3p_x$　　　B. $3d_z^2$　　　C. $3s$　　　D. $3p_z$

27. 多电子原子中,主量子数为 n、角量子数为 l 的亚层上的简并轨道的数目是(　　)。
    A. $2l+1$　　　B. $n-1$　　　C. $2l^{-1}$　　　D. $n+l+m$

28. 波函数 $\psi_{n,l,m}$ 表示原子轨道时,正确的是(　　)。
    A. $\psi_{1,1,0}$　　　B. $\psi_{2,1,-1/2}$　　　C. $\psi_{2,1,0}$　　　D. $\psi_{2,2,-2}$

29. 在多电子原子中存在着屏蔽效应,相当于(　　)。
    A. 原子核对电子的吸引力增加　　B. 原子核对电子的吸引力减小
    C. 电子间的相互作用力减小　　D. 以上都不对

30. 电子的钻穿本领及其受其他电子屏蔽效应之间的关系是(　　)。
    A. 本领越大,效应越小　　　B. 本领越大,效应越大
    C. 两者无关系　　　D. 以上都不对

31. 在多电子原子中,决定电子能量的因素是(　　)。
    A. n　　　B. $n、l$　　　C. $n、l、m$　　　D. $n、l、m、m_s$

32. 在多电子原子中,与量子数为 $3、2、-1、-\dfrac{1}{2}$ 的电子能量相等的电子的 4 个量子数是(　　)。
    A. $3,1,-1,+\dfrac{1}{2}$　　　　B. $2,0,0,+\dfrac{1}{2}$
    C. $2,1,0,-\dfrac{1}{2}$　　　　D. $3,2,1,+\dfrac{1}{2}$

33. 在多电子原子中,与量子数为 $4、3、2、+\dfrac{1}{2}$ 电子能量不相等的电子的 4 个量子数是(　　)。

A. $4,3,1,+\dfrac{1}{2}$ B. $4,3,0,+\dfrac{1}{2}$

C. $4,2,2,+\dfrac{1}{2}$ D. $4,3,-1,+\dfrac{1}{2}$

34. 在多电子原子中,下列各电子具有如下量子数,其中能量最高的电子是(　　)。

    A. $2,1,0,-\dfrac{1}{2}$ B. $2,1,1,-\dfrac{1}{2}$

    C. $3,1,1,+\dfrac{1}{2}$ D. $3,2,-2,-\dfrac{1}{2}$

35. 在某基态原子的第六电子层只有2个电子时,则该原子的第五电子层的电子数(　　)。

    A. 肯定为8个电子　　　　B. 肯定为18个电子
    C. 肯定为8～18个电子　　D. 肯定为8～32个电子

36. 下列基态原子的电子排布式中,不正确的是(　　)。

    A. $1s^2 2s^2 2p_x^1 2p_y^1 2p_z^1$　　B. $1s^2 2s^2 2p_x^1 2p_y^2 2p_z^1$

    C. $1s^2 2s^2 2p_x^1 2p_y^1 2p_z^2$　　D. $1s^2 2s^2 2p_x^3 2p_y^1 2p_z^0$

37. 基态铬原子的电子排布式是(　　)。

    A. $1s^2 2s^2 2p^6 3s^2 3p^6 4s^1 4p^5$　　B. $1s^2 2s^2 2p^6 3s^2 3p^6 3d^6$

    C. $1s^2 2s^2 2p^6 3s^2 3p^6 4s^2 3d^4$　　D. $1s^2 2s^2 2p^6 3s^2 3p^6 3d^5 4s^1$

38. 基态碳原子的电子排布式为(　　)。

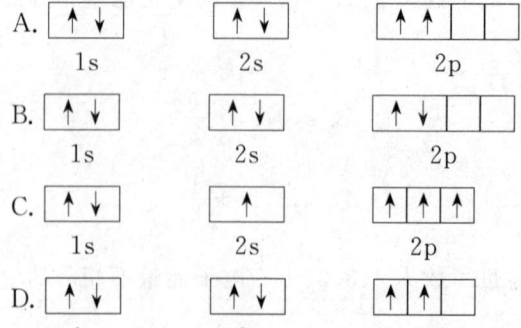

39. 下列原子各电子层中电子数不合理的是（　　）。
   A. $_{21}$Sc：K(2)L(8)M(8)N(3)
   B. $_{24}$Cr：K(2)L(8)M(13)N(1)
   C. $_{63}$Eu：K(2)L(8)M(18)N(25)O(8)P(2)
   D. $_{29}$Cu：K(2)L(8)M(17)N(2)

40. 若元素原子的最外层仅有一个电子,它的量子数 $n=4, l=0, m=0$, $m_s=+\frac{1}{2}$,符合上述条件的元素的个数是（　　）。
   A. 1　　　　B. 2　　　　C. 3　　　　D. 4

41. 某元素的价电子构型是 $n=4, l=0$ 的电子有2个, $n=3, l=2$ 的电子有6个,则元素是（　　）。
   A. Mn　　　B. Fe　　　C. Ru　　　D. Co

42. 已知某元素原子的价电子层结构为 $3d^5 4s^2$,则该元素在周期表中位置为（　　）。
   A. 第4周期第ⅡA族　　　　B. 第4周期第ⅡB族
   C. 第4周期第ⅦA族　　　　D. 第4周期第ⅦB族

43. 某元素原子的电子构型为 $[Xe]4f^4 6s^2$,它在周期表中属于（　　）。
   A. s区　　　B. p区　　　C. d区　　　D. f区

44. 下列元素的化学性质与氟较为相似的是（　　）。
   A. P　　　　B. S　　　　C. N　　　　D. O

45. K层有2个电子,L层有8个电子,M层有6个电子的某元素原子形成的离子,最可能的电荷数是（　　）。
   A. +6　　　B. -6　　　C. +2　　　D. -2

46. 下列离子中半径最小的是（　　）。
   A. Ca^{2+}　　B. Sc^{3+}　　C. Ti^{3+}　　D. Ti^{4+}

47. 下列各组元素,按电离能增加的顺序排列的是（　　）。
   A. Li、Na、K　　　　　B. B、Be、Li
   C. O、F、Ne　　　　　D. C、P、Se

48. 下列元素原子第一电离能最大的是（　　）。
   A. 硼　　　B. 碳　　　C. 铝　　　D. 硅

49. 按电负性减小的顺序排列的是( )。
    A. K、Na、Li   B. F、O、N
    C. As、P、N   D. 以上都不是

50. 下列各量子数合理的是( )。
    A. $2,1,1,+\frac{1}{2}$ B. $2,0,0,-\frac{1}{2}$
    C. $2,1,2,+\frac{1}{2}$ D. $2,2,1,-\frac{1}{2}$

51. 对 3p 电子来说,下列表示法中正确的是( )。
    A. $3,3,2,+\frac{1}{2}$ B. $3,2,2,+\frac{1}{2}$
    C. $3,1,2,+\frac{1}{2}$ D. $3,1,1,+\frac{1}{2}$

52. 下列哪两组量子数所代表的电子,一定能量相等( )。
    A. $3,2,0,+\frac{1}{2}$ B. $3,1,0,+\frac{1}{2}$
    C. $2,1,1,+\frac{1}{2}$ D. $3,2,0,-\frac{1}{2}$

53. 利用 Slater 规则估算某一电子受屏蔽效应,一般要考虑下列哪一种情况下电子的排斥( )。
    A. 内层电子对外层电子   B. 外层电子对内层电子
    C. 所有电子对某一电子   D. 同层电子对某一电子

54. 4p 轨道填充一半的元素,其原子序数为( )。
    A. 15   B. 33   C. 35   D. 51

55. 各周期包含的元素为( )。
    A. 2、8、18、32、72、98   B. 2、8、8、18、18、32
    C. 2、8、8、18、32、32   D. 2、8、18、32、32、72

56. 某元素原子的 $n=4, l=0$ 的能级上有 2 个电子,$n=3, l=2$ 的能级上有 5 个电子,该元素是( )。
    A. Fe   B. Co   C. Mn   D. Ni

57. 某元素质量数为51,中子数为28,则基态该元素原子未成对电子数为(   )。
   A. 0　　　　　B. 1　　　　　C. 2　　　　　D. 3
58. 某元素 X 的电离能 $I_1=740, I_2=1\,500, I_3=7\,700, I_4=10\,500, I_5=13\,600, I_6=18\,000, I_7=21\,700$ kJ·mol^{-1},当 X 与氯反应时,最易生成(   )。
   A. X^{3+}　　　B. X^{2+}　　　C. X^+　　　D. X^-
59. 比较下列各元素第一电离能大小,结论正确的是(   )。
   A. B<Be　　B. N>O　　C. Cd<In　　D. Cr>W
60. 某元素为第四周期元素,易失去2个电子形成+2价阳离子,则 $n=3$ 电子层处于全充满状态,该元素为(   )。
   A. Cd　　　　B. Se　　　　C. Cu　　　　D. Zn

五、练习题参考答案

1. C	2. C	3. A	4. A	5. C	6. D
7. A	8. C	9. A	10. C	11. D	12. B
13. C	14. C	15. A	16. D	17. C	18. A
19. B	20. A	21. B	22. D	23. C	24. D
25. D	26. D	27. A	28. C	29. A	30. A
31. B	32. B	33. C	34. B	35. C	36. D
37. D	38. D	39. A、D	40. C	41. B	42. D
43. D	44. D	45. D	46. D	47. C	48. B
49. B	50. A、B	51. D	52. A、D	53. A、B	54. B
55. B	56. C	57. D	58. B	59. A、B	60. D

第六章 化学键理论概述

一、教学要求

1. 了解离子键的形成、特点和类型；了解共价键的形成、特点和类型。
2. 掌握杂化轨道理论的要点，熟练运用杂化轨道理论解释分子的空间构型。
3. 掌握价层电子对互斥理论，并能运用该理论预测简单分子或离子的空间构型。
4. 初步掌握分子轨道理论，能写出第二周期元素同核双原子分子的分子轨道式。
5. 了解分子间力、氢键的概念及对物质的物理性质的影响；熟练运用离子极化理论解释晶体的熔点、溶解度等性质的变化。

二、重点与难点

重点：掌握杂化轨道理论、价层电子对互斥理论和分子轨道理论的基本要点和应用。理解离子极化对键型、晶体类型、溶解度、熔点的影响。

难点：运用杂化轨道理论解释分子的空间构型。

三、精选例题解析

1. 假定 NH_3^+ 基是呈平面的，并且有 3 个等价的氢原子，那么成键轨道的杂化方式是(　　)。

　　A. sp^3　　　　B. sp　　　　C. sd^2　　　　D. sp^2

答：只有 sp^2 杂化能在一个平面上提供 3 个等价杂化轨道与 3 个氢原子结合。正确答案为 D。

2. 根据 MO 法试比较 O_2 和 O_2^+ 的键长，键能和稳定性。

答：O_2 分子的分子轨道表示式为：
$$KK(\sigma_{2s})^2(\sigma_{2s}^*)^2(\sigma_{2p})^2(\pi_{2p})^4(\pi_{2p}^*)^2$$

其键级为 $\dfrac{8-4}{2}=2$。

O_2^+ 分子的分子轨道表示式为：
$$KK(\sigma_{2s})^2(\sigma_{2s}^*)^2(\sigma_{2p})^2(\pi_{2p})^4(\pi_{2p}^*)^1$$

其键级为 $\dfrac{8-3}{2}=2.5$。

键长随键级的增长而变短，所以键长 $O_2^+ < O_2$，由于 O_2 的键级小于 O_2^+ 的键级，所以要破坏 O_2 中 O—O 键需要消耗的能量较破坏 O_2^+ 中的 O—O 键的能量为少，因而键能 $O_2 < O_2^+$，当然稳定性是 $O_2 < O_2^+$。

3. 为什么 CCl_4 难溶于水而 C_2H_5OH 易溶于水？

答：由于水是极性分子(且有氢键)，而 CCl_4 是非极性分子物质，要使其能溶于水，必须克服水的范德华力和氢键，而 CCl_4 不能。C_2H_5OH 由于含有氢键，并能与水形成氢键，也就是它们彼此间均能以氢键相互结合，所以易溶于水。

4. 用波恩－哈伯循环和 NaCl 的晶格能，求电子亲合势。

已知：$Na^+(g)+Cl^-(g)=\!=\!=NaCl(s)$

$\quad U=+770.9 \text{ kJ} \cdot \text{mol}^{-1}$

$\quad Na(s)+\dfrac{1}{2}Cl_2(g)=\!=\!=NaCl(s)$

$\quad\quad \Delta_f H^\theta = -411.0 \text{ kJ} \cdot \text{mol}^{-1}$

$\quad Na(s)=\!=\!=Na(g)$

$\quad\quad S_{升华}=108.8 \text{ kJ} \cdot \text{mol}^{-1}$

$\quad Na(g)=\!=\!=Na^+(g)$

$$I_{Na} = 493.09 \text{ kJ} \cdot \text{mol}^{-1}$$

$$\frac{1}{2}Cl_2(g) = Cl(g)$$

$$\frac{1}{2}D = 119.7 \text{ kJ} \cdot \text{mol}^{-1}$$

解：先设计出热化学循环如下：

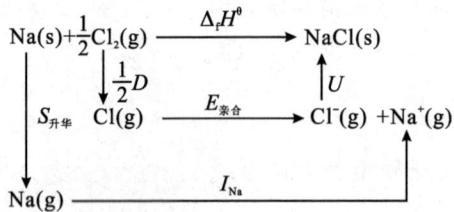

根据盖斯定律有：

$$\Delta_f H^\theta = S_{升华} + I_{Na} + \frac{1}{2}D + E_{亲合} + U$$

Cl(g)的电子亲合势为：

$$E_{亲合} = \Delta_f H^\theta - S_{升华} - I_{Na} - \frac{1}{2}D - U$$

$$= -411.0 - 108.8 - 493.09 - 119.7 + 770.9$$

$$= -361.69 \text{ kJ} \cdot \text{mol}^{-1}$$

答：电子亲合势为 $-361.69 \text{ kJ} \cdot \text{mol}^{-1}$。

5.举例说明下列概念有何区别。

离子键和共价键；极性键和极性分子；σ 键和 π 键；分子间力和氢键。

答：成键原子得失电子后形成正、负离子，正、负离子之间靠静电作用而形成的化学键叫离子键；成键原子共用电子对结合而成的化学键叫共价键。

极性键是共价键的两个成键原子的电负性不同，使得共用电子对偏移造成的极性；极性分子是分子的正、负电荷中心不重合，分子具有极性。

σ 键是共价键的一种，成键两原子的电子云以"头碰头"的方式重叠,电子云的密度分布对于键轴呈圆柱形对称;π 键是共价键的一种,成键两原子的电子云以"肩并肩"的方式重叠,成键电子的密度分布对于通过键轴的节面呈平面对称。

分子间力又称范德华力,是分子与分子间的相互作用力,靠这种作用力,物质以液态、固态的聚集态存在;氢键存在于原子半径小而电负性大的原子与跟其他电负性大的原子结合的氢原子之间。

6. 以 O_2 和 N_2 分子结构为例,说明两种共价键理论的主要论点。

答:现代价键理论的主要观点:成键原子有自旋相反的成单电子,自旋相反的成单电子配对后使核间电子云密度增大而形成稳定的化学键。一个原子有几个未成对电子便可与几个自旋相反的电子配对成键。例如,O 原子有两个未成对 p 电子,当两个 O 原子上的成单电子自旋相反时,两两互相配对成键,形成一条 σ 键(p 轨道"头碰头"的重叠)和一条 π 键(另两条 p 轨道"肩并肩"的重叠)即 O=O。又如:N 有三个成单电子,2 个 N 原子形成的 N_2 有三个共价键、一个 σ 键、两个 π 键。

分子轨道理论的主要论点是:把组成分子的所有原子作为一个分子整体来考虑,分子中电子的运动状态用分子轨道来描述;分子轨道是由原子轨道组成;原子轨道在组成分子轨道时要遵守成键三原则—对称性原则、能量相近原则和最大重叠原则。例如两个 O 原子形成 O_2 分子时,由 O 的原子轨道组成了 O_2 的分子轨道为:

$$KK(\sigma_{2s})^2(\sigma_{2s}^*)^2(\sigma_{2p})^2(\pi_{2py})^2(\pi_{2pz})^2(\pi_{2py}^*)^1(\pi_{2pz}^*)^1$$

其中 $(\sigma_{2p})^2$ 是一个 σ 键,$(\pi_{2py})^2$ 和 $(\pi_{2py}^*)^1$ 是一个三电子 π 键,$(\pi_{2pz})^2$ 和 $(\pi_{2pz}^*)^1$ 也是一个三电子 π 键,可记作 O⫶⫶O。又如,N_2 的分子轨道排布式为:

$$KK(\sigma_{2s})^2(\sigma_{2s}^*)^2(\pi_{2py})^2(\pi_{2pz})^2(\sigma_{2px})^2$$

其中有一个 σ 键和两个 π 键,可记作 N≡N。

7. 什么叫原子轨道的杂化?为什么要杂化?s 轨道和 p 轨道杂化有几种类型,各举一例说明。用杂化理论说明 H_2O 分子为什么是极性分子?

答:同一原子中能量相近的某些原子轨道,在成键过程中重新组合成一系列能量相等的新轨道,这一过程称为原子轨道的杂化。

为使原子轨道在成键过程中重叠更大,能量最低,键更稳定,所以要杂化。

s 轨道和 p 轨道杂化可分为三种类型:sp 杂化(如 $BeCl_2$);sp^2 杂化(如 BCl_3);sp^3 杂化(如 CH_4)。

H_2O 分子中 O 原子也是 sp^3 杂化,其中两条杂化轨道与 H 原子成键,其余的两条杂化轨道有两对孤电子,由于孤对电子对成键电子对的斥力,使成键电子对的夹角有 $109°28'$ 变为 $104.5°$。H_2O 分子是一个三角型分子,分子不对称,而且 O—H 键又是极性键,所以分子的正负电荷中心不重合,表现为分子有极性为一极性分子。

8. 锂的升华焓为 $159\ kJ·mol^{-1}$,氟化锂固体的生成热为 $-612\ kJ·mol^{-1}$,求氟化锂的晶格能为多少? 将所得值与氯化钠的相应值比较,并解释两者之差别。

解:可以设想反应分为一下几步进行:

$$\begin{array}{c}
Li(s)+\frac{1}{2}F_2(g) \xrightarrow{\Delta_f H^\theta} LiF(g) \\
\downarrow S \quad \downarrow D \quad \quad \uparrow \\
Li(g) \quad F(g) \quad \quad U \\
\downarrow I \quad \downarrow A \quad \quad \uparrow \\
Li^+(g)+F^-(g) \longrightarrow
\end{array}$$

$$-U = \Delta_f H^\theta - S - D - I - A$$
$$= -612-159-520-80-(-350)$$
$$= -1021\ kJ·mol^{-1} \quad U = 1021\ kJ·mol^{-1}$$

NaCl 的晶格能为 $768\ kJ·mol^{-1}$。LiF 的晶格能大于 NaCl 的晶格能。当正、负离子电荷相同,且晶格类型相同时,晶格能与正、负离子半径之和成反比,F^- 和 Li^+ 的半径之和比 Cl^- 和 Na^+ 的半径之和小,所以 LiF 的晶格能大于 NaCl 的晶格能。

9. 根据杂化理论回答下列问题:

(1)下表中各种物质中心原子是否以杂化轨道成键? 为什么? 以何种类型杂化轨道成键?

(2)NH_3、H_2O 的键角为什么比 CH_4 小? CO_2 的键角为何是 $180°$?

乙烯为何取 120°的键角？

分子	CH_4	H_2O	NH_3	CO_2	C_2H_4
键角	109.5°	104.5°	107.5°	180°	120°

答：(1)表中各物质中心原子都以杂化轨道成键，这样成键电子云重迭大，分子稳定。各种杂化形式如下：

分子	CH_4	H_2O	NH_3	CO_2	C_2H_4
杂化方式	sp^3	sp^3	sp^3	sp	sp^2

(2)NH_3 中的 N、H_2O 中的 O 和 CH_4 中的 C 都是 sp^3 杂化，CH_4 的 C 原子的 4 个 sp^3 杂化轨道没有被孤电子对占据，都形成 C—H 键，4 个等同的 C—H 键指向正四面体的 4 个顶点，夹角为 109.5°，而 NH_3 中 N 原子的 4 个 sp^3 杂化轨道中有一个被孤电子对占据，其他 3 个 sp^3 杂化轨道分别成键，由于孤电子对的排斥使得两个成键电子对的夹角变小，为 107.5°。H_2O 中的 O 原子的 4 个 sp^3 杂化轨道中有 2 个被孤电子对占据，另外 2 个成键，2 个孤电子对的斥力更大一些，成键电子对的夹角就更小一些，为 104.5°。

CO_2 中的 C 是 sp 杂化，分子为直线型，所以键角为 180°。

C_2H_4 中的 C 是 sp^2 杂化，两个 sp^2 杂化轨道与 H 原子成键，另一个 sp^2 杂化轨道与另一个 C 原子的 sp^2 杂化轨道重迭成键，C 原子的未杂化的 p 轨道互相重迭形成 π 键，分子的构型为：

$$\begin{array}{c} H \qquad\qquad H \\ \diagdown\qquad\diagup \\ C = C \\ \diagup\qquad\diagdown \\ H \qquad\qquad H \end{array}$$

每两个成键电子对夹角为 120°。

10. 下列分子哪些是非极性的，哪些是极性的？根据偶极矩的数据，指出分子的极性与其空间构型的关系。

$$BeCl_2 \text{、} BCl_3 \text{、} H_2S \text{、} HCl \text{、} CCl_4 \text{、} CHCl_3$$

答：极性分子有 $H_2S(\mu=3.67\times10^{-30}$ C·m$)$、$HCl(\mu=3.57\times10^{-30}$ C·m$)$、$CHCl_3(\mu=3.50\times10^{-30}$ C·m$)$。

非极性分子有 $BeCl_2(\mu=0)$、$BCl_3(\mu=0)$、$CCl_4(\mu=0)$。

分子中键无极性,分子就为非极性分子。如键为极性键,分子的空间构型不对称(如 $CHCl_3$),分子就有极性,反之,键为极性键,分子的空间构型对称(如 CCl_4),分子就没有极性。

11. 画出下列物质的结构图,指出化学键的类型。哪些分子中有 π 键?键是否有极性?分子是否有极性。

H_2、HCl、H_2O、CS_2、NH_3、NaF、C_2H_4、Cu

答:列表表示如下:

项目	H_2	HCl	H_2O	CS_2	NH_3	NaF	C_2H_4	Cu
结构图	H—H	H—Cl	H-O-H	S=C=S	N(H H H)	Na^+F^-	H₂C=CH₂	$(Cu)_n$
键型	共价键	共价键	共价键	共价键	共价键	离子键	共价键	金属键
有无π键	无	无	无	有	无		有	
键有无极性	无	有	有	有	有		有	
分子有无极性	无	有	有	无	有	有	无	

12. 用 VB 法和 MO 法分别说明为什么 H_2 能稳定存在,而 He_2 不能稳定存在?

答:按 VB 法,H 原子有一个成单电子,当两个 H 原子的成单电子自旋相反时,就可配对成键,形成 H_2 分子,而 He 没有成单电子,不能与其他电子配对,因此不能形成 He_2 分子。

按 MO 法,两个氢原子的 1s 轨道形成两个分子轨道,一个 σ_{1s} 轨道,一个 σ_{1s}^* 轨道,两个氢原子上的电子自旋相反排布在 σ_{1s} 轨道上,键级为 1,能形成稳定的 H_2 分子。而两个 He 原子的 1s 轨道也形成两个分子轨道,一个 σ_{1s} 轨道,一个 σ_{1s}^* 轨道,两个 He 原子的 4 个电子,分别排布在 σ_{1s} 和 σ_{1s}^* 轨道上,成键反键相互抵消,键级为 0,所以不能形成稳定的 He_2 分子。

13. 说明下列每组分子中分子之间存在着什么形式的分子间作用力(取向力、诱导力、色散力、氢键)?

(1)苯和 CCl_4 (2)甲醇和水   (3)HBr 气体

(4)He 和水   (5)NaCl 和水

答：(1)色散力；

(2)取向力、诱导力、色散力和氢键；

(3)取向力、诱导力、色散力；

(4)He 与水分子之间有诱导力、色散力，水分子之间有取向力、诱导力、色散力和氢键。

(5)NaCl 在水中以 Na^+ 和 Cl^- 存在。Na^+ 和 Cl^- 与 H_2O 分子之间存在取向力、诱导力、色散力。

14. 某化合物的分子组成是 XY_4，已知 X、Y 原子序数为 32 和 17。

(1)X、Y 两元素电负性为 2.02、2.83，判断 X 与 Y 之间的化学键的极性。

(2)判断该化合物的空间结构、杂化类型和分子的极性。

(3)该化合物常温下为液体，问该化合物分子间作用力是什么？

(4)若该化合物与 $SiCl_4$ 比较，其熔、沸点何者高？

答：(1)X—Y 键为极性共价键；

(2)XY_4 为正四面体构型，X 为 sp^3 杂化，分子无极性；

(3)色散力；

(4)XY_4 的熔、沸点较 $SiCl_4$ 要高。

15. 用分子轨道表示式写出下列分子、分子离子，并指出它们的键级。

(1)H_2　(2)He_2^+　(3)O_2^-　(4)N_2　(5)F_2

答：(1)$(\sigma_{1s})^2$，键级 $=\dfrac{2}{2}=1$；

(2)$(\sigma_{1s})^2(\sigma_{1s}^*)^1$，键级 $=\dfrac{2-1}{2}=\dfrac{1}{2}$；

(3)$KK(\sigma_{2s})^2(\sigma_{2s}^*)^2(\sigma_{2p})^2(\pi_{2p})^4(\pi_{2p}^*)^3$，键级 $=\dfrac{6-3}{2}=\dfrac{3}{2}=1\dfrac{1}{2}$；

(4)$KK(\sigma_{2s})^2(\sigma_{2s}^*)^2(\pi_{2p})^4(\sigma_{2p})^2$，键级 $=\dfrac{6}{2}=3$；

(5)$KK(\sigma_{2s})^2(\sigma_{2s}^*)^2(\sigma_{2p})^2(\pi_{2p})^4(\pi_{2p}^*)^4$，键级 $=\dfrac{6-4}{2}=1$。

16. O_2^- 的键长为 12.1 pm,O_2^+ 的键长为 11.2 pm;N_2 的键长为 10.0 pm,N_2^+ 的键长为 11.2 pm,用分子轨道理论解释为何 O_2^+ 的键长比 O_2^- 短,而 N_2^+ 比 N_2 却较长。

解:O_2^- $[KK(\sigma_{2s})^2(\sigma_{2s}^*)^2(\sigma_{2p})^2(\pi_{2p})^4(\pi_{2p}^*)^3]$,

$$键级 = \frac{4+2-3}{2} = 1\frac{1}{2};$$

O_2^+ $KK(\sigma_{2s})^2(\sigma_{2s}^*)^2(\sigma_{2p})^2(\pi_{2p})^4(\pi_{2p}^*)^1$,

$$键级 = \frac{6-1}{2} = 2\frac{1}{2}。$$

O_2^+ 比 O_2^- 键级大,键长短。

N_2 $[KK(\sigma_{2s})^2(\sigma_{2s}^*)^2(\pi_{2p})^4(\sigma_{2p})^2]$,

$$键级 = \frac{6}{2} = 3;$$

N_2^+ $[KK(\sigma_{2s})^2(\sigma_{2s}^*)^2(\pi_{2p})^4(\sigma_{2p})^1]$,

$$键级 = \frac{5}{2} = 2\frac{1}{2}。$$

N_2 比 N_2^+ 键级大,所以键长短。

17. 下列化合物中是否存在氢键,若存在氢键,属于何种类型?

(1)NH_3 (2)对羟基苯甲酸   (3)邻羟基苯甲酸

(4)H_3BO_3 (5)CF_3H (6)C_6H_6 (7)C_2H_6

答:(1)、(2)和(4)中存在分子间氢键,(3)中存在分子内氢键。

18. 试由下列各物质的沸点,推断它们分子间力的大小,排出顺序。这一顺序与相对分子质量的大小有何关系?

Cl_2:293 K O_2:90.1 K N_2:75.1 K

H_2:20.3 K I_2:454.3 K Br_2:331.9 K

答:沸点由低到高的顺序是 H_2、N_2、O_2、Cl_2、Br_2、I_2。分子之间的力按以上顺序依次增大,相对分子质量按以上顺序增加。分子之间的力以色散力最广泛,而色散力的大小与相对分子质量成正比。

19. 下列物质呈固态时,属于分子晶体的是(　　)。

　　A. Si　　　　B. NaF　　　　C. CCl_4　　　　D. Fe

答:不难看出,Si 靠共价键,NaF 是靠离子键,Fe 是靠金属键,都不能形成分子晶体,只有 CCl_4 是靠分子间,一定是分子晶体。正确答案为 C。

20. 下列晶体中,以离子键为主的是(　　)。

　　A. CO_2 晶体　　　　　　B. 碘晶体

　　C. SiO_2 晶体　　　　　　D. CaO 晶体

答:因为 A、B 都是分子晶体,而 SiO_2 实际上是原子晶体,只有 CaO 晶体是离子晶体,所以是以离子键为主的。正确答案为 D。

21. 试用离子极化的观点说明 $ZnCl_2$(488 K)的熔点是为什么比 $CaCl_2$(1 055 K)小。

答:Zn 和 Ca 虽然属于同一周期,在各自的化合物中都带 2 个正电荷,即 Ca^{2+}、Zn^{2+},但 Ca^{2+} 和 Zn^{2+} 的半径、电子层构型和极化力等均不相同,如下表所示。

离子	半径	电子层构型	极化力
Ca^{2+}	大	8	小
Zn^{2+}	小	18	大

对 $CaCl_2$ 来说以离子键为主,$ZnCl_2$ 由于离子极化程度大,使键型发生过渡,以共价键为主。$CaCl_2$ 为离子晶体,而 $ZnCl_2$ 已属于分子晶体,所以 $CaCl_2$ 有较高的熔点。

22. 试解释下列现象

(1)为什么 CO_2 和 SiO_2 的物理性质差得很远?

(2)卫生球(萘 $C_{10}H_8$ 的晶体)的气味很大,这与它的结构有什么关系?

(3)为什么 NaCl 和 AgCl 的阳离子都是+1 价离子(Na^+、Ag^+),但 NaCl 易溶于水,AgCl 不易溶于水?

答:(1)C 与 Si 是同一族的元素,C 和 Si 最大的差异在于 C 的电负性比 Si 大,Si 的原子半径比 C 大。因此 C 具有较强的生成双键的趋势,而 Si 只有生成单键的趋势。表现在 CO_2 和 SiO_2 的结构上,CO_2 是 C 与 O 以双键结合为一有限分子,而 Si 与 O 却以单键结合成为以 Si—O 四面体为单元的无限巨型分子。SiO_2 与 CO_2 分子结构不同,其物理性质也相应地相差甚远。

(2)卫生球的成分主要是萘 $C_{10}H_8$,是典型的分子晶体,晶体内质点间作用力是微弱的范德华力,其熔、沸点都较低,在室温下,萘可以升华,正是由于晶体质点间作用力小,所以萘的气味很大。

(3)NaCl 是离子晶体,在水中溶解度较大。AgCl 中的 Ag^+ 的外层电子构型为 $4d^{10}$,其极化力和变型性都较大,Ag^+ 和 Cl^- 间极化作用强,使得 AgCl 的键型由离子型向共价型过渡,为过渡型化学键,因此 AgCl 的溶解度小于 NaCl 的溶解度。

23.结合下列物质讨论键型的过渡。
$$Cl_2、HCl、AgI、NaF$$

答:Cl_2 是典型的共价键,NaF 是典型的离子键,而 HCl 和 AgI 分子中,由于正、负离子的相互转化,使键的极性减弱、键长缩短,从而从离子键过渡到共价键。Ag^+ 最外层是 d^{10} 电子的阳离子,其极化力和变型性都较大,因此 AgI 键型的共价性比 HCl 要强一些。

24.试讨论下列每一提法是否正确?
(1)所有高熔点物质都是离子型的。
(2)化合物的沸点随着相对分子质量的增加而增加。
(3)将离子型固体与水摇动制成的溶液都是电的良导体。

答:(1)不正确,原子晶体及大部分金属晶体也有很高的熔点。

(2)不正确。属于分子型晶体的非极性分子的化合物,其组成和结构相似,沸点才随相对分子质量的增大而升高。

(3)不确切。离子型固体在水中的溶解度差异很大,其饱和溶液的离子浓度亦相差很大,溶解度极低的物质与水摇动制成的溶液就不是电的良导体。

25.指出下列说法的错误
(1)氯化氢分子溶于水后产生 H^+ 和 Cl^- 离子,所以氯化氢分子是离子键构成的;

(2) 四氯化碳的熔、沸点低,所以分子不稳定。

答:(1)氯化氢分子中 H—Cl 键是极性共价键,在水的溶剂化作用下,键断裂后形成 H^+ 和 Cl^-。

(2) 四氯化碳的熔、沸点低,说明四氯化碳分子间靠分子间力形成分子晶体,而四氯化碳分子内,原子间是共价键,CCl_4 分子很稳定。

四、练习题

1. 下列离子型化合物熔点最低的是(　　)。
   A. NaF　　　B. BaO　　　C. SrO　　　D. MgO
2. 下列各化学键极性最大的是(　　)。
   A. B—Cl　　B. Ba—Cl　　C. Be—Cl　　D. Br—Cl
3. 氧的磁性归因于下述原因中的(　　)。
   A. 在周期表上与铁靠近　　　B. 极低沸点
   C. 分子中有未配对电子　　　D. 气态
4. 下列分子中属于非极性分子的是(　　)。
   A. $CHCl_3$　　B. PCl_3　　C. CO_2　　D. HCl
5. 下列反应的焓变为 NaCl 离子键能的是(　　)。
   A. $Na^+(g)+Cl^-(g)=\!=\!=NaCl(g)$
   B. $Na(g)+Cl(g)=\!=\!=NaCl(g)$
   C. $NaCl(g)=\!=\!=Na(g)+Cl(g)$
   D. $Na(s)+1/2Cl_2(g)=\!=\!=NaCl(s)$
6. 下列分子中偶极矩等于零的是(　　)。
   A. CCl_4　　B. $CHCl_3$　　C. CO　　D. H_2S
7. 下列分子或离子中键能最大的是(　　)。
   A. O_2　　B. O_2^-　　C. O_2^{2+}　　D. O_2^{2-}
8. 气态碘分子离解为碘原子的焓变 $\Delta_r H^\theta$ 为 152.8 kJ·mol^{-1},则 I—I 键能为(　　)。
   A. 305.6 kJ·mol^{-1}　　　B. 76.4 kJ·mol^{-1}

C. 152.8 kJ·mol^{-1} D. 229.2 kJ·mol^{-1}

9. 下列分子中,空间构型不是直线的是(   )。
   A. CO   B. H$_2$O   C. CO$_2$ D. HgCl$_2$

10. 下列说法中错误的是(   )。
    A. 杂化轨道有利于形成 σ 键
    B. 杂化轨道均参加成键
    C. 采取杂化轨道成键,更能满足"轨道最大重叠原理"
    D. 采取杂化轨道成键,提高原子成键能力

11. BF$_4^-$ 离子中,B 原子采用的杂化轨道是(   )。
    A. sp   B. sp^2 C. sp^3 D. 不等性 sp^3

12. 下列分子中,构型是平面三角型的分子是(   )。
    A. CO$_2$ B. PCl$_3$ C. BCl$_3$ D. NH$_3$

13. 下列分子中键角最大的是(   )。
    A. PCl$_3$ B. NH$_3$ C. SiCl$_4$ D. CO$_2$

14. 下列说法中正确的是(   )。
    A. 杂化轨道理论是在分子轨道法的基础上发展起来的
    B. 在成键过程中,中心原子的能量相近的各原子轨道经线性组合起来,形成一个新的原子轨道
    C. 形成杂化轨道的数目,等于参加杂化的各原子轨道数目之和
    D. 未杂化的原子轨道与杂化轨道的能量是相同的

15. ClO$_4^-$ 离子的几何构型为(   )。
    A. 八面体   B. 三角双锥   C. 四面体   D. 平面三角形

16. OF$_2$ 分子中 O 原子杂化方式是(   )。
    A. sp^2 B. sp   C. spd^3 D. sp^3

17. 一般金属有银白色光泽,其原因是(   )。
    A. 金属一般是固体   B. 金属中存在自由电子
    C. 金属密度大   D. 价电子少

18. 共价键若按其成键原子轨道的对称性可区分为(   )。
    A. 正常共价键和配位键两类

B. σ 键和 π 键两类
C. 价键理论的共价键和分子轨道理论的共价键
D. 正常共价键,配位键和金属键三类

19. 现代价键理论无法解释其存在的物种是(　　)。
　A. CO_2　　　B. H_2^+　　　C. H_2O　　　D. CO

20. 下列判断正确的是(　　)。
　A. AsH_3、MgO 都是共价化合物
　B. AsH_3、HCl 都是共价化合物
　C. CaF_2、AsH_3 都是离子型化合物
　D. CaF_2、SO_2 都是共价化合物

21. 下列判断错误的是(　　)。
　A. NaF 是离子键　　　B. $CsCl$ 是离子键
　C. CuI 是离子键　　　D. HI 是共价键

22. 极性共价化合物的实例是(　　)。
　A. CCl_4　　B. BCl_3　　C. HCl　　D. $NaCl$

23. 下列化合物中符合八电子规则的是(　　)。
　A. BF_3　　B. CCl_4　　C. SiF_6　　D. PCl_5

24. 下列物质间只存在诱导力,色散力的是(　　)。
　A. 食盐与苯　　　　B. 苯与 CCl_4
　C. KCl 与 MgO　　D. CS_2 与 CCl_4

25. 下列物质的分子间力最大的是(　　)。
　A. O_2　　B. Br_2　　C. N_2　　D. H_2

26. 下列化合物中,能形成分子内氢键的是(　　)。
　A. CF_3H　　　　B. C_6H_6

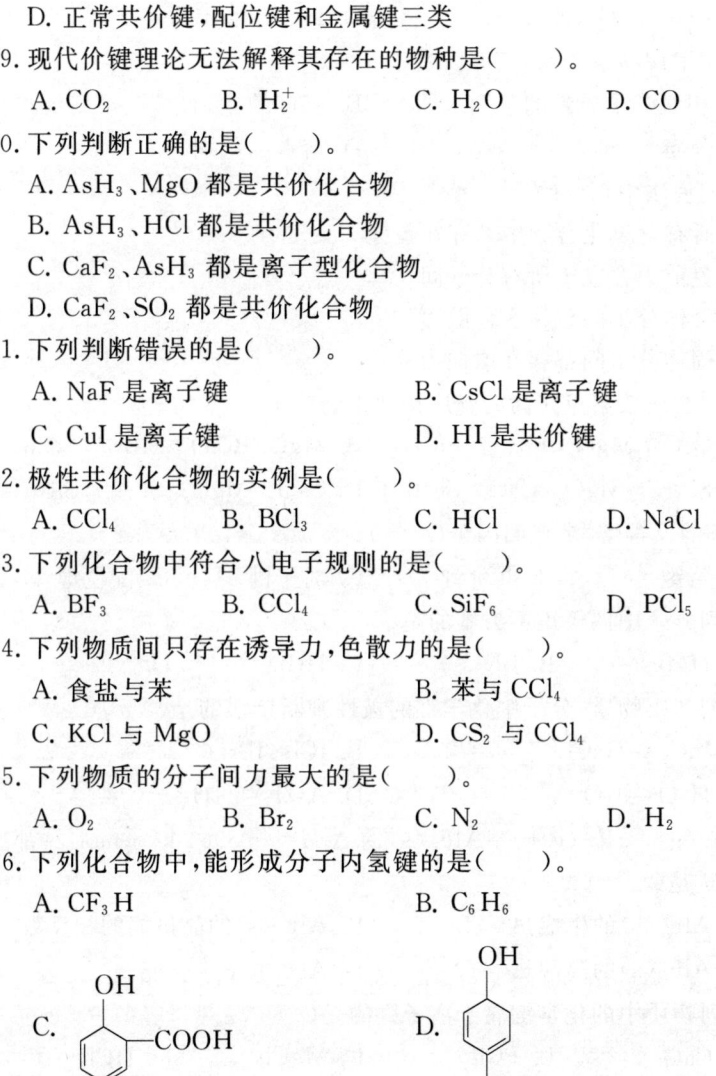

27. 下列物质之间没有氢键存在,但同时存在着三种范德华力的

是( )。

A. SO_2 和 $CHCl_3$ B. 乙醇和氨水

C. CCl_4 和 $GeCl_4$ D. $HgCl_2$ 和 BCl_3

28. 氨比甲烷易溶于水,其原因是( )。

A. 相对分子质量的差别   B. 密度的差别

C. 氢键   D. 熔点的差别

29. 下列说法中正确的是( )。

A. 所有含氢化合物中都存在氢键

B. 色散力存在于所有分子间

C. 气体分子间只存在色散力

D. 固体分子间都存在取向力

30. 下列物质按熔点升高的顺序排列正确的是( )。

A. $CaO>MgO>SiBr_4>SiCl_4$ B. $MgO>CaO>SiBr_4>SiCl_4$

C. $SiBr_4>MgO>CaO>SiCl_4$ D. $CaO>MgO>SiCl_4>SiBr_4$

31. HF 的反常熔、沸点归因于( )。

A. 氢键   B. 共价键   C. 离子键   D. 配位键

32. 下列分子中偶极矩不为零的是( )。

A. $HgBr_2$ B. BF_3 C. HCl D. NF_3

33. 下列各组物质,分子中化学键的极性判断错误的是( )。

A. $InCl_3>GaCl_3$ B. $ICl<IBr$

C. $H_2O<F_2O$ D. $AsH_3<NH_3$

34. $Al^{3+}(g)+3F^-(g)\Longrightarrow AlF_3(s)$ 的 $\Delta_r H=-5964\ kJ\cdot mol^{-1}$,那么 $\Delta_r H$ 是( )。

A. $AlF_3(s)$ 的生成热   B. $AlF_3(s)$ 的晶格能的相反数

C. $AlF_3(s)$ 的离解热   D. Al^{3+} 电子亲合能

35. 下列物质中的化学键属于离子键的是( )。

A. CaO   B. PCl_3 C. $MgCl_2$ D. HCl

36. 对未成对电子数的多少,判断正确的是( )。

A. $O_2>O_2^-$ B. $O_2^+>O_2$ C. $He_2^+>He_2$ D. $C_2>C_2^+$

37. 对下列各组稳定性大小判断正确的是（　　）。
    A. $O_2^+ > O_2^-$　　B. $O_2^- > O_2$　　C. $NO^+ > NO$　　D. $OF^- > OF$
38. 下列双原子分子或离子不可能稳定存在的是（　　）。
    A. O_2^{2-}　　B. He_2　　C. Be_2　　D. C_2
39. 下列气态卤化氢分子偶极矩变小的顺序是（　　）。
    A. HCl，HBr，HI，HF　　B. HF，HCl，HBr，HI，
    C. HI，HBr，HCl，HF　　D. HBr，HCl，HF，HI
40. 共价键最可能存在于（　　）。
    A. 非金属原子之间
    B. 金属原子之间
    C. 非金属原子和金属原子之间
    D. 电负性差很大的元素的原子之间
41. 下列四种卤化物中离子特征百分数变大的顺序是（　　）。
    A. CsI、RbBr、KCl、NaF　　B. NaF、KCl、RbBr、CsI
    C. RbBr、CsI、NaF、KCl　　D. KCl、NaF、CsI、RbBr
42. 氮分子很稳定是因为氮分子（　　）。
    A. 不存在反键轨道　　B. 形成三重键
    C. 分子比较小　　D. 满足八电子结构
43. 下列关于范德华力的论述，错误的是（　　）。
    A. 非极性分子之间没有取向力
    B. 诱导力在三种范德华力中通常是最小的
    C. 分子的极性越大，取向力越大
    D. 极性分子之间没有色散力
44. 下列物质中无一定熔点的是（　　）。
    A. 食盐　　B. 铜　　C. 冰　　D. 石蜡
45. 下列离子中，半径最大的是（　　）。
    A. Cl^-　　B. K^+　　C. S^{2-}　　D. Ca^{2+}
46. 下列晶体中熔点最高的是（　　）。
    A. NaBr　　B. SiO_2　　C. CCl_4　　D. MgO

47. 下列晶体中,以分子间力结合的是( )。
    A. 铁　　　　B. MgO 晶体　　C. SO_2 晶体　　D. SiC

48. 下列晶体中,以共价键结合的是( )。
    A. SO_2 晶体　　　　　　B. SiO_2 晶体
    C. MgO 晶体　　　　　　D. KNO_3 晶体

49. 下列物质中,熔点最高的是( )。
    A. SiC　　　B. $SiCl_4$　　C. $AlCl_3$　　D. MgF_2

50. 石墨晶体中,层与层之间的结合力是( )。
    A. 金属键　　B. 共价键　　C. 范德华力　　D. 离子键

51. 在 NaCl 晶体中,每一个 Cl^- 离子周围最靠近的 Na^+ 离子数目是( )。
    A. 1　　　　B. 4　　　　C. 6　　　　D. 8

52. NaF、MgO、CaO 晶格能大小的顺序是( )。
    A. MgO>CaO>NaF　　　　B. CaO>MgO>NaF
    C. NaF>MgO>CaO　　　　D. NaF>CaO>MgO

53. Be^{2+} 离子半径为 34 pm,O^{2-} 的离子半径为 132 pm,则 BeO 晶体属于( )。
    A. ZnS 型　　B. NaCl 型　　C. CsCl 型　　D. CaF_2 型

54. 通常用晶格能的大小来表示( )。
    A. 氢键的强弱　　　　　　B. 离子键的强弱
    C. 共价键的强弱　　　　　D. 金属键的强弱

55. 反应:$Ca+Cl_2 \longrightarrow CaCl_2$ 之所以能进行,主要原因是( )。
    A. 钙的电离能较小　　　　B. 氯的电子亲合能较大
    C. $CaCl_2$ 的键能较大　　D. $CaCl_2$ 的晶格能较大

56. 下列各种晶体中,含有简单的独立分子的晶体是( )。
    A. 原子晶体　　B. 离子晶体　　C. 分子晶体　　D. 金属晶体

57. 按照 AgF、AgCl、AgBr、AgI 的顺序,下列性质变化正确的是( )。
    A. 颜色依次变深　　　　　B. 溶解度依次变小
    C. 离子键依次递变到共价键　　D. A、B、C 都对

58. 在玻恩－哈伯循环中,解释 MgO 有较大负值的标准生成热极为重

要的一项是( )。
A. 镁的升华能   B. MgO 的晶格能
C. 镁的第一,第二电离能   D. 氧的电子亲合势

59. 已知下列数据：
Mg(s) ⟶ Mg(g)　　　　$\Delta_r H^\theta = 146 \text{ kJ} \cdot \text{mol}^{-1}$
Mg(g) ⟶ Mg^{2+}(g) + $2e^-$　　$\Delta_r H^\theta = 2\ 178 \text{ kJ} \cdot \text{mol}^{-1}$
S(s) ⟶ S(g)　　　　　$\Delta_r H^\theta = 272 \text{ kJ} \cdot \text{mol}^{-1}$
S(g) + $2e^-$ ⟶ S^{2-}(g)　$\Delta_r H^\theta = 332 \text{ kJ} \cdot \text{mol}^{-1}$
Mg(s) + S(s) ══ MgS(s)　$\Delta_r H^\theta = -347 \text{ kJ} \cdot \text{mol}^{-1}$
则 MgS 的晶格能为( )。
A. $-2\ 367 \text{ kJ} \cdot \text{mol}^{-1}$ B. $+6\ 723 \text{ kJ} \cdot \text{mol}^{-1}$
C. $3\ 275 \text{ kJ} \cdot \text{mol}^{-1}$ D. $+2\ 763 \text{ kJ} \cdot \text{mol}^{-1}$

60. 用杂化轨道理论说明为什么 BF_3 分子呈平三角形,而 NF_3 分子却呈三角锥形。
61. 用杂化轨道理论说明为什么不能形成 $BeCl_4$ 分子？
62. 当两个氧原子组成分子轨道时,必须满足轨道能量近似原则,如何理解？
63. 写出 CO 的分子轨道表示式,并分析各分子轨道对成键的贡献如何？
64. 试用分子轨道理论说明 O_2 的键能小于 O_2^+ 的键能。
65. 根据分子轨道能级示意图,写出 NO 的分子轨道表示式。
66. 二甲醚和乙醇成分相同,但前者的沸点为 250 K,后者的沸点为 351.5 K,为什么？
67. 已知 NaCl 的熔点为 1 081 K,而 $AlCl_3$ 在 546 K 就升华了,何故？
68. 试解释 AgCl、AgBr、AgI 的颜色依次加深。
69. 下列说法是否正确？如不正确,则改正之。
(1) Ag^+ 具有较大的极化力,又具有较大的变形性,是因为它有良好的导电性能；
(2) 离子的可极化性是指一个离子使其他离子极化的能力。
70. AgI 晶体中,Ag^+ 和 I^- 间的距离,按离子半径之和是 113 pm +

220 pm＝333 pm,实验测试却是 299 pm,为什么？

71. 对下列各组按照变形性增加的顺序列出。

(1) I^-、Br^-、F^-、Cl^-

(2) K^+、Na^+、Cs^+、Rb^+

五、练习题参考答案

1. A	2. B	3. C	4. C	5. C	6. A
7. C	8. C	9. B	10. B	11. C	12. C
13. D	14. C	15. C	16. D	17. B	18. B
19. B	20. B	21. C	22. C	23. B	24. A
25. B	26. C	27. A	28. C	29. B	30. B
31. A	32. C,D	33. B,C	34. B	35. A	36. A、C
37. A、C	38. B、C	39. B	40. A	41. A	42. B
43. D	44. D	45. C	46. B	47. C	48. B
49. A	50. C	51. C	52. C	53. A	54. B
55. D	56. C	57. D	58. B	59. C	

60. **提示**：NF_3 中 N 的一对孤电子占有一个 sp^3 杂化轨道。

61. **提示**：组成杂化轨道的原子轨道要求其能量相近。

62. **提示**：能量近似,最大重叠和对称性匹配,这是分子轨道的成键三原则。

63. CO 分子中有 2 个 π 键和 1 个 σ 键。

64. **提示**：根据键级。

65. **提示**：N 和 O 的原子轨道能级不同。

66. **提示**：二甲醚的氢全与碳相连,乙醇上有与氧相连的氢。

67. **提示**：Na^+ 和 Al^{3+} 极化能力不同。

68. **提示**：由于极化,相应能级随着改变,使激发态和基态的能量差变小,因而吸收某些波长的可见光而变为有颜色. 而由氯,溴,碘的顺序,原子半径依次增加,变形性依次增加.

69. **提示**：(1) Ag^+ 有较大的极化力和变形性,是由 Ag^+ 的电子层结构和离子半径决定的。

(2)离子的可极化性是指被极化的程度。

70. **提示**：Ag^+ 的极化能力强，也有一定程度的变形性. I^- 的变形性大，所以 Ag^+ 与 I^- 之间的极化作用大，电子云重叠的程度较大。

71. (1) $I^- > Br^- > Cl^- > F^-$ (2) $Cs^+ > Rb^+ > K^+ > Na^+$

第七章 酸碱解离平衡

一、教学要求

1. 掌握一元弱酸、弱碱的电离平衡,理解电离度、电离平衡常数、稀释定律;熟练进行一元弱电解质溶液中氢离子浓度、氢氧根离子浓度的求算。

2. 掌握二元弱酸的电离及逐级电离常数;并进行氢离子浓度、弱酸根离子浓度的求算。

3. 了解缓冲溶液的组成和缓冲作用原理;熟练进行有关缓冲溶液的计算。

4. 了解盐类水解的实质和水解常数、影响水解平衡的因素;掌握盐溶液 pH 的计算。

二、重点与难点

重点:弱酸、弱碱溶液有关离子浓度的计算。缓冲溶液和盐溶液 pH 的计算。

难点:各种体系氢离子浓度的计算方法和灵活运用。

三、精选例题解析

1. 298 K 时,测得 $0.10\ \mathrm{mol \cdot L^{-1}}$ HF 溶液中 $[\mathrm{H^+}]$ 为 $7.63 \times 10^{-3}\ \mathrm{mol \cdot L^{-1}}$。试求反应 $\mathrm{HF(aq) \rightleftharpoons H^+(aq) + F^-(aq)}$ 的 $\Delta_r G_m^\ominus$ 值。

第七章 酸碱解离平衡

解：$K^{\theta} = \dfrac{[H^+]^2}{HF} = \dfrac{(7.63\times 10^{-3})^2}{(0.1-7.63\times 10^{-3})} = 6.3\times 10^{-4}$

$\Delta_r G_m^{\theta} = -RT\ln K^{\theta}$
$= -8.314\times 298\times \ln 6.3\times 10^{-4}$
$= 18.3 \text{ kJ}\cdot \text{mol}^{-1}$

2. $0.1 \text{ mol}\cdot\text{L}^{-1}$ HAc 溶液 50 mL 和 $0.1 \text{ mol}\cdot\text{L}^{-1}$ NaOH 溶液 25 mL 混合后，溶液的 $[H^+]$ 有何变化？

解：混合前：

$$[H^+] = \sqrt{K_a\cdot c} = \sqrt{1.76\times 10^{-5}\times 0.1}$$
$$= 1.33\times 10^{-3} \text{ mol}\cdot\text{L}^{-1}$$

混合后发生反应：

$$\text{HAc} + \text{NaOH} =\!=\!= \text{NaAc} + \text{H}_2\text{O}$$

$$c_{\text{HAc}} = \dfrac{0.1\times 25}{50+25} = 0.033 \text{ mol}\cdot\text{L}^{-1}$$

$$c_{\text{NaAc}} = \dfrac{0.1\times 25}{50+25} = 0.033 \text{ mol}\cdot\text{L}^{-1}$$

$$K_a = \dfrac{[H^+][Ac^-]}{[HAc]} = [H^+]$$

$$[H^+] = 1.76\times 10^{-5} \text{ mol}\cdot\text{L}^{-1}$$

答：$[H^+]$ 由 $1.33\times 10^{-3} \text{ mol}\cdot\text{L}^{-1}$ 变到 $1.76\times 10^{-5} \text{ mol}\cdot\text{L}^{-1}$。

3. 计算室温下饱和 CO_2 水溶液（即 $0.04 \text{ mol}\cdot\text{L}^{-1}$ 的 H_2CO_3 溶液）中的 $[H^+]$、$[HCO_3^-]$、$[CO_3^{2-}]$。

解：已知 $[H_2CO_3] = 0.04 \text{ mol}\cdot\text{L}^{-1}$

$$H_2CO_3 \rightleftharpoons H^+ + HCO_3^- \quad K_{a1} = 4.30\times 10^{-7}$$
$$HCO_3^- \rightleftharpoons H^+ + CO_3^{2-} \quad K_{a2} = 5.61\times 10^{-11}$$

$$[H^+] = [HCO_3^-] = \sqrt{K_{a1}\cdot c}$$
$$= \sqrt{4.30\times 10^{-7}\times 0.04}$$
$$= 1.31\times 10^{-4} \text{ mol}\cdot\text{L}^{-1}$$

$$[CO_3^{2-}] = K_{a2} = 5.61\times 10^{-11} \text{ mol}\cdot\text{L}^{-1}$$

答：CO_2 水溶液中的 $[H^+] = [HCO_3^-] = 1.31\times 10^{-4} \text{ mol}\cdot\text{L}^{-1}$，

$[CO_3^{2-}]$ 为 5.61×10^{-11} mol·L^{-1}。

4. 欲使 H_2S 饱和溶液中 $[S^{2-}] = 1.0 \times 10^{-18}$ mol·L^{-1},该溶液的 pH 值应为多大?

解:$[H^+] = \sqrt{\dfrac{K_1 \cdot K_2 \cdot [H_2S]}{[S^{2-}]}}$

$= \sqrt{\dfrac{6.8 \times 10^{-24}}{1.0 \times 10^{-18}}}$

$= 2.6 \times 10^{-3}$ mol·L^{-1}

$pH = -\lg(2.6 \times 10^{-3}) = 2.58$

答:该溶液的 pH 值为 2.58。

5. 计算下列溶液的 pH 值和水解度:
(1) 0.02 mol·L^{-1} NH_4Cl
(2) 0.1 mol·L^{-1} KCN

解:(1) $NH_4^+ + H_2O \rightleftharpoons NH_3 + H_3O^+$

$h\% = \sqrt{\dfrac{K_h}{c}} \times 100 = \sqrt{\dfrac{K_w/K_b}{c}} \times 100$

$= \sqrt{\dfrac{1 \times 10^{-14}/1.77 \times 10^{-5}}{0.02}} \times 100$

$= 0.017$

$[H^+] = \sqrt{K_h c}$

$= \sqrt{\dfrac{1 \times 10^{-14}}{1.77 \times 10^{-5}} \times 0.02}$

$= 3.4 \times 10^{-6}$ mol·L^{-1}

或 $[H^+] = h \cdot c = 0.017\% \times 0.02 = 3.4 \times 10^{-6}$ mol·L^{-1}

$pH = 5.47$

(2) $CN^- + H_2O \rightleftharpoons HCN + OH^-$

$h\% = \sqrt{\dfrac{K_h}{c}} \times 100 = \sqrt{\dfrac{1 \times 10^{-14}/4.93 \times 10^{-10}}{0.1}} \times 100 = 1.4\%$

$[OH^-] = h \cdot c = 1.4\% \times 0.1 = 1.4 \times 10^{-3}$ mol·L^{-1}

$pH = 14 - pOH = 14 - 2.8 = 11.2$

第七章 酸碱解离平衡

答：$0.02\ \text{mol}\cdot\text{L}^{-1}\ \text{NH}_4\text{Cl}$ 的 $\text{pH}=5.47, h\%=0.017$，$0.1\ \text{mol}\cdot\text{L}^{-1}\ \text{KCN}$ 的 $\text{pH}=11.2, h\%=1.4\%$。

6. 在 100 mL $0.1\ \text{mol}\cdot\text{L}^{-1}$ 的氨水中加入 1.07 g 氯化铵，溶液的 pH 值为多少？在此溶液中再加入 100 mL 水，pH 值有何变化？

解：混合溶液中氯化铵和氨水的浓度分别为：

$$c_{盐}=\frac{1.07}{53.5}\times\frac{1\,000}{100}=0.2\ \text{mol}\cdot\text{L}^{-1}$$

$$c_{碱}=0.1\ \text{mol}\cdot\text{L}^{-1}$$

$$\text{pH}=14-\text{p}K_b+\lg\frac{c_{碱}}{c_{盐}}=14-4.75+\lg\frac{0.1}{0.2}=8.95$$

加入 100 mL 水后：

$$c_{盐}=\frac{0.2\times100}{200}=0.1\ \text{mol}\cdot\text{L}^{-1}$$

$$c_{碱}=\frac{0.1\times100}{200}=0.05\ \text{mol}\cdot\text{L}^{-1}$$

$$\text{pH}=14-\text{p}K_b+\lg\frac{0.05}{0.1}=8.95$$

答：溶液的 pH 值为 8.95，加水后 pH 值没有变化。

7. 要配制 pH 为 5.00 的缓冲溶液，需称取多少克 $\text{NaAc}\cdot3\text{H}_2\text{O}$ 固体溶解于 300 mL $0.5\ \text{mol}\cdot\text{L}^{-1}$ 醋酸中？

解：由 $\text{pH}=\text{p}K_a-\lg\frac{c_{酸}}{c_{盐}}$ 得：

$$5.00=4.75-\lg\frac{0.5}{c_{盐}}$$

$$c_{盐}=0.89\ \text{mol}\cdot\text{L}^{-1}$$

所需 $\text{NaAc}\cdot3\text{H}_2\text{O}$ 固体的质量为：

$$m=135\times0.89\times\frac{300}{1\,000}=36.0\ \text{g}$$

答：需要 36.0 g $\text{NaAc}\cdot3\text{H}_2\text{O}$ 固体。

8. 已知 HSO_4^- 的解离平衡常数为 1.0×10^{-2}，试求 $0.010\ \text{mol}\cdot\text{L}^{-1}\ \text{H}_2\text{SO}_4$ 溶液的 $[\text{H}^+]$ 和 pH。

解：H_2SO_4 第一步完全电离产生 H^+ 和 HSO_4^- 的浓度各为

$0.01\ \mathrm{mol\cdot L^{-1}}$。

	$\mathrm{HSO_4^-}$	$\rightleftharpoons$	$\mathrm{H^+}$	$+$	$\mathrm{SO_4^{2-}}$
初始	0.01		0.01		0
平衡	$0.01-x$		$0.01+x$		x

$$\frac{x(0.01+x)}{(0.01-x)}=1.0\times 10^{-2}$$

$x=0.004\ \mathrm{mol\cdot L^{-1}}$

$[\mathrm{H^+}]=0.01+0.004=0.014\ \mathrm{mol\cdot L^{-1}}$

$\mathrm{pH}=-\lg[\mathrm{H^+}]=1.85$

9. 甲溶液为一元弱酸,其$[\mathrm{H^+}]=a\ \mathrm{mol\cdot L^{-1}}$,乙溶液为该一元弱酸的钠盐溶液,其$[\mathrm{H^+}]=b\ \mathrm{mol\cdot L^{-1}}$,当上述甲溶液与乙溶液等体积混合后,测得其$[\mathrm{H^+}]=c\ \mathrm{mol\cdot L^{-1}}$,试求该一元弱酸的解离常数$K$值。

解:$\mathrm{HA}\rightleftharpoons \mathrm{H^+}+\mathrm{A^-}$ (1)

$\mathrm{A^-}+\mathrm{H_2O}\rightleftharpoons \mathrm{HA}+\mathrm{OH^-}$ (2)

由(1)式可知:

$$[\mathrm{H^+}]=\sqrt{K_\mathrm{a}\cdot c_1}=a$$

则 $c_1=\dfrac{a^2}{K_\mathrm{a}}$

由(2)式可知:

$$[\mathrm{OH^-}]=\sqrt{K_\mathrm{b}\cdot c_2}=\sqrt{\dfrac{K_\mathrm{w}}{K_\mathrm{a}}\cdot c_2}=\dfrac{K_\mathrm{w}}{b}$$

则 $c_2=\dfrac{K_\mathrm{w}\cdot K_\mathrm{a}}{b^2}$

对于缓冲溶液,$[\mathrm{H^+}]=K_\mathrm{a}\dfrac{c_1}{c_2}=c$ (3)

将 c_1、c_2 表达式代入(3)式中,得

$$K_\mathrm{a}=\dfrac{a^2 b^2}{cK_\mathrm{w}}$$

四、练习题

1. H_3O^+ 的共轭碱是（　　）。
   A. H^+　　　B. H_2O　　　C. H　　　D. OH^-

2. $NH_3 + H_2O \rightleftharpoons NH_4^+ + OH^-$ 属于（　　）。
   A. 酸碱反应　　　　　　　　B. 氧化还原反应
   C. 电解　　　　　　　　　　D. 配位反应

3. 对反应 $HPO_4^{2-} + H_2O \rightleftharpoons H_2PO_4^- + OH^-$ 来说，其中酸为（　　）；碱为（　　）。
   A. H_2O 和 $H_2PO_4^-$　　　　　B. HPO_4^{2-} 和 H_2O
   C. HPO_4^{2-} 和 OH^-　　　　D. $H_2PO_4^-$ 和 HPO_4^{2-}

4. 如果 $0.1\ mol \cdot L^{-1}$ HCN 溶液中有 0.01% 的 HCN 是电离的，则 HCN 的电离常数是（　　）。
   A. 10^{-2}　　　B. 10^{-3}　　　C. 10^{-8}　　　D. 10^{-9}

5. $0.01\ mol \cdot L^{-1}$ 某弱酸溶液的 pH=5.5，该酸的 K_a 为（　　）。
   A. 10^{-10}　　　B. 10^{-9}　　　C. 10^{-6}　　　D. 10^{-3}

6. 20 mL $0.5\ mol \cdot L^{-1}$ 的氨水与 30 mL $0.50\ mol \cdot L^{-1}$ 的 HCl 混合溶液的 pH 值为（　　）。
   A. 1.0　　　B. 0.50　　　C. 0.30　　　D. 4.90

7. $0.1\ mol \cdot L^{-1}$ HAc（$K_a = 1.8 \times 10^{-5}$）溶液中的 $[H^+]$ 是（　　）。
   A. 1.8×10^5　　　　　　　B. 1.34×10^{-3}
   C. $\sqrt{18} \times 10^{-3}$　　　　　D. $\sqrt{0.18} \times 10^{-3}$

8. $0.01\ mol \cdot L^{-1}$ 一元弱碱（$K_b = 1 \times 10^{-8}$）水溶液的 pH 值是（　　）。
   A. 8.7　　　B. 8.85　　　C. 9.0　　　D. 10.5

9. 在饱和 H_2S 溶液中，下列浓度关系正确的是（　　）。
   A. $[H_2S] > [HS^-] > [S^{2-}]$　　　B. $[HS^-] > [S^{2-}] > [H_2S]$
   C. $[S^{2-}] > [H_2S] > [HS^-]$　　　D. $[H_2S] > [H^+] > [S^{2-}]$

10. 已知 H_2S 和 HS^- 的电离常数分别为 1×10^{-7} 和 1×10^{-14}，在 $0.1\ mol\cdot L^{-1}\ H_2S$ 的水溶液中 S^{2-} 的浓度为( )。

　　A. $1\times10^{-21}\ mol\cdot L^{-1}$ 　　B. $1\times10^{-16}\ mol\cdot L^{-1}$

　　C. $1\times10^{-14}\ mol\cdot L^{-1}$ 　　D. $1\times10^{-8}\ mol\cdot L^{-1}$

11. 用电导实验测定强电解质溶液的电离度总是达不到 100%，原因是( )。

　　A. 电解质本身不全部电离　　B. 正负离子互相吸引

　　C. 电解质和溶剂有作用　　D. 电解质不纯

12. $0.1\ mol\cdot L^{-1}\ H_2S(K_{a1}=10^{-7}, K_{a2}=10^{-15})$ 溶液中的 $[HS^-]$ 接近( )。

　　A. 1×10^{-4} 　　B. 0.2 　　C. 0.1 　　D. 1×10^{-22}

13. 向铝盐的水溶液中，加入 Na_2CO_3 溶液后，产生的沉淀是( )。

　　A. $Al(OH)_3$ 　　B. $Al_2(CO_3)_3$

　　C. $Al(OH)_3\cdot Al_2(CO_3)_3$ 　　D. Al_2O_3

14. 下列盐的水溶液显中性的是( )。

　　A. $FeCl_3$ 　　B. $NaHCO_3$ 　　C. $NaNO_3$ 　　D. NH_4NO_3

15. 下列溶液的浓度均为 $0.1\ mol\cdot L^{-1}$，其 pH 最大的是( )。

　　A. NaH_2PO_4 　　B. Na_2HPO_4 　　C. Na_3PO_4 　　D. H_3PO_4

16. 下列叙述中不正确的是( )。

　　A. 强酸弱碱盐的浓度越小，水解度越大

　　B. 弱酸弱碱盐的浓度越小，水解度越大

　　C. 稀释弱酸强碱盐可使水解反应向右移动

　　D. 加热可以抑制水解反应

17. 欲计算某一元弱酸强碱盐的 $[OH]^-$，可采用的计算公式是( )。

　　A. $[OH]^-=\sqrt{K_a\cdot c_{盐}}$ 　　B. $[OH]^-=K_b\dfrac{c_{碱}}{c_{盐}}$

　　C. $[OH]^-=\sqrt{K_h\cdot c_{盐}}$ 　　D. $[OH]^-=\sqrt{\dfrac{K_w}{K_a}c_{盐}}$

18. 在一元弱酸强碱盐溶液中，其水解常数为( )。

A. $K_a \cdot K_w$ B. K_w/K_a C. K_a/K_w D. $K_w^2/c_{盐}$

19. $0.1\ mol \cdot L^{-1}$ 的 Na_2CO_3（H_2CO_3 的 $K_{a1}=4.3\times10^{-7}$，$K_{a2}=5.6\times10^{-11}$）溶液中，水解常数 K_{h2} 应为（　　）。

    A. 1.79×10^{-4} B. 2.33×10^{-8}

    C. 4.15×10^{-2} D. 1.79×10^{-5}

20. 一般作为缓冲溶液的是（　　）。

    A. 弱酸弱碱盐的溶液

    B. 弱酸（或弱碱）及其盐的混合溶液

    C. pH 值总不会改变的溶液

    D. 电离度不变的溶液

21. 将 $0.1\ mol \cdot L^{-1}$ HAc 与 $0.1\ mol \cdot L^{-1}$ 的 NaAc 混合溶液加水稀释至原体积的两倍时，其 $[H^+]$ 和 pH 的变化分别为（　　）。

    A. 原来的 1/2 和增大   B. 原来的 1/2 和减小

    C. 减小和增大   D. 不变和不变

22. 决定 HAc－NaAc 缓冲体系 pH 值的主要因素是（　　）。

    A. 弱酸的浓度   B. 弱酸盐的浓度

    C. 弱酸及其盐的总浓度   D. 弱酸的电离常数

23. 欲配制 pH＝3 的缓冲溶液，可选用的缓冲体系是（　　）。

    A. HCOOH－HCOONa   ($K_a=1.8\times10^{-4}$)

    B. HAc－NaAc   ($K_a=1.76\times10^{-5}$)

    C. $NH_3 \cdot H_2O$－NH_4Cl ($K_b=1.77\times10^{-5}$)

    D. HCN－NaCN   ($K_a=4.93\times10^{-10}$)

24. 下列各种溶液可以做缓冲液的是（　　）。

    A. HAc＋HCl   B. HAc＋NaOH

    C. HAc＋NaCl   D. HAc＋KCl

25. 欲使 100 mL $0.010\ mol \cdot L^{-1}$ 的 HAc（$K_a=1.8\times10^{-5}$）溶液的 pH＝5.00，需加入固体 NaOH 的质量约为（　　）。

    A. 0.7 g   B. 0.06 g   C. 0.026 g   D. 2.6 g

26. 某弱酸 HA 的 $K_a=2.0\times10^{-5}$，若需配制 pH＝5.00 的缓冲溶液，

与 100 mL 1.0 mol·L^{-1} 的 NaA 相混合的 1.0 mol·L^{-1} HA 体积应为（　　）。

A. 200 mL　　B. 50 mL　　C. 100 mL　　D. 150 mL

27. 若使 HAc－NaAc 缓冲溶液体系 pH 值变动 0.1～0.2 个单位，应改变（　　）。

   A. 弱酸的浓度　　　　　　　B. 弱酸及其盐的总浓度
   C. 弱酸的电离常数　　　　　D. 弱酸及其盐的浓度比

28. 氨水的电离常数近似为 1×10^{-5}，由等体积的 1 mol·L^{-1} 氨水和 1 mol·L^{-1} 氯化铵组成的混合溶液的 pH 值最接近于（　　）。

   A. 3　　　B. 5　　　C. 9　　　D. 11

29. 为了使 NH$_3$ 的电离度增大，应采用的方法是（　　）。

   A. 加大 NH$_3$ 的浓度
   B. 减小 NH$_3$ 的浓度
   C. 保持 NH$_3$ 的浓度不变，并加入 NH$_4$Cl
   D. 保持 NH$_3$ 的浓度不变，并加入 NaCl

30. 如果将醋酸钠固体加到醋酸的稀溶液中，则该溶液的 pH 值将（　　）。

   A. 增高　　　　　　　　　　B. 不受影响
   C. 下降　　　　　　　　　　D. 先下降，后增高

31. 实验室中如何配制 SnCl$_2$、FeSO$_4$ 溶液？
32. 用硫酸铝溶液和小苏打溶液做泡沫灭火剂的反应原理是什么？
33. 将 AlCl$_3$ 溶液蒸发，能否制得无水 AlCl$_3$？
34. 在 5.0 mL 0.1 mol·L^{-1} 的 HAc 溶液中，需加入多少克 NaAc·3H$_2$O，溶液的 pH 值才能达到 5〔已知 K_a(HAc)=1.8×10^{-5}，M_r(NaAc·3H$_2$O)=136〕？

五、练习题参考答案

1. B　　2. A　　3. A、C　　4. D　　5. B　　6. A
7. B　　8. C　　9. A、D　　10. C　　11. B　　12. A

第七章 酸碱解离平衡

13. A	14. C	15. C	16. D、B	17. C、D	18. B
19. B	20. B	21. D	22. D	23. A	24. B
25. C	26. B	27. D	28. C	29. B、D	30. A

31. **提示**：加入相应的酸、抑制 Sn^{2+} 和 Fe^{2+} 离子水解。

32. **提示**：Al^{3+} 和 HCO_3^- 都水解，并互相促进到完全水解。

33. 不能，因 Al^{3+} 水解。

34. 0.12 g

第八章 沉淀溶解平衡

一、教学要求

1. 理解溶度积的概念,掌握溶度积和溶解度的换算。
2. 运用溶度积规则进行有关计算。

二、重点与难点

重点:理解 K_{sp} 的意义,掌握沉淀的生成、溶解或转化的条件和相关计算。

难点:多相平衡体系中沉淀溶解平衡与酸碱平衡的综合计算。

三、精选例题解析

1. 已知 AgI 的 $K_{sp} = 1.5 \times 10^{-16}$,求其在纯水和 0.010 mol·L^{-1} KI 溶液中的溶解度(g·L^{-1})。

解:AgI(s) $\rightleftharpoons$ Ag$^+$(aq) + I$^-$(aq)

(1) $s = 234.77 \times \sqrt{K_{sp}} = 234.77 \times \sqrt{1.5 \times 10^{-16}}$
$= 2.9 \times 10^{-6}$ g·L^{-1}

(2) $[Ag^+] = \dfrac{K_{sp}}{[I^-]} = \dfrac{1.5 \times 10^{-16}}{0.01} = 1.5 \times 10^{-14}$ mol·L^{-1}

$s = 234.77 \times 1.5 \times 10^{-14} = 3.5 \times 10^{-12}$ g·L^{-1}

答:AgI 在纯水溶解度为 2.9×10^{-6} g·L^{-1},在 0.010 mol·L^{-1}

KI 溶液中为 3.5×10^{-12} g·L^{-1}。

2.假设溶于水中的 Mg(OH)$_2$ 完全电离,试计算:

(1) Mg(OH)$_2$ 在水中的溶解度(mol·L^{-1});

(2) Mg(OH)$_2$ 饱和溶液中的[Mg^{2+}]和[OH$^-$];

(3) Mg(OH)$_2$ 在 0.010 mol·L^{-1} 的 NaOH 溶液中的 Mg^{2+} 浓度;

(4) Mg(OH)$_2$ 在 0.010 mol·L^{-1} MgCl$_2$ 中的溶解度(mol·L^{-1})。

解:查表得: $K_{sp}\{Mg(OH)_2\} = 1.2 \times 10^{-11}$

(1) $s = \sqrt[3]{\dfrac{K_{sp}}{4}} = \sqrt[3]{\dfrac{1.2 \times 10^{-11}}{4}} = 1.4 \times 10^{-4}$ mol·L^{-1}

(2) $[Mg^{2+}] = \sqrt[3]{\dfrac{K_{sp}}{4}} = 1.4 \times 10^{-4}$ mol·L^{-1}

$[OH^-] = 2[Mg^{2+}] = 2.8 \times 10^{-4}$ mol·L^{-1}

(3) $[Mg^{2+}] = \dfrac{K_{sp}\{Mg(OH)_2\}}{[OH^-]^2} = \dfrac{1.2 \times 10^{-11}}{(0.010)^2}$

$= 1.2 \times 10^{-7}$ mol·L^{-1}

(4) $[Mg^{2+}] = 0.010 + s \approx 0.010$ mol·L^{-1}

$[OH^-] = 2s$

$0.010 \times (2s)^2 = K_{sp}$

$s = \sqrt{\dfrac{K_{sp}}{4 \times 0.010}} = \sqrt{\dfrac{1.2 \times 10^{-11}}{4 \times 0.010}} = 1.7 \times 10^{-5}$ mol·L^{-1}

3.室温下测得 AgCl 饱和溶液中[Ag$^+$]和[Cl$^-$]的浓度均约为 1.3×10^{-5} mol·L^{-1}。试求反应

$$AgCl(s) \rightleftharpoons Ag^+(aq) + Cl^-(aq)$$

的 $\Delta_r G_m^\theta$ 值。

解: $K_{sp}^\theta = [Ag^+][Cl^-] = (1.3 \times 10^{-5})^2 = 1.69 \times 10^{-10}$

$\Delta_r G_m^\theta = -RT\ln K_{sp}^\theta = -8.314 \times (273+25) \times \ln 1.69 \times 10^{-10}$

$= 55.7$ kJ·mol^{-1}

4. Ba^{2+} 和 Sr^{2+} 的混合溶液中,二者的浓度均为 0.10 mol·L^{-1},将极稀的 Na$_2$SO$_4$ 溶液滴加到混合溶液中。已知 BaSO$_4$ 的 $K_{sp}^\theta = 1.1 \times$

10^{-10},$SrSO_4$ 的 $K_{sp}^{\theta}=3.4\times10^{-7}$。试求

(1)当 Ba^{2+} 已有 99% 沉淀为 $BaSO_4$ 时的$[Sr^{2+}]$。

(2)当 Ba^{2+} 已有 99.99% 沉淀为 $BaSO_4$ 时,Sr^{2+} 已经转化为 $SrSO_4$ 的百分数。

解:

(1)依题意:$[Ba^{2+}]=0.1\times1\%=10^{-3}\ mol\cdot L^{-1}$

$$[SO_4^{2-}]=\frac{K_{sp}^{\theta}(BaSO_4)}{[Ba^{2+}]}=\frac{1.1\times10^{-10}}{0.1\times1\%}$$

$$=1.1\times10^{-7}\ mol\cdot L^{-1}$$

$$[Sr^{2+}]=\frac{K_{sp}^{\theta}(SrSO_4)}{[SO_4^{2-}]}=\frac{3.4\times10^{-7}}{1.1\times10^{-7}}=3\ mol\cdot L^{-1}$$

又因为$[Sr^{2+}]$仅有 $0.1\ mol\cdot L^{-1}$

所以无 $SrCrO_4$ 沉淀生成,故

$$[Sr^{2+}]=0.1\ mol\cdot L^{-1}$$

(2)$[Ba^{2+}]=0.1\times0.01\%=10^{-5}\ mol\cdot L^{-1}$

$$[SO_4^{2-}]=\frac{K_{sp}^{\theta}(BaSO_4)}{[Ba^{2+}]}=\frac{1.1\times10^{-10}}{10^{-5}}=1.1\times10^{-5}\ mol\cdot L^{-1}$$

$$[Sr^{2+}]=\frac{K_{sp}^{\theta}(SrSO_4)}{[SO_4^{2-}]}=\frac{3.4\times10^{-7}}{1.1\times10^{-5}}=3\times10^{-2}\ mol\cdot L^{-1}$$

$$1-\frac{3\times10^{-2}}{0.1}=70\%$$

5. 在 $1.0\ mol\cdot L^{-1}\ CuCl_2$ 溶液中含有 $10.0\ mol\cdot L^{-1}\ HCl$,通入 H_2S 至饱和。试求达到平衡时,溶液中的$[H^+]$和$[Cu^{2+}]$。已知 H_2S 的 $K_a^{\theta}=1.3\times10^{-20}$,$CuS$ 的 $K_{sp}^{\theta}=6.3\times10^{-36}$。

解: 由于 CuS 的 K_{sp}^{θ} 很小,当通入足够 H_2S 后,大致可认为溶液中的 Cu^{2+} 已完全与 H_2S 作用

$$\underset{1}{Cu^{2+}}\ +\ H_2S\ \rightleftharpoons\ CuS\downarrow\ +\ \underset{2}{2H^+}$$

反应中生成的 H^+ 浓度为:

$$c(H^+)=2\times1\ mol\cdot L^{-1}=2\ mol\cdot L^{-1}$$

所以$[H^+]=10\ mol\cdot L^{-1}+2\ mol\cdot L^{-1}=12\ mol\cdot L^{-1}$

$$[S^{2-}] = \frac{K_a^\theta \cdot [H_2S]}{[H^+]^2} = \frac{1.3 \times 10^{-20} \times 0.1}{12^2} = 9.03 \times 10^{-24}$$

$$[Cu^{2+}] = \frac{K_{sp}^\theta}{[S^{2-}]} = \frac{6.3 \times 10^{-36}}{9.03 \times 10^{-24}} = 7.0 \times 10^{-13}$$

6. 采用加入 KBr 溶液的方法,将 AgCl 沉淀转化为 AgBr。试求 Br^- 的浓度必须保持大于 Cl^- 的浓度的多少倍?已知 AgCl 的 $K_{sp}^\theta = 1.8 \times 10^{-10}$,AgBr 的 $K_{sp}^\theta = 5.4 \times 10^{-13}$。

解:$K_{sp}^\theta(AgCl) = [Ag^+] \cdot [Cl^-]$

$K_{sp}^\theta(AgBr) = [Ag^+] \cdot [Br^-]$

$$\frac{[Br^-]}{[Cl^-]} = \frac{[Ag^+] \cdot [Br^-]}{[Ag^+] \cdot [Cl^-]} = \frac{K_{sp}(AgBr)}{K_{sp}(AgCl)}$$

$$= \frac{5.4 \times 10^{-13}}{1.8 \times 10^{-10}} = 3 \times 10^{-3}$$

7. 10 mL 0.1 mol·L^{-1} 的 $MgCl_2$ 和 10 mL 0.01 mol·L^{-1} 的氨水相混合后,是否有 $Mg(OH)_2$ 沉淀生成?

解:混合后,$[Mg^{2+}] = 0.05$ mol·L^{-1},$[NH_3] = 0.005$ mol·L^{-1}。

$$[OH^-] = \sqrt{K_b \cdot [NH_3]} = \sqrt{1.77 \times 10^{-5} \times 0.005}$$
$$= 2.97 \times 10^{-4} \text{ mol} \cdot L^{-1}$$

$$[Mg^{2+}][OH^-]^2 = 0.05 \times (2.97 \times 10^{-4})^2 = 4.4 \times 10^{-9}$$

$Q_i > K_{sp}\{Mg(OH)_2\}$,有 $Mg(OH)_2$ 沉淀生成。

答:有 $Mg(OH)_2$ 沉淀生成。

8. 一溶液中含有 Fe^{3+} 和 Fe^{2+} 离子。它们的浓度都是 0.05 mol·L^{-1},如果要求 $Fe(OH)_3$ 沉淀完全而 Fe^{2+} 离子不生成 $Fe(OH)_2$ 沉淀,需控制 pH 为何值?

解:查表得:$K_{sp}\{Fe(OH)_2\} = 1.64 \times 10^{-14}$,

$K_{sp}\{Fe(OH)_3\} = 1.1 \times 10^{-36}$

当 $[Fe^{3+}] = 1 \times 10^{-5}$ mol·L^{-1},可认为 $Fe(OH)_3$ 沉淀完全。

$$[OH^-] = \sqrt[3]{\frac{K_{sp}\{Fe(OH)_3\}}{[Fe^{3+}]}} = \sqrt[3]{\frac{1.1 \times 10^{-36}}{10^{-5}}}$$
$$= 4.8 \times 10^{-11} \text{ mol} \cdot L^{-1}$$

$$pH = 14 - pOH = 3.68$$

$Fe(OH)_2$ 开始沉淀时,OH^- 浓度为:

$$[OH^-] = \sqrt{\frac{K_{sp}\{Fe(OH)_2\}}{[Fe^{2+}]}} = \sqrt{\frac{1.64 \times 10^{-14}}{0.05}}$$

$$= 5.7 \times 10^{-7} \text{ mol} \cdot L^{-1}$$

$$pH = 14 - pOH = 7.76$$

答:控制 pH 在 3.68~7.76 之间为好。

9. 298 K 时,AgCl 的 $K_{sp} = 1.56 \times 10^{-10}$,如果加 HCl 于 AgCl 饱和溶液中,当 $c_{Ag^+} = 1.25 \times 10^{-8}$ mol·L^{-1} 时,溶液的 pH 必需是多少?

解:溶液中的 Cl^- 来自 AgCl 的溶解和 HCl 的离解,AgCl 溶解产生的 Cl^- 的浓度等于溶液中 Ag^+ 的浓度,而 HCl 离解产生的 Cl^- 的浓度等于 H^+ 浓度。由 $[Ag^+][Cl^-] = K_{sp}$ 可得:

$$(1.25 \times 10^{-8}) \times ([H^+] + 1.25 \times 10^{-8}) = 1.56 \times 10^{-10}$$

$$[H^+] = 1.25 \times 10^{-2} \text{ mol} \cdot L^{-1}$$

$$pH = -\lg 0.0125 = 1.90$$

答:溶液的 pH 必需是 1.90。

10. 在 100 mL 0.2 mol·L^{-1} $MnCl_2$ 溶液中,加入 100 mL 含有 NH_4Cl 的 0.010 mol·L^{-1} 氨水溶液,若欲阻止生成 $Mn(OH)_2$ 沉淀,上述氨水中需含几克 NH_4Cl?

解: $\quad Mn^{2+} + 2NH_3 + 2H_2O(l) \rightleftharpoons Mn(OH)_2(s) + 2NH_4^+$

平衡浓度:$\dfrac{0.20}{2} \quad \dfrac{0.010}{2}$

$$K = \frac{[NH_4^+]^2}{[Mn^{2+}][NH_3]^2} = \frac{[NH_4^+]^2[OH^-]^2}{[Mn^{2+}][OH^-]^2 \cdot [NH_3]^2}$$

$$= \frac{K_b^2(NH_3)}{K_{sp}\{Mn(OH)_2\}}$$

氨水中所含 NH_4Cl 的质量为:

$$m = MV \sqrt{\frac{[Mn^{2+}][NH_3]^2 \cdot K_b^2(NH_3)}{K_{sp}\{Mn(OH)_2\}}}$$

$$= 53.5 \times 0.200 \times \sqrt{\frac{0.10 \times (0.005)^2 \times (1.76 \times 10^{-5})^2}{4 \times 10^{-14}}}$$

$= 1.5$ g

答：上述氨水中至少需含 1.5 g NH_4Cl。

11. 在 10 mL 0.001 5 mol·L^{-1} $MnSO_4$ 溶液中，加入 5 mL 0.15 mol·L^{-1}氨水，是否能生成 $Mn(OH)_2$ 沉淀？如在上述 $MnSO_4$ 溶液中先加 0.495 g 固体$(NH_4)_2SO_4$，然后再加 5 mL 0.15 mol·L^{-1} 氨水，是否还能生成 $Mn(OH)_2$ 沉淀？

解：$Mn^{2+} + 2NH_3 + 2H_2O(l) \rightleftharpoons Mn(OH)_2(s) + 2NH_4^+$

平衡常数为：$K_c = \dfrac{K_b^2(NH_3)}{K_{sp}\{Mn(OH)_2\}} = \dfrac{(1.76 \times 10^{-5})^2}{4 \times 10^{-14}}$

$= 7.74 \times 10^3$

$MnSO_4$ 溶液与氨水混合后，浓度商为：

$$Q_c = \dfrac{c_{NH_4^+}^2}{c_{Mn^{2+}} \cdot c_{NH_3}^2} = \dfrac{K_b(NH_3)}{c_{Mn^{2+}} \cdot c_{NH_3}}$$

$$= \dfrac{1.76 \times 10^{-5}}{\dfrac{0.001\ 5 \times 10}{10+5} \times \dfrac{0.15 \times 5}{10+5}} = 0.352$$

由于 $Q_c < K_c$，反应正向进行，所以有 $Mn(OH)_2$ 沉淀生成。

加入 0.495 g $(NH_4)_2SO_4$ 后，浓度商为：

$$Q_c = \dfrac{\left(\dfrac{2 \times 0.495}{132} \times \dfrac{1\ 000}{15}\right)^2}{\dfrac{0.001\ 5 \times 10}{10+5} \times \left(\dfrac{0.15 \times 5}{10+5}\right)^2} = 1.0 \times 10^5$$

由于 $Q_c > K_c$，反应不能正向进行，没有 $Mn(OH)_2$ 沉淀生成。

答：未加 $(NH_4)_2SO_4$ 时有 $Mn(OH)_2$ 沉淀生成，加入 $(NH_4)_2SO_4$ 后，则没有 $Mn(OH)_2$ 沉淀生成。

12. 在 0.1 mol·L^{-1} $FeCl_2$ 中通 H_2S，欲使 Fe^{2+} 不生成 FeS 沉淀，溶液的 pH 最多应为多少？

解：$K_{sp}(FeS) = 3.7 \times 10^{-19}$，$K_{a1} \cdot K_{a2}(H_2S) = 6.8 \times 10^{-23}$，

$[H_2S] \approx 0.1$ mol·L^{-1}。

$Fe^{2+} + H_2S \rightleftharpoons FeS + 2H^+$

$$\dfrac{[H^+]^2}{[Fe^{2+}][H_2S]} = \dfrac{K_{a1} \cdot K_{a2}}{K_{sp}}$$

溶液的 H^+ 浓度为：

$$[H^+]=\sqrt{\frac{K_{a1} \cdot K_{a2}[H_2S][Fe^{2+}]}{K_{sp}}}$$

$$=\sqrt{\frac{6.8\times10^{-23}\times0.1\times0.10}{3.7\times10^{-19}}}$$

$$=1.4\times10^{-3} \text{ mol} \cdot L^{-1}$$

$$pH=2.87$$

答：欲使 Fe^{2+} 不生成 FeS，溶液的 pH 应小于 2.87。

13. 某溶液中含有 $0.10 \text{ mol} \cdot L^{-1}$ $FeCl_2$ 和 $0.10 \text{ mol} \cdot L^{-1}$ $CuCl_2$，通 H_2S 于该溶液中是否会生成 FeS 沉淀？

解：查表得 $K_{sp}(FeS)=3.7\times10^{-19}$，$K_{sp}(CuS)=8.5\times10^{-45}$。

由于 CuS 溶度积很小，通入 H_2S 后，首先生成 CuS 沉淀。

$$Cu^{2+}+H_2S \rightleftharpoons CuS+2H^+$$

当 CuS 沉淀完全时，溶液的 $[H^+]\approx 0.20 \text{ mol} \cdot L^{-1}$，此时溶液中 S^{2-} 浓度为：

$$[S^{2-}]=\frac{K_{a1} \cdot K_{a2}[H_2S]}{[H^+]^2}=\frac{6.8\times10^{-24}}{(0.2)^2}=1.7\times10^{-22} \text{ mol} \cdot L^{-1}$$

$$Q_i=c_{Fe^{2+}} \cdot c_{S^{2-}}=0.10\times1.7\times10^{-22}=1.7\times10^{-23}$$

由于 $Q_i<K_{sp}$，FeS 不能沉淀出来。

答：如不改变溶液的酸碱度，不能有 FeS 沉淀。

14. 现有 100 mL 溶液，其中含有 0.001 mol 的 NaCl 和 0.001 mol 的 K_2CrO_4，逐滴加入 $AgNO_3$ 时，何者先产生沉淀？

解：查表得 $K_{sp}(Ag_2CrO_4)=9.0\times10^{-12}$，$K_{sp}(AgCl)=1.56\times10^{-10}$。

溶液中 Cl^- 和 CrO_4^{2-} 的浓度分别为：

$$[Cl^-]=\frac{0.001\times1\,000}{100}=0.01 \text{ mol} \cdot L^{-1}$$

$$[CrO_4^{2-}]=\frac{0.001\times1\,000}{100}=0.01 \text{ mol} \cdot L^{-1}$$

生成 AgCl 沉淀和 Ag_2CrO_4 沉淀所需的 Ag^+ 浓度分别为：

$$[Ag^+]_{(AgCl)}=\frac{K_{sp}(AgCl)}{[Cl^-]}$$

$$= \frac{1.56 \times 10^{-10}}{0.01}$$

$$= 1.56 \times 10^{-8} \text{ mol} \cdot \text{L}^{-1}$$

$$[\text{Ag}^+]_{(\text{Ag}_2\text{CrO}_4)} = \sqrt{\frac{K_{sp}(\text{Ag}_2\text{CrO}_4)}{[\text{CrO}_4^{2-}]}}$$

$$= \sqrt{\frac{9.0 \times 10^{-12}}{0.01}}$$

$$= 3 \times 10^{-5} \text{ mol} \cdot \text{L}^{-1}$$

由于生成 AgCl 沉淀所需浓度较低,因此逐滴加入 $AgNO_3$ 时先生成 AgCl 沉淀。

答:加入 $AgNO_3$,首先满足生成 AgCl 所需[Ag^+],所以先生成 AgCl 沉淀。

四、练习题

1. 下列难溶电解质的溶度积都相同,其溶解度最大的是( )。
   A. MX　　　　B. M_3Y　　　　C. M_2Z　　　　D. MA_2

2. AgCl 在水,0.01 mol·L^{-1} $CaCl_2$ 溶液,0.01 mol·L^{-1} NaCl 溶液和 0.05 mol·L^{-1} $AgNO_3$ 溶液中的溶解度分别为 s_0、s_1、s_2、s_3,则溶解度的相对大小为( )。
   A. $s_0 > s_1 > s_2 > s_3$　　　　B. $s_0 > s_2 > s_1 > s_3$
   C. $s_0 > s_1 = s_2 > s_3$　　　　D. $s_0 > s_2 > s_3 > s_1$

3. 难溶电解质 M_2X 的溶解度 s 与溶度积 K_{sp} 之间的定量关系式为( )。
   A. $s = K_{sp}$　　　　B. $s = \sqrt[3]{K_{sp}/2}$
   C. $s = \sqrt{K_{sp}}$　　　　D. $s = \sqrt[3]{K_{sp}/4}$

4. Fe_2S_3 的溶度积 K_{sp} 与溶解度 s 之间的关系式为( )。
   A. $K_{sp} = s^2$　　B. $K_{sp} = 5s^5$　　C. $K_{sp} = 81s^3$　　D. $K_{sp} = 108s^5$

5. 18 ℃时,AgCl 的溶解度为 0.002 4 g·L^{-1},该条件下,AgCl 的溶度积为( )。

A. $2.25×10^{-4}$ B. $2.8×10^{-10}$
C. 0.015 D. $4.5×10^{-5}$

6. 如果 $HgCl_2$ 的 K_{sp} 为 $4×10^{-15}$，则 $HgCl_2$ 的饱和溶液中 Cl^- 浓度是（　　）。
   A. $8×10^{-15}$ mol·L^{-1} B. $2×10^{-15}$ mol·L^{-1}
   C. $1×10^5$ mol·L^{-1} D. $2×10^{-5}$ mol·L^{-1}

7. 已知 $K_{sp}\{Mg(OH)_2\}=1.2×10^{-11}$，$K_b(NH_3)=1.77×10^{-5}$。将 10 mL 0.1 mol·L^{-1} $MgCl_2$ 和 10 mL 0.01 mol·L^{-1} 氨水相混合后，下列关系式中正确的是（　　）。
   A. $Q_i<K_{sp}$ B. $Q_i=K_{sp}$ C. $Q_i>K_{sp}$ D. $Q_i≤K_{sp}$

8. 铬酸银的溶度积是 $1×10^{-12}$，在 $[CrO_4^{2-}]$ 为 10^{-4} mol·L^{-1} 的溶液中，$[Ag^+]$ 最大应为（　　）。
   A. $0.5×10^{-8}$ mol·L^{-1} B. $1×10^{-8}$ mol·L^{-1}
   C. $0.5×10^{-4}$ mol·L^{-1} D. $1×10^{-4}$ mol·L^{-1}

9. 向 5 mL 1 mol·L^{-1} Hg^{2+} 离子溶液中，加入大量 KI，无沉淀产生，是由于（　　）。
   A. $[Hg^{2+}][I^-]<K_{sp}(HgI_2)$ B. 沉淀剂过量生成配离子
   C. KI 量少   D. $[Hg^{2+}]$ 浓度小

10. 往银盐溶液中添加 HCl 使之生成 $AgCl(K_{sp}=1.56×10^{-10})$ 沉淀，直至溶液中 Cl^- 的浓度为 0.20 mol·L^{-1} 为止。此时 Ag^+ 的浓度为（　　）。
    A. $\sqrt{1.56×10^{-5}}$ mol·L^{-1} B. $\sqrt{7.8×10^{-10}}$ mol·L^{-1}
    C. $1.56×10^{-10}$ mol·L^{-1} D. $7.8×10^{-10}$ mol·L^{-1}

11. 0.0001 mol·L^{-1} CO_3^{2-} 溶液与等体积的 0.0001 mol·L^{-1} 第二主族某金属离子溶液混合，生成的沉淀可能是（　　）。
    A. $MgCO_3$ （$K_{sp}=1.1×10^{-5}$）
    B. $CaCO_3$ （$K_{sp}=5.0×10^{-9}$）
    C. $SrCO_3$ （$K_{sp}=1.1×10^{-10}$）
    D. $BaCO_3$ （$K_{sp}=5.5×10^{-10}$）

12. 已知 $PbCl_2$ 的 K_{sp} 为 $1.7×10^{-5}$,将 Cl^- 离子慢慢加入 $0.2\ mol·L^{-1}Pb^{2+}$ 离子溶液中,当 Cl^- 离子为 $2.0×10^{-2}\ mol·L^{-1}$ 时,残留的 Pb^{2+} 离子的百分数是(　　)。

   A. 0.21%　　B. 2.1%　　C. 20%　　D. 21%

13. 在 HAc 溶液中,加入少量的 NaAc 后,其电离度(　　)。

   A. 增大　　B. 减少　　C. 不变　　D. 不确定

14. CaF_2 在 $0.1\ mol·L^{-1}$ 的 KNO_3 溶液中的溶解度(　　)。

   A. 比在水中的大　　　　B. 比在水中的小
   C. 与水中的相同　　　　D. 以上答案都不对

15. CaF_2 在 $0.1\ mol·L^{-1}$ 的 NaF 溶液中的溶解度(　　)。

   A. 比在水中的大　　　　B. 比在水中的小
   C. 与水中的相同　　　　D. 不确定

16. FeS 能溶于稀 HCl 溶液,这是因为(　　)。

   A. Fe^{2+} 的氧化性
   B. S^{2-} 的还原性
   C. HCl 与 FeS 反应,有 H_2S 生成
   D. Cl^- 的还原性

17. 欲使 $0.1\ mol·L^{-1}FeCl_3$ 溶液产生 $Fe(OH)_3$($K_{sp}=1.1×10^{-36}$)沉淀,溶液的 pH 值应是(　　)。

   A. >8　　B. >10　　C. >2.4　　D. >5.3

18. 难溶硫化物如 FeS、CuS、ZnS 等中,有的溶于盐酸溶液,有的不溶于盐酸溶液,主要是因为它们的(　　)。

   A. 酸碱性不同　　　　B. 溶解速率不同
   C. K_{sp} 不同　　　　D. 晶体结构不同

19. 已知 $K_{sp}(ZnS)=1.2×10^{-23}$,$K_{a1}(H_2S)=5.7×10^{-8}$,$K_{a2}=1.2×10^{-15}$。欲使 0.1 mol 的 ZnS 溶解于 1 L 盐酸中,则盐酸的最低浓度必须为(　　)。

   A. $2.4\ mol·L^{-1}$　　　　B. $4.2\ mol·L^{-1}$
   C. $6.0\ mol·L^{-1}$　　　　D. $0.44\ mol·L^{-1}$

20. 已知 Ag_2CrO_4 的 $K_{sp}=2\times10^{-12}$, $AgCl$ 的 $K_{sp}=1.6\times10^{-10}$, 向一含有 CrO_4^{2-} 和 Cl^- 各 $0.1\ mol\cdot L^{-1}$ 的溶液中加入 Ag^+, 则( )。

   A. Ag_2CrO_4 先沉淀完全

   B. $AgCl$ 先沉淀完全

   C. Ag_2CrO_4 沉淀部分后, $AgCl$ 也开始沉淀

   D. $AgCl$ 沉淀部分后, Ag_2CrO_4 开始沉淀

21. 下列叙述中正确的是( )。

   A. 混合离子中, 溶度积小的一定先沉淀

   B. 某离子沉淀完全是指其完全变成了沉淀

   C. 凡溶度积大的沉淀一定会转化为溶度积小的沉淀

   D. 当溶液中有关物质的离子积小于其溶度积时, 该物质就会溶解

22. $CaCO_3$ 和 PbI_2 的 K_{sp} 非常接近, 皆为约 10^{-8}, 则下列叙述中正确的是( )。

   A. 二者的饱和溶液中 $[Ca^{2+}]\approx[Pb^{2+}]$

   B. 溶液中含 Pb^{2+} 和 Ca^{2+} 的浓度相同时, 逐滴加入浓度均为 $0.1\ mol\cdot L^{-1}$ 的 Na_2CO_3 和 NaI 的混合溶液, 先沉淀的是 Ca^{2+}

   C. 二者的饱和溶液中的 $[Ca^{2+}]=[Pb^{2+}]/2$

   D. 二者在盐酸中的溶解度近似相等

23. 欲使 $0.01\ mol\ ZnS$ 溶于 $1\ L$ 盐酸溶液中, 问所需盐酸的最低浓度为多少 [已知: $K_{sp}(ZnS)=1.2\times10^{-23}$, $K_{a1}(H_2S)\cdot K_{a2}(H_2S)=7.5\times10^{-23}$]?

24. 在 $10\ mL\ 0.1\ mol\cdot L^{-1}\ MgCl_2$ 溶液中加入 $10\ mL\ 0.1\ mol\cdot L^{-1}\ NH_3$ 溶液, 如果不希望生成任何沉淀, 需加入 $(NH_4)_2SO_4$ 固体的量为多少克 [已知 $K_b(NH_3)=1.8\times10^{-5}$, $K_{sp}\{Mg(OH)_2\}=1.2\times10^{-11}$, $(NH_4)_2SO_4$ 的相对分子质量为 132]?

五、练习题参考答案

| 1. B | 2. B | 3. D | 4. D | 5. B | 6. D |
| 7. C | 8. D | 9. B | 10. D | 11. C、D | 12. D |

13. B   14. A   15. B   16. C   17. C   18. C
19. D   20. D   21. D   22. B
23. HCl 的最低浓度为 $0.045 \text{ mol} \cdot \text{L}^{-1}$。
24. 0.076 6 g

第九章 氧化还原反应

一、教学要求

1. 了解氧化、还原、氧化数等概念;熟练掌握氧化还原反应方程式的配平。
2. 理解电极电势的概念;运用电极电势判断原电池的正负极、计算原电池的电动势、判断氧化剂和还原剂的相对强弱、判断氧化还原反应进行的方向。
3. 运用标准电极电势计算氧化还原反应的平衡常数;运用能斯特公式计算非标准状态时的电极电势和电池电动势。
4. 了解元素电势图和水的 pH－电势图。

二、重点与难点

重点:运用标准电极电势判断氧化剂和还原剂的强弱,氧化还原反应进行的方向,计算氧化还原反应的平衡常数;通过能斯特方程式的计算来讨论离子浓度变化对电极电势和氧化还原反应方向的影响。

难点:电池符号的书写;氧化还原反应平衡常数的计算;通过计算判断非标准状态时氧化还原反应的方向。

三、精选例题解析

1. 浓度不大时,对于半电池反应 $M^{n+} + ne^- \rightleftharpoons M(s)$ 的电极电势,

下列说法错误的是(　　)。

  A. φ 随 $[M^{n+}]$ 增大而增大　　B. φ 受温度的影响较小

  C. φ 的数值与 n 无关　　D. φ 与 M 的多少无关

答：首先要注意到试题中是要找哪一种说法是错的，然后考虑到浓度不大，活度与浓度可认为是相同的。再考虑到固态物质按习惯是把浓度看成为固定的。因而 φ 与 M 的量多少无关。最后注意到本题中心是考能斯特方程，便能得出合理的答案。正确答案为 C。

2. 在反应 $P_4+3KOH+3H_2O \Longrightarrow 3KH_2PO_2+PH_3$ 中，正确的论点是(　　)。

  A. 磷仅被还原　　B. 磷仅被氧化

  C. 磷既未被还原也未被氧化　　D. 磷既被还原，又被氧化

答：首先判断各化合物中磷的氧化数是多少，然后根据氧化还原反应的定义，便可判断了。正确答案为 D。

3. 已知 $Mn+2H^+ \Longrightarrow Mn^{2+}+H_2$

$$\Delta_r G_m^\theta = -228 \text{ kJ} \cdot \text{mol}^{-1}$$

试计算电对 Mn^{2+}/Mn 的 φ^θ 值。

解：$\Delta_r G_m^\theta = -nFE^\theta$

$$E^\theta = \frac{-228 \times 10^3}{-2 \times 96\ 485}\text{V} = 1.18\text{ V}$$

4. 已知 $\varphi^\theta(Ag^+/Ag)=0.799$ V, $\varphi^\theta(AgBr/Ag)=0.071$ V。求算 AgBr 在 298 K 时的溶度积常数 K_{sp}。

解法 1：$(-)AgBr+e^- \Longrightarrow Ag+Br^-$　　$\varphi^\theta=0.071$ V

   $(+)Ag^++e^- \Longrightarrow Ag$　　$\varphi^\theta=0.799$ V

$$\lg K = \frac{nE^\theta}{0.059\ 2} = \frac{0.799-0.071}{0.059\ 2} = 12.3$$

$$K = 2.0 \times 10^{12}$$

$$K_{sp} = \frac{1}{K} = 5.0 \times 10^{-13}$$

解法 2：平衡体系中，应有 $\varphi^\theta(AgBr/Ag)=\varphi(Ag^+/Ag)$

$$\varphi(Ag^+/Ag)=\varphi^\theta(Ag^+/Ag)+0.059\ 2\lg[Ag^+]$$

$$= 0.799 + 0.059\ 2\lg \frac{K_{sp}}{[Br^-]}$$

因为 $\varphi^{\theta}(AgBr/Ag) = \varphi(Ag^+/Ag)$，$[Br^-] = 1\ mol \cdot L^{-1}$，则

$$\varphi^{\theta}(AgBr/Ag) = 0.799 + 0.059\ 2\lg K_{sp}$$
$$K_{sp} = 5.0 \times 10^{-13}$$

5. 试从标准电极电势来估计下列水溶液中各反应的产物，并加以配平。

(1) $Fe + Cl_2 \longrightarrow$

(2) $Fe + I_2 \longrightarrow$

(3) $FeCl_3 + Cu \longrightarrow$

(4) $Fe + HCl \longrightarrow$

答：(1) 查表得：$\varphi^{\theta}(Fe^{3+}/Fe) = -0.036\ V$，$\varphi^{\theta}(Cl_2/Cl^-) = 1.358\ V$，由于 $\varphi^{\theta}(Fe^{3+}/Fe) < \varphi^{\theta}(Cl_2/Cl^-)$，故 Cl_2 能把 Fe 氧化成 Fe^{3+}。反应方程式为：

$$2Fe + 3Cl_2 =\!=\!= 2FeCl_3$$

(2) 查表得：$\varphi^{\theta}(Fe^{2+}/Fe) = -0.440\ 2\ V$，$\varphi^{\theta}(I_2/I^-) = 0.535\ V$，由于 $\varphi^{\theta}(Fe^{2+}/Fe) < \varphi^{\theta}(I_2/I^-)$，故 I_2 能把 Fe 氧化成 Fe^{2+}。反应方程式为：

$$Fe + I_2 =\!=\!= FeI_2$$

(3) 查表得：$\varphi^{\theta}(Cu^{2+}/Cu) = 0.337\ V$，$\varphi^{\theta}(Fe^{3+}/Fe^{2+}) = 0.77\ V$，由于 $\varphi^{\theta}(Cu^{2+}/Cu) < \varphi^{\theta}(Fe^{3+}/Fe^{2+})$，故 Fe^{3+} 能把 Cu 氧化成 Cu^{2+}。反应方程式为：

$$2FeCl_3 + Cu =\!=\!= 2FeCl_2 + CuCl_2$$

(4) 查表得：$\varphi^{\theta}(Fe^{2+}/Fe) = -0.440\ 2\ V$，$\varphi^{\theta}(H^+/H_2) = 0$，由于 $\varphi^{\theta}(Fe^{2+}/Fe) < \varphi^{\theta}(H^+/H_2)$，故 H^+ 能把 Fe 氧化成 Fe^{2+}。反应方程式为：

$$Fe + 2HCl =\!=\!= FeCl_2 + H_2$$

6. 能否配制含有等浓度（$mol \cdot L^{-1}$）的下列各对离子的酸性水溶液？为什么？

(1) Sn^{2+} 和 Hg^{2+}

(2) SO_3^{2-} 和 MnO_4^-

(3) Sn^{2+} 和 Fe^{2+}

答：(1) 查表得：$\varphi^\theta(Sn^{4+}/Sn^{2+}) = 0.154 \text{ V}, \varphi^\theta(Hg^{2+}/Hg) = 0.851 \text{ V}$。由于 $\varphi^\theta(Hg^{2+}/Hg) > \varphi^\theta(Sn^{4+}/Sn^{2+})$，故 Sn^{2+} 与 Hg^{2+} 能发生反应：

$$Sn^{2+} + Hg^{2+} \Longrightarrow Sn^{4+} + Hg$$

Sn^{2+} 和 Hg^{2+} 在酸性溶液中不能共存，故不能配制。

(2) 查表得：$\varphi^\theta(SO_4^{2-}/SO_3^{2-}) = 0.172 \text{ V}, \varphi^\theta(MnO_4^-/Mn^{2+}) = 1.49 \text{ V}$。由于 $\varphi^\theta(MnO_4^-/Mn^{2+}) > \varphi^\theta(SO_4^{2-}/SO_3^{2-})$，$MnO_4^-$ 在酸性溶液中与 SO_3^{2-} 发生反应：

$$5H_2SO_3 + 2MnO_4^- \Longrightarrow 2Mn^{2+} + 5SO_4^{2-} + 3H_2O + 4H^+$$

SO_3^{2-} 和 MnO_4^- 在酸性溶液中不能共存，所以不能配制。

(3) 查表得：$\varphi^\theta(Fe^{2+}/Fe) = -0.4402 \text{ V}, \varphi^\theta(Sn^{4+}/Sn^{2+}) = 0.154 \text{ V}, \varphi^\theta(Fe^{3+}/Fe^{2+}) = 0.77 \text{ V}, \varphi^\theta(Sn^{2+}/Sn) = -0.136 \text{ V}$。由于 $\varphi^\theta(Fe^{2+}/Fe) < \varphi^\theta(Sn^{4+}/Sn^{2+})$，故 Fe^{2+} 不能把 Sn^{2+} 氧化成 Sn^{4+}。又 $\varphi^\theta(Sn^{2+}/Sn) < \varphi^\theta(Fe^{3+}/Fe^{2+})$，因此 Sn^{2+} 也不能把 Fe^{2+} 氧化成 Fe^{3+}。Sn^{2+} 和 Fe^{2+} 可以共存，故能够配制等浓度的酸性水溶液。

7. 若下列反应在原电池中进行，试写出电池符号和电池电动势的表达式：

$$Fe + Cu^{2+} \Longrightarrow Fe^{2+} + Cu$$
$$Cu^{2+} + Ni \Longrightarrow Cu + Ni^{2+}$$

解：(1) 电池符号为：

$(-)Fe \mid Fe^{2+}(1 \text{ mol} \cdot L^{-1}) \parallel Cu^{2+}(1 \text{ mol} \cdot L^{-1}) \mid Cu(+)$

电池电动势的表达式为：

$$E^\theta = \varphi^\theta(Cu^{2+}/Cu) - \varphi^\theta(Fe^{2+}/Fe)$$

(2) 电池符号为：

$(-)Ni \mid Ni^{2+}(1 \text{ mol} \cdot L^{-1}) \parallel Cu^{2+}(1 \text{ mol} \cdot L^{-1}) \mid Cu(+)$

电池电动势的表达式为：

$$E^\theta = \varphi^\theta(Cu^{2+}/Cu) - \varphi^\theta(Ni^{2+}/Ni)$$

8. 根据酸性溶液中的标准电极电势说明下列物质相遇，哪些能起氧化还原反应，写出配平的反应方程式（不考虑反应产物的进一步作用)。

(1) Cl_2、Br_2、I_2、Cl^-、Br^-、I^-

(2) Sn^{2+}、Hg^{2+}、Fe^{2+}、Zn^{2+}

(3) Zn、Cu、Fe、Zn^{2+}、Ag^+、Ni^{2+}

解:(1)查表得:$\varphi^\theta(Cl_2/Cl^-)=1.3585$ V,$\varphi^\theta(Br_2/Br^-)=1.065$ V,$\varphi^\theta(I_2/I^-)=0.535$ V。由于 $\varphi^\theta(Cl_2/Cl^-)>\varphi^\theta(Br_2/Br^-)>\varphi^\theta(I_2/I^-)$,故 Cl_2 能把 Br^- 和 I^- 氧化,而 Br_2 能把 I^- 氧化成 I_2。反应方程式为:

$$Cl_2 + 2Br^- = 2Cl^- + Br_2$$
$$Cl_2 + 2I^- = 2Cl^- + I_2$$
$$Br_2 + 2I^- = I_2 + 2Br^-$$

(2)查表得:$\varphi^\theta(Sn^{4+}/Sn^{2+})=0.15$ V,$\varphi^\theta(Sn^{2+}/Sn)=-0.1364$ V,$\varphi^\theta(Hg^{2+}/Hg)=0.851$ V,$\varphi^\theta(Hg^{2+}/Hg_2^{2+})=0.905$ V,$\varphi^\theta(Fe^{3+}/Fe^{2+})=0.770$ V,$\varphi^\theta(Fe^{2+}/Fe)=-0.4402$ V,$\varphi^\theta(Zn^{2+}/Zn)=-0.7628$ V。$E^\theta>0$ 的反应能发生。

由于 $\varphi^\theta(Hg^{2+}/Hg_2^{2+})>\varphi^\theta(Hg^{2+}/Hg)>\varphi^\theta(Fe^{3+}/Fe^{2+})>\varphi^\theta(Sn^{4+}/Sn^{2+})$,故 Hg^{2+} 能把 Fe^{2+} 和 Sn^{2+} 氧化为 Fe^{3+} 和 Sn^{4+},而本身被还原为 Hg_2^{2+} 或 Hg。反应方程式为:

$$Sn^{2+} + Hg^{2+} = Hg + Sn^{4+}$$
$$Sn^{2+} + 2Hg^{2+} = Hg_2^{2+} + Sn^{4+}$$
$$Hg^{2+} + 2Fe^{2+} = Hg + 2Fe^{3+}$$
$$2Hg^{2+} + 2Fe^{2+} = Hg_2^{2+} + 2Fe^{3+}$$

(3)查表得:

$\varphi^\theta(Zn^{2+}/Zn)=-0.763$ V,$\varphi^\theta(Cu^+/Cu)=0.522$ V,$\varphi^\theta(Cu^{2+}/Cu)=0.3402$ V,$\varphi^\theta(Ag^+/Ag)=0.7996$ V,$\varphi^\theta(Fe^{2+}/Fe)=-0.4402$ V,$\varphi^\theta(Fe^{3+}/Fe)=-0.036$ V,$\varphi^\theta(Ni^{2+}/Ni)=-0.23$ V。若 $E^\theta>0$,反应就可进行。可发生以下反应:

$$Zn + 2Ag^+ = Zn^{2+} + 2Ag$$
$$Zn + Ni^{2+} = Zn^{2+} + Ni$$
$$Cu + 2Ag^+ = Cu^{2+} + 2Ag$$
$$Cu + Ag^+ = Cu^+ + Ag$$

$$2Ag^+ + Fe \rightleftharpoons 2Ag + Fe^{2+}$$
$$3Ag^+ + Fe \rightleftharpoons 3Ag + Fe^{3+}$$
$$Fe + Ni^{2+} \rightleftharpoons Fe^{2+} + Ni$$

9. 标准状态下,Cl_2、NO_2^-、Fe^{2+}、Sn^{2+} 哪个能被 pH=0 的 1 mol·L^{-1} 的重铬酸钾或 $KMnO_4$ 氧化?电池电动势是多少?已知标准电极电势如下:

	φ^θ
$Cr_2O_7^{2-} + 14H^+ + 6e^- \rightleftharpoons 2Cr^{3+} + 7H_2O$	1.33 V
$MnO_4^- + 8H^+ + 5e^- \rightleftharpoons Mn^{2+} + 4H_2O$	1.491 V
$Cl_2 + 2e^- \rightleftharpoons 2Cl^-$	1.358 3 V
$2ClO_3^- + 12H^+ + 10e^- \rightleftharpoons Cl_2 + 6H_2O$	1.47 V
$NO_3^- + 3H^+ + 2e^- \rightleftharpoons HNO_2 + H_2O$	0.94 V
$Sn^{2+} + 2e^- \rightleftharpoons Sn$	−0.136 4 V
$Sn^{4+} + 2e^- \rightleftharpoons Sn^{2+}$	0.15 V
$Fe^{2+} + 2e^- \rightleftharpoons Fe$	−0.440 2 V
$Fe^{3+} + e^- \rightleftharpoons Fe^{2+}$	0.770 V

解:能被 $K_2Cr_2O_7$ 氧化的有 NO_2^-、Fe^{2+}、Sn^{2+}。电动势分别为:
$$E^\theta = 1.33 - 0.94 = 0.39 \text{ V}$$
$$E^\theta = 1.33 - 0.77 = 0.56 \text{ V}$$
$$E^\theta = 1.33 - 0.15 = 1.18 \text{ V}$$

Cl_2、NO_2^-、Fe^{2+}、Sn^{2+} 均能被 $KMnO_4$ 氧化。电动势分别为:
$$E^\theta = 1.491 - 1.47 = 0.021 \text{ V}$$
$$E^\theta = 1.491 - 0.94 = 0.551 \text{ V}$$
$$E^\theta = 1.491 - 0.77 = 0.721 \text{ V}$$
$$E^\theta = 1.491 - 0.15 = 1.341 \text{ V}$$

10. 根据电极电势解释下列现象:

(1)金属铁能置换铜离子,而三氯化铁溶液又能溶解铜板。

(2)二氯化锡溶液贮存易失去还原性。

(3)硫酸亚铁溶液存放会变黄。

答:(1)$\varphi^\theta(Fe^{2+}/Fe) = -0.440\ 2$ V,$\varphi^\theta(Cu^{2+}/Cu) = 0.337$ V,$\varphi^\theta(Fe^{3+}/$

Fe^{2+})=0.77 V。由于 $\varphi^{\theta}(Cu^{2+}/Cu) > \varphi^{\theta}(Fe^{2+}/Fe)$,故 Cu^{2+} 能把 Fe 氧化为 Fe^{2+},而本身被还原为 Cu,因此 Fe 能置换出 Cu^{2+}。而 $\varphi^{\theta}(Fe^{3+}/Fe^{2+}) > \varphi^{\theta}(Cu^{2+}/Cu)$,所以 Fe^{3+} 又能把 Cu 氧化为 Cu^{2+},故 $FeCl_3$ 溶液又能溶解铜板。

(2)$\varphi^{\theta}(O_2/H_2O) = 1.30$ V,$\varphi^{\theta}(Sn^{4+}/Sn^{2+}) = 0.15$ V。由于 $\varphi^{\theta}(O_2/H_2O) > \varphi^{\theta}(Sn^{4+}/Sn^{2+})$,故空气中的 O_2 能把 Sn^{2+} 氧化为 Sn^{4+},使 $SnCl_2$ 溶液失去还原性。

(3)$\varphi^{\theta}(O_2/H_2O) = 1.30$ V,$\varphi^{\theta}(Fe^{3+}/Fe^{2+}) = 0.077$ V。由于 $\varphi^{\theta}(O_2/H_2O) > \varphi^{\theta}(Fe^{3+}/Fe^{2+})$,故空气中的氧气能把 Fe^{2+} 氧化为 Fe^{3+},生成的 Fe^{3+} 使溶液呈现黄色。

11. 已知: $\qquad\qquad\qquad\qquad\qquad \varphi^{\theta}$

$$Ag^+ + e^- \rightleftharpoons Ag \qquad\qquad 0.799\ 6\ V$$
$$AgBr + e^- \rightleftharpoons Ag + Br^- \qquad 0.071\ 3\ V$$
$$AgI + e^- \rightleftharpoons Ag + I^- \qquad -0.151\ 8\ V$$

求 AgBr、AgI 在 298 K 时的溶度积常数 K_{sp}。

解:将 Ag^+ 生成 AgBr(s) 的反应式两边各加上 1 个金属银,得下式:

$$Ag + Ag^+ + Br^- \rightleftharpoons AgBr(s) + Ag$$

上式可分解为两个电对:

$$(-)\ AgBr(s) + e^- \rightleftharpoons Ag + Br^- \qquad \varphi^{\theta}_- = 0.071\ 3\ V$$
$$(+)\ Ag^+ + e^- \rightleftharpoons Ag \qquad \varphi^{\theta}_+ = 0.799\ 6\ V$$

反应的平衡常数为:

$$\lg K = \frac{0.799\ 6 - 0.071\ 3}{0.059\ 2} = 12.30$$

$$K = 2.0 \times 10^{12}$$

AgBr 的溶度积常数为:

$$K_{sp}(AgBr) = \frac{1}{K} = \frac{1}{2.0 \times 10^{12}} = 5.00 \times 10^{-13}$$

同理,可求出 AgI 的溶度积:

$$\lg K = \frac{0.799\ 6 - (-0.151\ 8)}{0.059\ 2} = 16.071$$

$$K = 1.177 \times 10^{16}$$
$$K_{sp}(AgI) = \frac{1}{K} = 8.49 \times 10^{-17}$$

12. 已知:$Fe^{3+} + e^- \rightleftharpoons Fe^{2+}$ $\varphi_A^\theta = 0.77$ V
$Fe(OH)_3$ 的 $K_{sp} = 2.8 \times 10^{-39}$, $Fe(OH)_2$ 的 $K_{sp} = 4.9 \times 10^{-17}$。
求半反应 $Fe(OH)_3 + e^- \rightleftharpoons Fe(OH)_2 + OH^-$ 的 φ_B^θ。

解:$Fe^{3+} + e^- \rightleftharpoons Fe^{2+}$ $\varphi_A^\theta = 0.77$ V
$Fe(OH)_3 + e^- \rightleftharpoons Fe(OH)_2 + OH^-$ φ_B^θ

由上述两个半反应相减可得:
$$Fe(OH)_3 + Fe^{2+} \rightleftharpoons Fe^{3+} + Fe(OH)_2 + OH^-$$

$$\varphi_B^\theta - \varphi_A^\theta = \frac{0.0592}{n} \lg \frac{K_{sp}\{Fe(OH)_3\}}{K_{sp}\{Fe(OH)_2\}}$$

$$\varphi_B^\theta = 0.77 + 0.0592 \lg \frac{2.8 \times 10^{-39}}{4.9 \times 10^{-17}}$$

$$\varphi_B^\theta = -0.54 \text{ V}$$

13. 已知 Cu^{2+}/Cu^+ 的 $\varphi^\theta = 0.15$ V, I_2/I^- 的 $\varphi^\theta = 0.54$ V, CuI 的 $K_{sp} = 1.3 \times 10^{-12}$。求:

(1)氧化还原反应 $Cu^{2+} + 2I^- \rightleftharpoons CuI + \frac{1}{2}I_2$ 在 298K 时的平衡常数;

(2)若溶液 Cu^{2+} 的起始浓度为 0.10 mol·L^{-1}, I^- 的起始浓度为 1.0 mol·L^{-1}, 计算达到平衡时留在溶液中的 Cu^{2+} 的浓度。

解:(1) $\varphi_{Cu^{2+}/CuI}^\theta = \varphi_{Cu^{2+}/Cu^+}^\theta + 0.0592 \lg \frac{1}{K_{sp}}$

$$= 0.15 + 0.0592 \lg \frac{1}{1.3 \times 10^{-12}}$$

$$= 0.85$$

$$E^\theta = \varphi_{Cu^{2+}/CuI}^\theta - \varphi_{I_2/I^-}^\theta = 0.85 - 0.54 = 0.31 \text{ V}$$

$$K^\theta = \exp\left(\frac{zE^\theta F}{RT}\right) = 1.8 \times 10^5$$

(2)由于 I^- 的浓度超过 Cu^{2+} 的浓度,故 Cu^{2+} 近似反应完全,则反应平衡时,I^- 的浓度为 0.8 mol·L^{-1}, 设 Cu^{2+} 的平衡浓度为 x mol·L^{-1}, 则

$$K=\frac{1}{(0.8)^2 \cdot x}=1.8\times10^5$$

$$x=8.7\times10^{-6} \text{ mol} \cdot \text{L}^{-1}$$

14. 求下列电极在 298 K 时的电极电势：

(1)金属锌放在 0.5 mol·L^{-1} Zn^{2+} 溶液中；

(2)非金属 I_2 在 0.1 mol·L^{-1}KI 中；

(3)0.1 mol·$L^{-1}$$Fe^{3+}$ 和 0.01 mol·$L^{-1}$$Fe^{2+}$；

(4)101.3 kPa 氢气通入 1 mol·L^{-1} 的氢氧化钠溶液中。

解：(1) $Zn^{2+}+2e^- \rightleftharpoons Zn$ $\varphi^\theta(Zn^{2+}/Zn)=-0.763$ V

$$\varphi=\varphi^\theta+\frac{0.0592}{2}\lg[Zn^{2+}]$$

$$=-0.763+\frac{0.0592}{2}\lg 0.5$$

$$=-0.772 \text{ V}$$

(2) $I_2+2e^- \rightleftharpoons 2I^-$ $\varphi^\theta(I_2/I^-)=0.535$ V

$$\varphi=\varphi^\theta+\frac{0.0592}{2}\lg[I^-]^{-2}$$

$$=0.535+\frac{0.0592}{2}\lg(0.1)^{-2}$$

$$=0.5942 \text{V}$$

(3) $Fe^{3+}+e^- \rightleftharpoons Fe^{2+}$ $\varphi^\theta(Fe^{3+}/Fe^{2+})=0.77$ V

$$\varphi=\varphi^\theta+0.0592\lg\frac{[Fe^{3+}]}{[Fe^{2+}]}$$

$$=0.77+0.0592\lg\frac{0.1}{0.01}$$

$$=0.829 \text{ V}$$

(4) $2H^++2e^- \rightleftharpoons H_2$ $\varphi^\theta(H^+/H_2)=0$

$[OH^-]=1$ mol·L^{-1}时，$[H^+]=1\times10^{-14}$ mol·L^{-1}

$$\varphi=\varphi^\theta+\frac{0.0592}{2}\lg\frac{[H^+]^2}{p_{H_2}}$$

$$=0+\frac{0.0592}{2}\lg\frac{(1.0\times10^{-14})^2}{1}$$

$= -0.829$ V

15. 将镍片置于 0.1 mol·L^{-1} 硫酸镍溶液中和铜片置于 0.2 mol·L^{-1} 硫酸铜溶液中组成原电池。写出该电池的符号,计算电池电动势,写出电池反应。

解:查表得: $\varphi^{\theta}(Cu^{2+}/Cu) = 0.337$ V, $\varphi^{\theta}(Ni^{2+}/Ni) = -0.25$ V。

电对的电极电势分别为:

$$\varphi(Cu^{2+}/Cu) = 0.337 + \frac{0.0592}{2}\lg 0.2 = 0.32 \text{ V}$$

$$\varphi(Ni^{2+}/Ni) = -0.25 + \frac{0.0592}{2}\lg 0.1 = -0.28 \text{ V}$$

由于 $\varphi(Cu^{2+}/Cu) > \varphi(Ni^{2+}/Ni)$,故 Cu^{2+}/Cu 为正极,Ni^{2+}/Ni 为负极,原电池符号为:

$(-)$Ni $\mid$ Ni^{2+}(0.1 mol·L^{-1}) $\parallel$ Cu^{2+}(0.2 mol·L^{-1}) $\mid$ Cu$(+)$

原电池电动势为:

$$E = \varphi_+ - \varphi_- = 0.32 \text{ V} - (-0.28 \text{ V}) = 0.60 \text{ V}$$

电池反应式为:

$$Ni + Cu^{2+} = Cu + Ni^{2+}$$

16. 求出下列电池的电动势,指出正、负极并写出电池反应的方程式:

(1) Pt $\mid$ Fe^{2+} (1 mol·L^{-1})、Fe^{3+} (0.0001 mol·L^{-1}) $\parallel$ I$^-$ (0.0001 mol·L^{-1})、I$_2$ $\mid$ Pt

(2) Zn $\mid$ Zn^{2+}(0.1 mol·L^{-1}) $\parallel$ Cu^{2+}(0.1 mol·L^{-1}) $\mid$ Cu

(3) Pt, H$_2$(101.3 kPa) $\mid$ H$^+$ (0.001 mol·L^{-1}) $\parallel$ H$^+$ (1 mol·L^{-1}) $\mid$ H$_2$(101.3 kPa), Pt

(4) Zn $\mid$ Zn^{2+} (0.0001 mol·L^{-1}) $\parallel$ Zn^{2+} (0.01 mol·L^{-1}) $\mid$ Zn

解:(1)查表得: $\varphi^{\theta}(Fe^{3+}/Fe^{2+}) = 0.77$ V, $\varphi^{\theta}(I_2/I^-) = 0.535$ V。

$$\varphi(Fe^{3+}/Fe^{2+}) = \varphi^{\theta}(Fe^{3+}/Fe^{2+}) + 0.0592 \lg \frac{[Fe^{3+}]}{[Fe^{2+}]}$$

$$= 0.77 + 0.0592 \lg \frac{10^{-4}}{1}$$

$$= 0.533 \text{ V}$$

$$\varphi(I_2/I^-) = \varphi^\theta(I_2/I^-) + \frac{0.0592}{2}\lg\frac{1}{[I^-]^2}$$

$$= 0.535 + 0.0296\lg\frac{1}{(10^{-4})^2}$$

$$= 0.772 \text{ V}$$

原电池电动势为：
$$E = \varphi_+ - \varphi_- = 0.772 - 0.533 = 0.239 \text{ V}$$

$(-)$ Pt $|$ Fe^{2+} (1 mol·L^{-1})、Fe^{3+} (0.0001 mol·L^{-1}) $\|$ I$^-$(0.0001 mol·L^{-1})、I$_2$ $|$ Pt$(+)$

电池反应方程式为：
$$2Fe^{2+} + I_2 = 2Fe^{3+} + 2I^-$$

(2) 查表：$\varphi^\theta(Zn^{2+}/Zn) = -0.763$ V，$\varphi^\theta(Cu^{2+}/Cu) = 0.337$ V。

$$\varphi(Zn^{2+}/Zn) = \varphi^\theta(Zn^{2+}/Zn) + \frac{0.0592}{2}\lg[Zn^{2+}]$$

$$= -0.763 + 0.0296\lg 0.1$$

$$= -0.793 \text{ V}$$

$$\varphi(Cu^{2+}/Cu) = \varphi^\theta(Cu^{2+}/Cu) + \frac{0.0592}{2}\lg[Cu^{2+}]$$

$$= 0.337 + 0.0296\lg 0.1$$

$$= 0.307 \text{ V}$$

原电池电动势为：
$$E = \varphi_+ - \varphi_- = 0.307 - (-0.793) = 1.10 \text{ V}$$

$(-)$Zn $|$ Zn^{2+} (0.1 mol·L^{-1}) $\|$ Cu^{2+} (0.1 mol·L^{-1}) $|$ Cu$(+)$

电池反应方程式为：
$$Cu^{2+} + Zn = Zn^{2+} + Cu$$

(3) $\varphi(H^+/H_2) = \varphi^\theta(H^+/H_2) + \frac{0.0592}{2}\lg\frac{[H^+]^2}{p(H_2)/p^\theta}$

$$= 0.0296\lg\frac{(10^{-3})^2}{1}$$

$$= -0.178 \text{ V}$$

$$\varphi(H^+/H_2) = \varphi^\theta(H^+/H_2)$$

原电池电动势为：
$$E = \varphi_+ - \varphi_- = 0 - (-0.178) = 0.178 \text{ V}$$
$(-)\text{Pt}, \text{H}_2(101.3 \text{ kPa}) \mid \text{H}^+(0.001 \text{ mol} \cdot \text{L}^{-1}) \parallel \text{H}^+(1 \text{ mol} \cdot \text{L}^{-1}) \mid \text{H}_2(101.3 \text{ kPa}), \text{Pt}(+)$

电池反应方程式为：
$$2\text{H}^+(1 \text{ mol} \cdot \text{L}^{-1}) + \text{H}_2(101.3 \text{ kPa}) \Longrightarrow$$
$$2\text{H}^+(0.001 \text{ mol} \cdot \text{L}^{-1}) + \text{H}_2(101.3 \text{ kPa})$$

(4) $\varphi(\text{Zn}^{2+}/\text{Zn}) = \varphi^\theta(\text{Zn}^{2+}/\text{Zn}) + \dfrac{0.0592}{2}\lg[\text{Zn}^{2+}]$
$= -0.763 + 0.0296\lg(1 \times 10^{-4})$
$= -0.881 \text{ V}$

$\varphi(\text{Zn}^{2+}/\text{Zn}) = \varphi^\theta(\text{Zn}^{2+}/\text{Zn}) + \dfrac{0.0592}{2}\lg[\text{Zn}^{2+}]$
$= -0.763 + 0.0296\lg(1 \times 10^{-2})$
$= -0.822 \text{ V}$

电池电动势为：
$$E = \varphi_+ - \varphi_- = -0.822 - (-0.881) = 0.059 \text{ V}$$
$(-)\text{Zn} \mid \text{Zn}^{2+}(0.0001 \text{ mol} \cdot \text{L}^{-1}) \parallel \text{Zn}^{2+}(0.01 \text{ mol} \cdot \text{L}^{-1}) \mid \text{Zn}(+)$

17. 将铜片插于盛有 $0.5 \text{ mol} \cdot \text{L}^{-1}$ 的 CuSO_4 溶液的烧杯中，银片插于盛有 $0.5 \text{ mol} \cdot \text{L}^{-1}$ 的 AgNO_3 溶液的烧杯中。

(1) 写出该原电池的符号；
(2) 写出电极反应和原电池的电池反应；
(3) 求该电池的电动势；
(4) 若加氨水于 CuSO_4 溶液中，电池电动势如何变化？若加氨水于 AgNO_3 溶液中，情况又是怎样的？（定性回答）

解：电对的电极电势分别为：
$$\varphi(\text{Cu}^{2+}/\text{Cu}) = 0.337 + \dfrac{0.0592}{2}\lg 0.5 = 0.328 \text{ V}$$
$$\varphi(\text{Ag}^+/\text{Ag}) = 0.7996 + \dfrac{0.0592}{1}\lg 0.5 = 0.782 \text{ V}$$

(1)由于 $\varphi(Ag^+/Ag) > \varphi(Cu^{2+}/Cu)$,故电对 Ag^+/Ag 为原电池正极,Cu^{2+}/Cu 为原电池负极。该原电池的符号为:

$(-)Cu | Cu^{2+}(0.5\ mol·L^{-1}) \| Ag^+(0.5\ mol·L^{-1}) | Ag(+)$

(2)电极反应式为:

正极:$Ag^+ + e^- \Longrightarrow Ag$ 负极:$Cu \Longrightarrow Cu^{2+} + 2e^-$

原电池反应:$Cu + 2Ag^+ \Longrightarrow 2Ag + Cu^{2+}$

(3)$E = \varphi_+ - \varphi_- = 0.782 - 0.328 = 0.454\ V$

(4)当加氨水于 $CuSO_4$ 溶液中时,Cu^{2+} 与 NH_3 反应生成 $[Cu(NH_3)_4]^{2+}$ 离子,使溶液中 Cu^{2+} 浓度降低,$\varphi(Cu^{2+}/Cu)$ 降低,电池电动势相应升高;当加氨水于 $AgNO_3$ 溶液中时,则 Ag^+ 与 NH_3 反应生成 $[Ag(NH_3)_2]^+$ 离子,使溶液中 Ag^+ 浓度降低,$\varphi(Ag^+/Ag)$ 降低,电池电动势相应降低。

18. 在下列氧化剂中,随着溶液氢离子浓度的增加,氧化性何者有变化?如何变化?写出能斯特方程表达式并说明之。

(1)Cl_2;(2)Fe^{3+}/Fe^{2+};(3)$KMnO_4$;(4)$K_2Cr_2O_7$

答:随着溶液氢离子浓度的增加,(1)、(2)氧化剂的氧化性不变,(3)、(4)氧化剂的氧化性有变化。$KMnO_4$ 和 $K_2Cr_2O_7$ 所在电对的能斯特方程分别为:

$$\varphi(MnO_4^-/Mn^{2+}) = \varphi^\theta(MnO_4^-/Mn^{2+}) + \frac{0.059\ 2}{5}\lg\frac{[MnO_4^-][H^+]^8}{[Mn^{2+}]}$$

$$\varphi(Cr_2O_7^{2-}/Cr^{3+}) = \varphi^\theta(Cr_2O_7^{2-}/Cr^{3+}) + \frac{0.059\ 2}{6}\lg\frac{[Cr_2O_7^{2-}][H^+]^{14}}{[Cr^{3+}]^2}$$

当 H^+ 浓度增大时,$\varphi(MnO_4^-/Mn^{2+})$ 和 $\varphi(Cr_2O_7^{2-}/Cr^{3+})$ 均增大,MnO_4^- 和 $Cr_2O_7^{2-}$ 的氧化能力增强。

19. 现有镍片和 $1\ mol·L^{-1}$ 的镍离子溶液,锌片和 $1\ mol·L^{-1}$ 的锌离子溶液,问:

(1)Ni、Ni^{2+}、Zn、Zn^{2+} 哪个是最强的氧化剂?哪个是最强的还原剂?

(2)当金属镍放入 $1\ mol·L^{-1}$ 的锌离子溶液时,会有什么反应发生?而金属锌放入 $1\ mol·L^{-1}$ 的镍离子溶液中呢?

(3) 以镍片和 1 mol·L^{-1} 的镍离子构成一个半电池,锌片和 1 mol·L^{-1} 的锌离子构成另一个半电池,当这两个电池相连,哪个电极是正极?哪个电极是负极?电池反应是什么?电池电动势是多少?

(4) 如果往锌和锌离子的半电池中加氨水,结果生成 1 mol·L^{-1} 的锌氨配离子,剩余氨的浓度也为 1 mol·L^{-1}。此时电池电动势为多少?电池电动势变化的原因何在?

解:(1) 查表知:$\varphi^\theta(Ni^{2+}/Ni) = -0.23$ V,$\varphi^\theta(Zn^{2+}/Zn) = -0.763$ V。电对的电极电势越大,电对中的氧化型物质的氧化能力越强;电对的电极电势越小,电对中的还原性物质的还原能力越强。由于 $\varphi^\theta(Ni^{2+}/Ni) > \varphi^\theta(Zn^{2+}/Zn)$,故当 Ni^{2+} 和 Zn^{2+} 的浓度均为 1 mol·L^{-1} 时,最强的氧化剂是 Ni^{2+},最强的还原剂是 Zn。

(2) 从标准电极电势可以看出,镍放入 1 mol·L^{-1} 的锌离子溶液时,不发生反应。而将锌放入 1 mol·L^{-1} 镍盐中时,由于 $E = \varphi_+ - \varphi_- = (-0.23) - (-0.763) > 0$,所以将发生置换反应:

$$Zn + Ni^{2+} = Ni + Zn^{2+}$$

因此有镍析出。

(3) 当两个半电池相连时,由标准电极电势可以看出:Ni^{2+}/Ni 是正极,Zn^{2+}/Zn 是负极。

电池反应为:$Ni^{2+} + Zn = Ni + Zn^{2+}$

$$E = \varphi_+ - \varphi_- = -0.23 - (-0.763) = 0.533 \text{ V} > 0$$

(4) $Zn^{2+} + 4NH_3 \rightleftharpoons [Zn(NH_3)_4]^{2+} \qquad K_稳 = 5 \times 10^8$

$\qquad x \qquad 1 \text{mol·}L^{-1} \qquad 1 \text{mol·}L^{-1}$

$$K_稳 = \frac{[Zn(NH_3)_4]^{2+}}{[Zn^{2+}] \cdot [NH_3]^4} = \frac{1}{[Zn^{2+}] \times 1} = 5 \times 10^8$$

$$[Zn^{2+}] = 2 \times 10^{-9} \text{ mol·}L^{-1}$$

$$\varphi = \varphi^\theta + \frac{0.0592}{2} \lg[Zn^{2+}]$$

$$= -0.763 + \frac{0.0592}{2} \lg(2 \times 10^{-9})$$

$$= -1.04 \text{ V}$$

$$E = \varphi_+ - \varphi_- = \varphi(\text{Ni}^{2+}/\text{Ni}) - \varphi(\text{Zn}^{2+}/\text{Zn})$$
$$= -0.23 - (-1.04) = 0.81 \text{ V} > 0$$

电池电动势升高的原因是加入氨水后,部分 Zn^{2+} 与之配位,使 $[\text{Zn}^{2+}]$ 降低,则 $\varphi(\text{Zn}^{2+}/\text{Zn})$ 也降低,所以 E 升高。

四、练习题

1. 在标有 * 元素的化合物:Cu^*O、Ba^*O、Na^*O_2、KC^*N、$\text{N}_2{}^*\text{H}_4$、$\text{Na}_2\text{S}_2{}^*\text{O}_3$ 中,下列各组元素氧化数均为 +2 的是(   )。
   A. Cu、C、Ba、N   B. Cu、Ba、Na、N
   C. Cu、Ba、C、S   D. Cu、C、S、N

2. 下列物质:P^*H_3、$\text{Na}_2\text{S}_2{}^*\text{O}_3$、$\text{HN}_3^*$、$\text{C}^*\text{H}_4$、$\text{Fe}_3^*\text{O}_4$ 标有 * 号元素的氧化数分别为(   )。
   A. $-3, +2, -\dfrac{1}{3}, -4, +2\dfrac{2}{3}$ B. $-3, +2, -\dfrac{1}{3}, -4, +\dfrac{3}{4}$
   C. $-3, +2, +\dfrac{1}{3}, +4, +2\dfrac{2}{3}$ D. $-3, +2, +\dfrac{1}{3}, -4, +2\dfrac{2}{3}$

3. 氧化还原反应的本质是(   )。
   A. 有的物质与氧结合,有的物质失去氧
   B. 有的物质与氢结合,有的物质失去氢
   C. 氧化剂和还原剂间发生了电子转移
   D. 氧化剂和还原剂间发生了氧原子得失

4. 下列反应中,不是氧化还原反应的是(   )。
   A. $\text{Na}_2\text{S}_2\text{O}_8 + 2\text{HCl} \rightleftharpoons 2\text{NaCl} + \text{S}\downarrow + 2\text{O}_2\uparrow + \text{H}_2\text{SO}_4$
   B. $2\text{CCl}_4 + \text{K}_2\text{Cr}_2\text{O}_7 \rightleftharpoons 2\text{COCl}_2 + 2\text{CrO}_2\text{Cl}_2 + \text{K}_2\text{O}$
   C. $\text{ClO} + \text{NO}_2 \rightleftharpoons \text{NO}_3 + \text{Cl}$
   D. $(\text{NH}_4)_2\text{S}_2\text{O}_8 + 3\text{KI} \rightleftharpoons (\text{NH}_4)_2\text{SO}_4 + \text{KI}_3 + \text{K}_2\text{SO}_4$

5. 下列反应式正确的是(   )。
   A. $\text{P} + 6\text{OH}^- \rightleftharpoons \text{PO}_3^- + 3\text{H}_2\text{O}$
   B. $2\text{P} + 5\text{OH}^- \rightleftharpoons \text{H}_2\text{PO}_2^- + \text{HPO}_3^{2-} + \text{H}_2\text{O}$

C. $4P + 3OH^- + 3H_2O \Longrightarrow PH_3 + 3H_2PO_2^-$

D. $P + O_2 + 7H^+ \Longrightarrow PH_3 + 2H_2O$

6. 在下列反应方程式中,已经配平的是( )。

　　A. $Mn^{2+} + 5BiO_3^- + 14H^+ \longrightarrow MnO_4^- + 5Bi^{3+} + 7H_2O$

　　B. $2CrO_2^- + 3H_2O_2 + 2OH^- \longrightarrow 2CrO_4^{2-} + 4H_2O$

　　C. $8Al + 3NO_3^- + 5OH^- \longrightarrow [Al(OH)_4]^- + 3NH_3$

　　D. $S^{2-} + ClO_3^- \longrightarrow Cl^- + S$

7. $Fe_3O_4 + Cr_2O_7^{2-} + H^+ \longrightarrow Cr^{3+} + Fe^{3+} + H_2O$ 在上述反应配平时,反应物 Fe_3O_4 和 H^+ 的系数应是( )。

　　A. 6 和 62　　B. 2 和 31　　C. 6 和 31　　D. 2 和 62

8. 在电极反应 $S_2O_8^{2-} + 2e^- \Longrightarrow 2SO_4^{2-}$ 中,下列叙述正确的是( )。

　　A. $S_2O_8^{2-}$ 是正极,SO_4^{2-} 是负极

　　B. $S_2O_8^{2-}$ 被氧化,SO_4^{2-} 被还原

　　C. $S_2O_8^{2-}$ 是氧化剂,SO_4^{2-} 是还原剂

　　D. $S_2O_8^{2-}$ 是氧化型,SO_4^{2-} 是还原型

9. 将反应 $2MnO_4^- + 10Fe^{2+} + 16H^+ \Longrightarrow 2Mn^{2+} + 10Fe^{3+} + 8H_2O$ 设计成原电池,电池的符号是( )。

　　A. $(-)Pt \mid Fe^{2+}, Fe^{3+} \parallel Mn^{2+}, MnO_4^-, H^+ \mid Pt(+)$

　　B. $(-)Pt \mid MnO_4^-, Mn^{2+}, H^+ \parallel Fe^{2+}, Fe^{3+} \mid Pt(+)$

　　C. $(-)Fe \mid Fe^{2+}, Fe^{3+} \parallel Mn^{2+}, MnO_4^-, H^+ \mid Mn(+)$

　　D. $(-)Mn \mid MnO_4^-, Mn^{2+}, H^+ \parallel Fe^{2+}, Fe^{3+} \mid Fe(+)$

10. 在下列电池表示法中,正确的是( )。

　　A. $(-)Cu \mid Cu^{2+}(1 \text{ mol} \cdot L^{-1}) \parallel Sn^{2+}(1 \text{ mol} \cdot L^{-1}) \mid Sn(+)$

　　B. $(-)Cu^{2+}(1 \text{ mol} \cdot L^{-1}) \mid Cu \parallel Sn \mid Sn^{2+}(1 \text{ mol} \cdot L^{-1})(+)$

　　C. $(-)Sn^{2+}(1 \text{ mol} \cdot L^{-1}) \mid Sn \parallel Cu \mid Cu^{2+}(1 \text{ mol} \cdot L^{-1})(+)$

　　D. $(-)Sn \mid Sn^{2+}(1 \text{ mol} \cdot L^{-1}) \parallel Cu^{2+}(1 \text{ mol} \cdot L^{-1}) \mid Cu(+)$

11. 将反应 $Fe^{2+} + Ag^+ \Longrightarrow Fe^{3+} + Ag$ 组成原电池,下列符号正确的是( )。

　　A. $(-)Pt \mid Fe^{2+}, Fe^{3+} \parallel Ag^+ \mid Ag(+)$

　　B. $(-)Cu \mid Fe^{2+}, Fe^{3+} \parallel Ag^+ \mid Fe(+)$

C. $(-)Ag\mid Fe^{2+},Fe^{3+}\parallel Ag^+\mid Ag(+)$

D. $(-)Pt\mid Fe^{2+},Fe^{3+}\parallel Ag^+\mid Cu(+)$

12. 有电池$(-)Pt\mid Fe^{3+},Fe^{2+}\parallel Ce^{4+},Ce^{3+}\mid Pt(+)$,电池反应是( )。

    A. $Ce^{3+}+Fe^{3+}\Longrightarrow Ce^{4+}+Fe^{2+}$

    B. $Ce^{4+}+e^-\Longrightarrow Ce^{3+}$

    C. $Ce^{4+}+Fe^{2+}\Longrightarrow Ce^{3+}+Fe^{3+}$

    D. $Ce^{3+}+Fe^{2+}\Longrightarrow Ce^{4+}+Fe$

13. 设有一电池,其反应为:

    (1) $\frac{1}{2}Cu(s)+\frac{1}{2}Cl_2(g)\Longrightarrow Cl^-(c^\theta)+\frac{1}{2}Cu^{2+}(c^\theta)$

    (2) $Cu(s)+Cl_2(g)\Longrightarrow 2Cl^-(c^\theta)+Cu^{2+}(c^\theta)$

    (1)和(2)的电动势分别为 E_1 和 E_2,那么 E_1/E_2 比值应是( )。

    A. 1　　　　B. 0.5　　　　C. 0.25　　　　D. 2

14. 电池$(-)Pt,H_2\mid H_2SO_4\parallel Hg_2SO_4\mid Hg,Pt(+)$所发生的电池反应为( )。

    A. $2Hg+H_2SO_4\Longrightarrow Hg_2SO_4+H_2$

    B. $Hg^{2+}+SO_4^{2-}\Longrightarrow Hg_2SO_4$

    C. $Hg_2SO_4\Longrightarrow Hg^{2+}+SO_4^{2-}$

    D. $Hg_2SO_4+H_2\Longrightarrow 2Hg+Hg_2SO_4$

15. 在电池$(-)Pt\mid Sn^{4+},Sn^{2+}\parallel Fe^{2+},Fe^{3+}\mid Pt(+)$中,电极 Pt 是( )。

    A. 起催化作用

    B. 参与电池反应

    C. 只起导体作用,不参与电池反应

    D. 只参与某一电极反应

16. 已知 $\varphi^\theta(Zn^{2+}/Zn)=-0.7628\ V,\varphi^\theta(Pb^{2+}/Pb)=-0.1263\ V$,$\varphi^\theta(Fe^{2+}/Fe)=-0.4402\ V,\varphi^\theta(Ag^+/Ag)=0.7996\ V$。有 Zn,Fe,Pb,Ag 四种金属,各自插入其相应的盐溶液中,并两两组合成电池,其中电动势最大的是( )。

A. Zn－Ag B. Zn－Pb C. Fe－Ag D. Fe－Pb

17. 已知 $\varphi^{\theta}(MnO_4^-/Mn^{2+})=1.491$ V, $\varphi^{\theta}(Cl_2/Cl^-)=1.358$ V。把反应式 $2MnO_4^-+10Cl^-+16H^+ \rightleftharpoons 2Mn^{2+}+5Cl_2+8H_2O$ 组成电池,在标准状态下的电动势为( )。

  A. －0.133 V B. 2.849 V C. 0.133 V D. 1.424 V

18. 已知 $2H_2(g)+O_2(g) \rightleftharpoons 2H_2O(l)$ 的 $\Delta_r G^{\theta}=-474.4$ kJ·mol^{-1},则该反应的标准电动势为( )。

  A. －1.229 V B. 1.229 V C. 2.458 V D. －2.458 V

19. 已知 $\varphi^{\theta}(Ni^{2+}/Ni)=-0.23$ V, $\varphi^{\theta}(Zn^{2+}/Zn)=-0.7628$ V。则反应 $Ni^{2+}+Zn \rightleftharpoons Zn^{2+}+Ni$,在标准状态下进行的方向是( )。

  A. 向左   B. 向右

  C. 不能确定   D. 维持现状,保持平衡

20. 在一个氧化还原反应中,如果两个电对的电极电势相差越大,则该氧化还原反应( )。

  A. 反应速度越大   B. 反应速度越小

  C. 反应能够自发进行 D. 反应不能自发进行

21. 已知 $\varphi^{\theta}(MnO_2/Mn^{2+})=1.23$ V, $\varphi^{\theta}(Cl_2/Cl^-)=1.36$ V。从标准电极电势看,MnO_2 不能氧化 Cl^-；但用 MnO_2 加浓盐酸可以生成 $Cl_2(g)$。这是因为( )。

  A. 两个 φ^{θ} 相差不太大

  B. 酸度增加,$\varphi(MnO_2/Mn^{2+})$ 增加

  C. Cl^- 离子浓度增加,$\varphi(Cl_2/Cl^-)$ 减小

  D. 上面三种因素都有

22. 下列电对中,φ^{θ} 值最大的是( )。

  A. $\varphi^{\theta}(AgI/Ag)$ B. $\varphi^{\theta}(AgCl/Ag)$

  C. $\varphi^{\theta}\{[Ag(NH_3)_2]^+/Ag\}$ D. $\varphi^{\theta}(Ag^+/Ag)$

23. 已知 $\varphi^{\theta}(Zn^{2+}/Zn)=-0.76$ V, $\varphi^{\theta}(Cu^{2+}/Cu)=0.337$ V,把电对 Zn^{2+}/Zn 和 Cu^{2+}/Cu 组成原电池,则该电池的标准自由能变化 $\Delta_r G^{\theta}$ 为( )。

A. $-212.3 \text{ kJ} \cdot \text{mol}^{-1}$ B. $82.22 \text{ kJ} \cdot \text{mol}^{-1}$

C. $822.3 \text{ kJ} \cdot \text{mol}^{-1}$ D. $212.3 \text{ kJ} \cdot \text{mol}^{-1}$

24. 已知电对：$\varphi^\theta(\text{Cu}^{2+}/\text{Cu})=0.337 \text{ V}$，$\varphi^\theta(\text{Fe}^{3+}/\text{Fe}^{2+})=0.770 \text{ V}$，$\varphi^\theta(\text{Ni}^{2+}/\text{Ni})=-0.23 \text{ V}$，$\varphi^\theta(\text{Cl}_2/\text{Cl}^-)=1.358 \text{ V}$。它们中最强的氧化剂和最强的还原剂是(　　)。

A. Cl_2 和 Cu   B. Cl_2 和 Fe^{2+} C. Cl_2 和 Ni   D. Fe^{3+} 和 Ni

25. 在反应 $\text{K}_2\text{Cr}_2\text{O}_7+14\text{HCl}=2\text{CrCl}_3+3\text{Cl}_2+2\text{KCl}+7\text{H}_2\text{O}$ 中，若体系各物质处于标准状态，则(　　)。

A. 不发生反应   B. 反应很激烈

C. 反应从左向右自发进行   D. 反应从右向左自发进行

26. 已知 $K_{sp}(\text{PbSO}_4)=2.0\times 10^{-8}$，$\varphi^\theta(\text{Pb}^{2+}/\text{Pb})=-0.126 \text{ V}$，则 $\varphi^\theta(\text{PbSO}_4/\text{Pb})$ 为(　　)。

A. 0.579 V B. -0.354 V C. 0.327 V D. 0.252 V

27. 已知 $\varphi^\theta(\text{Cu}^{2+}/\text{Cu}^+)=0.152 \text{ V}$，$\varphi^\theta(\text{I}_2/\text{I}^-)=0.535 \text{ V}$，$K_{sp}(\text{CuI})=5.06\times 10^{-12}$，若 $[\text{Cu}^{2+}]=[\text{I}^-]=1.0 \text{ mol} \cdot \text{L}^{-1}$，并有 CuI 沉淀存在时，其 $\varphi^\theta(\text{Cu}^{2+}/\text{CuI})$ 值为(　　)。

A. 0.418 V B. 0.245 V C. 0.821 V D. -0.836 V

28. 已知 $\varphi^\theta(\text{Au}^{3+}/\text{Au})=1.498 \text{ V}$，$\varphi^\theta\{[\text{AuCl}_4]^-/\text{Au}\}=1.00 \text{ V}$，则反应

$$[\text{AuCl}_4]^- \rightleftharpoons \text{Au}^{3+}+4\text{Cl}^-$$

的平衡常数为(　　)。

A. 5.8×10^{-26} B. 3.0×10^{-8} C. 3.0×10^{-26} D. 4.76×10^{-8}

29. 实验证明：在 KMnO_4 的酸性溶液中加入银粉后，相当长一段时间也观察不到 KMnO_4 退色，这是由于(　　)。

A. E^θ 值不够大

B. 固—液反应难进行

C. E^θ 值不能判断反应方向

D. E^θ 值是热力学数据，只能判断反应的可能性和程度，不能判断反应进行的快慢

第九章 氧化还原反应

30. 已知 $\varphi^{\theta}(Sn^{2+}/Sn)=-0.136\ V$, $\varphi^{\theta}(Fe^{3+}/Fe^{2+})=0.771\ V$。若在酸性溶液中各有关离子浓度为 $1\ mol\cdot L^{-1}$,则电池反应
$$Sn+2Fe^{3+}\Longrightarrow Sn^{2+}+2Fe^{2+}$$
的标准电动势为(　　)。

　　A. $-0.907\ V$　　B. $0.907\ V$　　C. $0.728\ V$　　D. $-0.728\ V$

31. 已知 $\varphi^{\theta}(Sn^{4+}/Sn^{2+})=0.15\ V$, $\varphi^{\theta}(Fe^{3+}/Fe^{2+})=0.771\ V$。若在酸性溶液中各有关离子浓度为 $1\ mol\cdot L^{-1}$。则电池反应
$$2Fe^{2+}+Sn^{4+}\Longrightarrow Sn^{2+}+2Fe^{3+}$$
的标准电动势为(　　)。

　　A. $-0.621\ V$　　B. $0.621\ V$　　C. $0.728\ V$　　D. $-0.728\ V$

32. 已知 $\varphi^{\theta}(Ag^{+}/Ag)=0.7996\ V$, $\varphi^{\theta}(AgCl/Ag)=0.2223\ V$。则反应
$$Ag^{+}+Cl^{-}\Longrightarrow AgCl(s)$$
的平衡常数为(　　)。

　　A. 5.62×10^{-9}　B. 5.62×10^{9}　C. 5.62×10^{10}　D. 5.62×10^{-10}

33. 已知 298 K 时 $\varphi^{\theta}(Fe(OH)_3/Fe(OH)_2)=-0.55\ V$, $\varphi^{\theta}(O_2/OH^{-})=0.40\ V$。则电池反应
$$4Fe(OH)_2+O_2+2H_2O\Longrightarrow 4Fe(OH)_3$$
的平衡常数为(　　)。

　　A. 2.51×10^{-63}　B. 2.51×10^{63}　C. 1.55×10^{64}　D. 1.55×10^{-64}

34. 当 $[Fe^{2+}]=0.25\ mol\cdot L^{-1}$、$[Fe^{3+}]=0.01\ mol\cdot L^{-1}$、$[Cu^{2+}]=0.02\ mol\cdot L^{-1}$时,$FeCl_3$ 溶液溶解铜板反应的平衡常数为(　　)。

　　A. 2.34×10^{14}　B. 4.32×10^{41}　C. 4.32×10^{14}　D. 3.24×10^{14}

35. 在 298 K 时,将金属锌放在 $0.5\ mol\cdot L^{-1}$ 的 Zn^{2+} 盐溶液中,则电极电势为(　　)。

　　A. $+0.7716\ V$　　　　　B. $-0.7716\ V$
　　C. $-0.2770\ V$　　　　　D. $+0.2770\ V$

36. 已知 $\varphi^{\theta}(I_2/I^{-})=0.535\ V$,在 298 K 时,将 I_2 放在 $0.1\ mol\cdot L^{-1}$ KI 溶液中,则电极电势为(　　)。

A. -0.459 V B. -0.954 V C. $+0.594$ V D. $+0.459$ V

37. 已知 $\varphi^\theta(Fe^{3+}/Fe^{2+})=0.771$ V,在 298 K 时,0.1 mol·L^{-1} Fe^{3+} 和 0.01 mol·L^{-1} Fe^{2+} 盐溶液的电极电势为(　　)。

　　A. -0.829 V B. $+0.892$ V C. -0.982 V D. $+0.829$ V

38. 已知原电池(－)Pt｜Fe^{3+}(0.000 1 mol·L^{-1}),Fe^{2+}(1 mol·L^{-1}) ‖ I^-(0.000 1 mol·L^{-1})｜I_2,Pt(＋),则其电动势为(　　)。

　　A. -0.329 V B. $+0.239$ V C. $+2.39$ V D. -9.32 V

39. 原电池:(－)Pt,H_2(101.325 kPa)｜H^+(0.001 mol·L^{-1}) ‖ H^+(1 mol·L^{-1})｜H_2(101.325 kPa),Pt(＋)的电动势为(　　)。

　　A. $-0.677\ 1$ V　　　　　　B. $+0.776\ 1$ V
　　C. $-0.776\ 1$ V　　　　　　D. $+0.177\ 6$ V

40. 下列氧化剂中,随着溶液的氢离子浓度增加而氧化性增强的是(　　)。

　　A. Cl_2　　　B. $FeCl_2$　　　C. $AgNO_3$　　　D. $KMnO_4$

41. 电池(－)Cu｜Cu^{2+}(1 mol·L^{-1}) ‖ Pb^{2+}(0.1 mol·L^{-1})｜Pb(＋)的电动势为(　　)。

　　A. -0.45 V B. -0.496 V C. 0.45 V D. -0.34 V

42. 已知 $\varphi^\theta(Co^{2+}/Co)=-0.28$ V,$\varphi^\theta(Ni^{2+}/Ni)=-0.23$ V,则电池反应 $Co+Ni^{2+} \rightleftharpoons Co^{2+}+Ni$ 分别在标准态和$[Ni^{2+}]=0.005$ mol·L^{-1}时的反应方向为(　　)。

　　A. 均为正向进行

　　B. 均为逆向进行

　　C. 标准态下正向进行,非标准态下逆向进行

　　D. 标准态下逆向进行,非标准态下正向进行

43. 有一可进行电池反应的两个半电池,电极和电解质溶液的物质均相同,但溶液的浓度不同,其电池的电动势为(　　)。

　　A. $E^\theta=0,E\neq 0$　　　　　B. $E^\theta=0,E=0$
　　C. $E^\theta\neq 0,E=0$　　　　　D. $E^\theta\neq 0,E\neq 0$

44. 在 0.1 mol·L^{-1} HAc(其 $K_a=1.74\times 10^{-5}$)溶液中,并保持 $p(H_2)=101\ 325$ Pa,电对(H^+/H_2)的电极电势为(　　)。

A. 0.34 V　　B. 0.17 V　　C. −0.34 V　　D. −0.17 V

45. 已知 $\varphi^{\theta}(Fe^{3+}/Fe^{2+})=0.771$ V，若$[Fe^{3+}]=1.0$ mol·L^{-1}，$[Fe^{2+}]=1×10^{-4}$ mol·L^{-1}时与半电池 $O_2+2H_2O+4e^- \rightleftharpoons 4OH^-$ $\{\varphi^{\theta}(O_2/OH^-)=0.40$ V$\}$组成原电池，则电动势为(　　)。

    A. 0.107 V　　B. 1.007 V　　C. 0.607 V　　D. 0.67 V

46. 已知 $\varphi^{\theta}(Cr_2O_7^{2-}/Cr^{3+})=1.33$ V，若$[Cr_2O_7^{2-}]=[Cr^{3+}]=1.0$ mol·L^{-1}，pH=6 时，其电极电势为(　　)。

    A. 1.271 V　　B. 0.501 V　　C. 1.370 V　　D. 0.916 V

47. 已知 $\varphi^{\theta}(PbSO_4/Pb)=-0.359$ V，$\varphi^{\theta}(Pb^{2+}/Pb)=-0.126$ V，当$[Pb^{2+}]=0.01$ mol·L^{-1}，$[SO_4^{2-}]=1.0$ mol·L^{-1}时，电离反应
$$PbSO_4 \rightleftharpoons Pb^{2+}+SO_4^{2-}$$
在 298 K 达平衡后，其 K_{sp}为(　　)。

    A. $1.16×10^{-4}$　B. $1.55×10^{-9}$　C. $1.38×10^{-9}$　D. $1.34×10^{-8}$

48. 在 $M^{n+}+xe^- \rightleftharpoons M^{(n-x)+}$的电极反应中，若加入使 M^{n+}产生沉淀的沉淀剂，将使电极电势(　　)。

    A. 增大　　B. 减小　　C. 不变　　D. 无法确定

49. 在 $M^{n+}+xe^- \rightleftharpoons M^{(n-x)+}$的电极反应中，若加入与 M^{n+}和 $M^{(n-x)+}$均能形成配离子的配体，并且配离子的 $K_{稳}\{[MY_n]^{n+}\}$大于 $K_{稳}\{[MY_n]^{(n-x)+}\}$，则加入配体后，其电极电势将(　　)。

    A. 增大　　B. 减小　　C. 不变　　D. 无法确定

50. 已知 298 K 时，$\varphi^{\theta}(O_2/OH^-)=0.401$ V，当氧气的压力为 101 325 Pa 时，电对 O_2/OH^-的电极电势与溶液 pH 值的关系是(　　)。

    A. $\varphi=0.401+0.059\ 2\text{pH}$　　　　B. $\varphi=0.401-0.059\ 2\text{pH}$

    C. $\varphi=1.23+\dfrac{0.059\ 2}{4}\text{pH}$　　D. $\varphi=1.23-0.059\ 2\text{pH}$

51. 计算下述原电池的电动势：

    $(-)Cd\mid Cd^{2+}(0.100\,mol\cdot L^{-1})\parallel H^+(0.200\,mol\cdot L^{-1})\mid H_2(50.7\,kPa),Pt(+)$

    并写出电池反应方程式$\{\varphi^{\theta}(Cd^{2+}/Cd)=-0.402$ V$\}$。

52. 计算：

   $(-)Pt, H_2(101.3\ kPa) | HCl(1\ mol \cdot L^{-1}) \| AgCl, Cl^- (1\ mol \cdot L^{-1}) | Ag(+)$

   反应的平衡常数$\{\varphi^\theta(AgCl/Ag)=0.222\ 3\ V\}$。

53. 设计一个按 $AgCl(s) \rightleftharpoons Ag^+ + Cl^-$ 反应的原电池,从而计算出 $\varphi^\theta(AgCl/Ag)$。已知 $\varphi^\theta(Ag^+/Ag)=0.799\ V, K_{sp}(AgCl)=1.78 \times 10^{-10}$。

54. 已知 $2H^+ + 2e^- \rightleftharpoons H_2, \varphi^\theta(H^+/H_2)=0.00\ V$,求算在 $[HAc]=0.1\ mol \cdot L^{-1}, p(H_2)=101.3\ kPa$ 时,电对 H^+/H_2 的电极电势 $(K_{HAc}=1.74 \times 10^{-5})$。

55. 已知反应 $H_2 + \frac{1}{2}O_2 \rightleftharpoons H_2O(l)$ 的 $\Delta_r G^\theta = -237\ kJ \cdot mol^{-1}$。求算半反应 $2H^+ + \frac{1}{2}O_2 + 2e^- \rightleftharpoons H_2O(l)$ 的 φ^θ。

56. 将两锌片分别置于 $0.000\ 1\ mol \cdot L^{-1}$ 和 $0.01\ mol \cdot L^{-1}\ ZnSO_4$ 溶液中组成原电池,试计算此电池的电动势,并指出哪一个锌极为负极$\{\varphi^\theta(Zn^{2+}/Zn)=-0.763\ V\}$。

57. 已知 $O_2 + 4H^+ + 4e^- \rightleftharpoons 2H_2O(l), \varphi^\theta=1.23\ V$,求它在水中的电极电势。

58. 已知在 $1\ mol \cdot L^{-1}$ 盐酸溶液中 $\varphi^\theta(H^+/H_2)=0.000\ V$,设在 $1\ mol \cdot L^{-1}\ NaOH$ 溶液中有下列反应发生

$$2H_2O + 2e^- \rightleftharpoons 2OH^- + H_2$$

试求 $\varphi^\theta(H_2O/H_2)$。

59. 反应 $2Ag^+ + Zn \rightleftharpoons 2Ag + Zn^{2+}$,开始时 Ag^+ 和 Zn^{2+} 的离子浓度分别是 $0.1\ mol \cdot L^{-1}$ 和 $0.3\ mol \cdot L^{-1}$,求达到平衡时,溶液中剩余 Ag^+ 的离子浓度。已知 $\varphi^\theta(Ag^+/Ag)=0.799\ V, \varphi^\theta(Zn^{2+}/Zn)=-0.763\ V$。

60. 有原电池$(-)A | A^{2+} \| B^{2+} | B(+)$。当$[A^{2+}]=[B^{2+}]$时,其电动势为 $+0.360\ V$,现若使$[A^{2+}]=0.100\ mol \cdot L^{-1}, [B^{2+}]=1.00 \times 10^{-4}\ mol \cdot L^{-1}$,这时该电池的电动势是多少?

61. 已知:$\varphi^{\theta}(I_2/I^-)=0.536$ V, $\varphi^{\theta}(Fe^{3+}/Fe^{2+})=0.77$ V,
$K_{稳}\{[Fe(CN)_6]^{4-}\}=1\times10^{35}$, $K_{稳}\{[Fe(CN)_6]^{3-}\}=1\times10^{42}$。求下述反应的 E^{θ}。
$$2[Fe(CN)_6]^{3-}+2I^-\rightleftharpoons 2[Fe(CN)_6]^{4-}+I_2$$

62. 某学生设计一原电池测定 CuS 的溶度积常数,其负极为锌片浸入 Zn^{2+} 离子溶液中,并保持 $[Zn^{2+}]=1.0$ mol·L^{-1},其正极为铜片浸入含有 0.1 mol·L^{-1} 的 Cu^{2+} 与 1.0 mol·L^{-1} HCl 的混合溶液中。于 101.3 kPa 下向含有 Cu^{2+} 离子的混合溶液中通入 H_2S 气体至饱和($[H_2S]=0.1$ mol·L^{-1})。测得此电池的电动势为 0.453 V,试计算 CuS 的溶度积常数 K_{sp}。已知 $\varphi^{\theta}(Cu^{2+}/Cu)=0.34$ V, $\varphi^{\theta}(Zn^{2+}/Zn)=-0.76$ V, $K_{a1}(H_2S)=1.07\times10^{-7}$, $K_{a2}(H_2S)=1.26\times10^{-13}$。

63. 在镀锌所用的 $ZnSO_4$ 溶液中,常含有 Mn^{2+} 离子,为了除去 Mn^{2+} 离子,常在弱酸性条件下(pH=5)用 $KMnO_4$ 把 Mn^{2+} 离子氧化为 MnO_2,而 $KMnO_4$ 被还原为 MnO_2 沉淀下来,若最后达平衡时 $[MnO_4^-]=1.0\times10^{-3}$ mol·L^{-1},则溶液中剩余的 Mn^{2+} 离子浓度为多少?已知 $\varphi^{\theta}(MnO_4^-/MnO_2)=1.68$ V, $\varphi^{\theta}(MnO_2/Mn^{2+})=1.22$ V。

64. 已知 $H_3AsO_4+2H^++2e^-\rightleftharpoons H_3AsO_3+H_2O$ 的 $\varphi^{\theta}=0.559$ V, $I_2+2e^-\rightleftharpoons 2I^-$ 的 $\varphi^{\theta}=0.54$ V。求反应 $H_3AsO_4+2I^-+2H^+\rightleftharpoons H_3AsO_3+I_2+H_2O$ 的 $\Delta_r G^{\theta}$。当溶液的 pH=7 时,其他物质均为标准态,则反应的电动势为多少?

65. $\varphi^{\theta}(Fe^{3+}/Fe^{2+})=0.77$ V, $K_{sp}\{Fe(OH)_3\}=4.0\times10^{-38}$, $K_{sp}\{Fe(OH)_2\}=8.0\times10^{-16}$, $\varphi^{\theta}(O_2/OH^-)=0.40$ V。求:
(1) 反应 $Fe(OH)_3+e^-\rightleftharpoons Fe(OH)_2+OH^-$ 的 φ^{θ};
(2) 反应 $4Fe(OH)_2+O_2+2H_2O\rightleftharpoons 4Fe(OH)_3$ 的平衡常数。

66. 从标准电极电势值分析下列反应,应向哪一方向进行:
$$MnO_2+4H^++4Cl^-\rightleftharpoons MnCl_2+Cl_2+2H_2O$$
实验室中是根据什么原理采取什么措施使之产生氯气的,求生成氯气时盐酸的浓度。

67. 已知 $\varphi^{\theta}(Cu^{2+}/Cu)=0.337$ V, $\varphi^{\theta}(Cu^+/Cu)=0.52$ V, $K_{sp}(CuCl)=1.02\times10^{-6}$。计算在 298 K 时反应:$Cu+Cu^{2+}+2Cl^-\rightleftharpoons 2CuCl(s)$

的平衡常数。

五、练习题参考答案

1. C 2. A 3. C 4. B 5. C 6. B
7. A 8. D 9. A 10. D 11. A 12. C
13. A 14. D 15. C 16. A 17. C 18. B
19. B 20. C 21. D 22. D 23. A 24. C
25. D 26. B 27. C 28. A 29. D 30. B
31. A 32. B 33. C 34. D 35. B 36. C
37. D 38. B 39. D 40. D 41. B 42. C
43. A 44. D 45. C 46. B 47. D 48. B
49. B 50. D

51. 0.400 V

52. 5.7×10^3 或 3.24×10^7

53. 0.222 3 V

54. -0.17 V

55. 1.23 V

56. 0.06 V

57. 0.82 V

58. $-0.828\ 8$ V

59. 2.2×10^{-27} mol·L^{-1}

60. 0.271 V

61. $-0.180\ 4$ V

62. 1.34×10^{-43}

63. 5.9×10^{-21} mol·L^{-1}

64. -3.67 kJ·mol^{-1}；$-0.395\ 4$ V

65. -0.55 V；1.55×10^{64}

66. 6.99 mol·L^{-1}

67. 6.47×10^5

第十章 配位化合物

一、教学要求

1. 掌握配合物的组成、命名、化学式的书写。了解配合物的异构现象与立体结构的类型。

2. 掌握配合物的价键理论；运用配合物的价键理论判断形成配合物时中心离子(原子)采取的杂化类型及配离子的空间构型。

3. 了解配合物稳定常数的表示方法。运用配合物的稳定常数比较同类型配合物的稳定性；计算配合物溶液中离子的浓度及相关平衡的计算。

二、重点与难点

重点：熟悉有关配合物的基本概念和配位键的本质。运用配合物的价键理论判断形成配合物时中心离子(原子)采取的杂化类型及配离子的空间构型；配位平衡及与其他平衡竞争时有关的综合计算。

难点：配位平衡与弱电解质电离平衡、沉淀溶解平衡、氧化还原平衡中一种或多种同时存在时的综合计算。

三、精选例题解析

1. 命名下列配合物。

(1) $K_3[Co(NO_2)_6]$　六硝基合钴(Ⅲ)酸钾

(2) $Pt(NH_3)_2(OH)_2Cl_2$ 二氯·二羟基·二氨合铂(Ⅳ)

(3) $[Cr(H_2O)_5Cl]Cl_2 \cdot H_2O$ 水合二氯化氯·五水合铬(Ⅲ)

(4) $K_2[Ni(en)Cl_4]$ 四氯·乙二胺合镍(Ⅱ)酸钾

(5) $[Cu(NH_3)_4][PtCl_4]$ 四氯合铂(Ⅱ)酸四氨合铜(Ⅱ)

(6) $K_3[Fe(C_2O_4)_3] \cdot 3H_2O$ 三水合三草酸根合铁(Ⅲ)酸钾

(7) $K_2[Cu(C_2H_2)_3]$ 三乙炔合铜(Ⅰ)酸钾

(8) $[Pt(py)_4][PtCl_4]$ 四氯合铂(Ⅱ)酸四吡啶合铂(Ⅱ)

2. 已知下列配合物的磁矩,根据配合物价键理论给出中心的轨道杂化类型、中心的价层电子排布、配合单元的几何构型。

(1) $Co(NH_3)_6^{2+}$ $\mu = 3.9$ BM

(2) $Pt(CN)_4^{2-}$ $\mu = 0$ BM

(3) $Mn(SCN)_6^{4-}$ $\mu = 6.1$ BM

(4) $Co(NO_2)_6^{4-}$ $\mu = 1.8$ BM

答:(1)对于自由 Co^{2+} 的有效 $\mu = 3.9$ BM,与配合物的实验值接近,所以中心 Co^{2+} 的轨道杂化类型为 sp^3d^2 杂化,中心的价层电子排布为高自旋,配合单元的几何构型为正八面体;

(2)自由 Pt^{2+} 的最外层电子排布为 $5d^8$,又知配合物有效磁矩的实验值 $\mu = 0$ BM,说明该配合物中没有成单电子存在,所以中心 Pt^{2+} 的轨道杂化类型为 dsp^2 杂化,中心的价层电子排布为低自旋,配合单元的几何构型为正方形;

(3)对于自由 Mn^{2+} 的有效 $\mu = 6.0$ BM,与配合物的实验值接近,所以中心 Mn^{2+} 的轨道杂化类型为 sp^3d^2 杂化,中心的价层电子排布为高自旋,配合单元的几何构型为正八面体;

(4)对于自由 Co^{2+} 的有效 $\mu = 3.9$ BM,大于配合物的实验值,所以中心 Co^{2+} 的轨道杂化类型为 d^2sp^3 杂化,中心的价层电子排布为低自旋,配合单元的几何构型为正八面体。

3. 0.1 mol·L^{-1} $AgNO_3$ 溶液 50 mL,加入密度为 0.932 g·L^{-1} 含 NH_3 18.24% 的氨水 30 mL 后,加水稀释到 100 mL。求算溶液中 Ag^+、$[Ag(NH_3)_2]^+$ 离子和 NH_3 的浓度,已配位的 Ag^+ 占 Ag^+ 总浓度的百分数。

解:0.1 mol·L^{-1} 的 AgNO$_3$ 从 50 mL 稀释到 100 mL 时浓度为:

$$[Ag^+] = 0.1 \times \frac{50}{100} = 0.05 \text{ mol·L}^{-1}$$

NH$_3$ 的浓度为:

$$[NH_3] = \frac{0.932 \times 18.24\% \times 30 \times 1000}{17 \times 100} = 3.00 \text{ mol·L}^{-1}$$

设达到平衡时溶液中的 [Ag$^+$] 为 x mol·L^{-1},则

	Ag$^+$ +	2NH$_3$	$\rightleftharpoons$ [Ag(NH$_3$)$_2$]$^+$
初始浓度	0.05	3	0
平衡浓度	x	3−2(0.05−x) =2.9+2x	0.05−x

$$K_\text{稳} = \frac{(0.05-x)}{(2.9+2x)^2 \cdot x} = 1.7 \times 10^7$$

由于 $K_\text{稳}$ 较大,x 较小,故 $0.05-x \approx 0.05$,$2.9+2x \approx 2.9$

$$K_\text{稳} = \frac{0.05}{2.9^2 \cdot x} \quad x = 3.5 \times 10^{-10} \text{ mol·L}^{-1}$$

平衡时离子浓度分别为:

$$[Ag^+] = x = 3.5 \times 10^{-10} \text{ mol·L}^{-1}$$

$$[NH_3] = 2.9 + 2x = 2.9 \text{ mol·L}^{-1}$$

$$\{[Ag(NH_3)_2]^+\} = 0.05 - x = 0.05 \text{ mol·L}^{-1}$$

已配位在 [Ag(NH$_3$)$_2$]$^+$ 中 Ag$^+$ 的占 Ag$^+$ 离子总浓度的百分数为:

$$\frac{0.05 - 3.5 \times 10^{-10}}{0.05} \times 100\% = 100\%$$

4. 在含有 2.5 mol·L^{-1} AgNO$_3$ 和 0.41 mol·L^{-1} NaCl 溶液中,如果不使 AgCl 沉淀生成,溶液中最低的自由 CN$^-$ 离子浓度应是多少? 已知:$K_\text{稳}\{[Ag(CN_2)]^-\} = 1 \times 10^{21}$,$K_{sp}(AgCl) = 1.56 \times 10^{-10}$。

解:由于 $K_\text{稳}$ 很大,故 Ag$^+$ 几乎全部以 [Ag(CN$_2$)]$^-$ 的形式存在。

	[Ag(CN)$_2$]$^-$ +	Cl$^-$	$\rightleftharpoons$ AgCl↓ +	2CN$^-$
平衡浓度	2.5	0.41		[CN$^-$]

反应的平衡常数为:

$$K = \frac{[CN^-]^2}{[Cl^-][Ag(CN)_2^-]} = \frac{1}{K_{稳}\{[Ag(CN)_2^-]\} \cdot K_{sp}(AgCl)}$$

$$= \frac{1}{1.0 \times 10^{21} \times 1.56 \times 10^{-10}} = 6.4 \times 10^{-12}$$

不生成 AgCl 沉淀的条件是:$\frac{[CN^-]^2}{[Cl^-][Ag(CN)_2^-]} > K$

代入数据得:$\frac{[CN^-]^2}{2.5 \times 0.41} > 6.4 \times 10^{-12}$

$$[CN^-] > 2.6 \times 10^{-6} \text{ mol} \cdot \text{L}^{-1}$$

答:溶液中最低的自由 CN^- 离子浓度应是 2.6×10^{-6} mol·L^{-1}。

5. 在 1 L 原始浓度为 0.10 mol·L^{-1} 的 $[Ag(NO_2)_2]^-$ 离子的溶液中,加入 0.20 mol 的晶体 KCN,计算溶液中 $[Ag(NO_2)_2]^-$、$[Ag(CN)_2]^-$、NO_2^- 和 CN^- 等各种离子的平衡浓度(可忽略体积变化)。$K_{稳}\{[Ag(CN)_2]^-\} = 1.0 \times 10^{21}$,$K_{稳}\{[Ag(NO_2)_2]^-\} = 6.7 \times 10^2$。

解:设平衡时溶液中 $[Ag(NO_2)_2]^- = x$ mol·L^{-1},则

$$[Ag(NO_2)_2]^- + 2CN^- \rightleftharpoons [Ag(CN)_2]^- + 2NO_2^-$$

初始浓度　　　0.10　　　　0.20

平衡浓度　　　x　　　　$2x$　　　　$0.10-x$　　$2(0.10-x)$

$$K = \frac{[Ag(CN)_2^-][NO_2^-]^2}{[Ag(NO_2)_2^-][CN^-]^2} = \frac{[Ag(CN)_2^-][NO_2^-]^2[Ag^+]}{[Ag(NO_2)_2^-][CN^-]^2[Ag^+]}$$

$$= \frac{K_{稳}\{[Ag(CN)_2^-]\}}{K_{稳}\{[Ag(NO_2)_2^-]\}} = \frac{1.0 \times 10^{21}}{6.7 \times 10^2} = 1.5 \times 10^{18}$$

由于 K 值很大,因此 x 很小,$[Ag(CN)_2]^- \approx 0.1$,$[CN^-] = 2x$,$[NO_2^-] = 0.2$。

将已知数据代入得:

$$K = \frac{0.2^2 \times 0.10}{x \cdot (2x)^2} = 1.5 \times 10^{18}$$

$$x = 8.7 \times 10^{-8} \text{ mol} \cdot \text{L}^{-1}$$

溶液中各种离子的平衡浓度分别为:

$$[Ag(NO_2)_2]^- = x = 8.7 \times 10^{-8} \text{ mol} \cdot \text{L}^{-1}$$

$[Ag(CN)_2]^- = 0.10 - x = 0.10 \text{ mol} \cdot L^{-1}$

$[NO_2^-] = 0.20 \text{ mol} \cdot L^{-1}$

$[CN^-] = 2x = 1.7 \times 10^{-7} \text{ mol} \cdot L^{-1}$

答：混合溶液中$[Ag(NO_2)_2]^-$为8.7×10^{-8} mol·L^{-1}，$[Ag(CN)_2]^-$为0.10 mol·L^{-1}，$[NO_2^-]$为0.2 mol·L^{-1}，$[CN^-]$为1.7×10^{-7} mol·L^{-1}。

6. 在 0.1 mol·L^{-1} K$[Ag(CN)_2]$溶液中，分别加入

(1)固体 KCl 使 Cl^- 离子浓度为 0.1 mol·L^{-1}；

(2)KI 固体使 I^- 离子浓度为 0.1 mol·L^{-1}

是否都产生沉淀？[已知 $K_{sp}(AgCl) = 1.56 \times 10^{-10}$, $K_{sp}(AgI) = 1.56 \times 10^{-16}$]

解：先求出溶液中的 Ag^+ 浓度，设达平衡时溶液中$[Ag^+] = x$ mol·L^{-1}。

$$Ag^+ + 2CN^- \rightleftharpoons [Ag(CN)_2]^-$$

平衡浓度　　x　　　$2x$　　　　$0.1 - x$

$$K_{稳} = \frac{0.1 - x}{x \cdot (2x)^2} = 1 \times 10^{21}$$

由于 $K_{稳} = \{[Ag(CN)_2]^-\}$ 很大，故 $0.1 - x \approx 0.1$，代入上式解得：

$$x = 2.9 \times 10^{-8} \text{ mol} \cdot L^{-1}$$

(1)已知 $K_{sp}(AgCl) = 1.56 \times 10^{-10}$

$[Ag^+][Cl^-] = 2.9 \times 10^{-8} \times 0.1 = 2.9 \times 10^{-9} > K_{sp}(AgCl)$ 可以产生 AgCl 沉淀。

(2)已知 $K_{sp}(AgI) = 1.56 \times 10^{-16}$

$[Ag^+][I^-] = 2.9 \times 10^{-8} \times 0.1 = 2.9 \times 10^{-9} > K_{sp}(AgI)$ 可以产生 AgI 沉淀。

7. 固体 $Pb(OH)_2$ 溶于 250 mL 1 mol·L^{-1}NaOH 溶液中，直到该物质不再溶解为止，$Pb(OH)_2$ 溶解可视为形成$[Pb(OH)_3]^-$。计算有多少克$Pb(OH)_2$溶于 NaOH 的溶液中？

解：已知 $K_{稳}\{[Pb(OH)_3]^-\} = 3.8 \times 10^{13}$，$K_{sp}\{Pb(OH)_2\} = 1.2 \times 10^{-15}$。则

$$Pb(OH)_2 + OH^- \rightleftharpoons [Pb(OH)_3]^-$$

平衡浓度 　　　　　　　$1-x$ 　　　　　x

$$K = \frac{[Pb(OH)_3^-]}{[OH^-]} = \frac{[Pb(OH)_3^-] \cdot [OH^-]^2 \cdot [Pb^{2+}]}{[OH^-]^3 \cdot [Pb^{2+}]}$$

$$= K_{稳}\{[Pb(OH)_3]^-\} \times K_{sp}\{Pb(OH)_2\}$$

代入已知数据得：

$$\frac{x}{1-x} = 3.8 \times 10^{13} \times 1.2 \times 10^{-15}$$

$$x = 0.045\ 6\ mol \cdot L^{-1}$$

由反应方程式可知溶解的 $Pb(OH)_2$ 的物质的量等于生成的 $[Pb(OH)_3]^-$ 的物质的量。溶解的 $Pb(OH)_2$ 的质量为：

$$m = c \cdot V \cdot M = 0.045\ 6 \times 0.25 \times 241.2 = 2.75\ g$$

答：有 $2.75\ g\ Pb(OH)_2$ 溶于含 NaOH 的溶液中。

8. 判断下列配位反应进行的方向：

(1) $[HgCl_4]^{2-} + 4I^- \rightleftharpoons [HgI_4]^{2-} + 4Cl^-$

(2) $[Cu(CN)_2]^- + 2NH_3 \rightleftharpoons [Cu(NH_3)_2]^+ + 2CN^-$

(3) $[Cu(NH_3)_4]^{2+} + Zn^{2+} \rightleftharpoons [Zn(NH_3)_4]^{2+} + Cu^{2+}$

解：可利用反应的平衡常数来判断反应进行的方向。

$$(1)\ K = \frac{[Cl^-]^4[HgI_4^{2-}]}{[HgCl_4^{2-}][I^-]^4} = \frac{[Hg^{2+}][Cl^-]^4[HgI_4^{2-}]}{[HgCl_4^{2-}][I^-]^4[Hg^{2+}]}$$

$$= \frac{K_{稳}\{[HgI_4]^{2-}\}}{K_{稳}\{[HgCl_4]^{2-}\}} = \frac{7.2 \times 10^{29}}{1.6 \times 10^{15}} = 4.5 \times 10^{14}$$

K 值很大，反应正向进行。

$$(2)\ K = \frac{[Cu(NH_3)_2^+][CN^-]^2}{[Cu(CN)_2^-][NH_3]^2} = \frac{K_{稳}\{[Cu(NH_3)_2]^+\}}{K_{稳}\{[Cu(CN)_2]^-\}}$$

$$= \frac{7.4 \times 10^{10}}{2.0 \times 10^{38}} = 3.7 \times 10^{-28}$$

K 值很小，反应逆向进行。

$$(3)\ K = \frac{[Zn(NH_3)_4^{2+}][Cu^{2+}]}{[Cu(NH_3)_4^{2+}][Zn^{2+}]} = \frac{K_{稳}\{[Zn(NH_3)_4]^{2+}\}}{K_{稳}\{[Cu(NH_3)_4]^{2+}\}}$$

$$= \frac{5 \times 10^8}{4.8 \times 10^{12}} = 1.0 \times 10^{-4}$$

K 值较小,当参加反应的离子的浓度相近时,反应逆向进行。

9. 已知:$Au^+ + e^- \rightleftharpoons Au$ 的 $\varphi^\theta = 1.68$ V,试计算下列电对的标准电极电势。

(1) $[Au(CN)_2]^- + e^- \rightleftharpoons Au + 2CN^-$

(2) $[Au(SCN)_2]^- + e^- \rightleftharpoons Au + 2SCN^-$

已知 $K_稳\{[Au(CN)_2]^-\} = 2 \times 10^{38}$,

$\qquad K_稳\{[Au(SCN)_2]^-\} = 1 \times 10^{13}$。

解:(1) $[Au^+] = \dfrac{[Au(CN)_2^-]}{[CN^-]^2 \cdot K_稳\{[Au(CN)_2]^-\}}$

电对 $[Au(CN)_2]^-/Au$ 的能斯特方程为:

$\varphi\{[Au(CN)_2]^-/Au\} = \varphi^\theta(Au^+/Au) + 0.0592\lg[Au^+]$

$\qquad = \varphi^\theta(Au^+/Au) +$

$\qquad\qquad 0.0592 \times \lg \dfrac{[Au(CN)_2^-]}{[CN^-]^2 \cdot K_稳\{[Au(CN)_2^-]^-\}}$

在标准状态下,$[CN^-] = 1$ mol·L^{-1},$[Au(CN)_2^-] = 1$ mol·L^{-1},$\varphi = \varphi^\theta$。则

$\varphi^\theta\{[Au(CN)_2]^-/Au\} = \varphi^\theta(Au^+/Au) -$

$\qquad\qquad 0.0592\lg K_稳\{[Au(CN)_2]^-\}$

$\qquad = 1.68 - 0.0592\lg 2\times 10^{38} = -0.59$ V

(2) $\varphi^\theta\{[Au(SCN)_2]^-/Au\} = \varphi^\theta(Au^+/Au) -$

$\qquad\qquad 0.0592\lg K_稳\{[Au(SCN)_2]^-\}$

$\qquad = 1.68 - 0.0592\lg 1\times 10^{13} = 0.91$ V

答:$\varphi^\theta\{[Au(CN)_2]^-/Au\} = -0.59$ V,$\varphi^\theta\{[Au(SCN)_2]^-/Au\} = 0.91$ V。

10. 对于 Co^{III}/Co^{II} 电对,水合离子的 φ^θ 值为 $+1.84$ V,$[Co(NH_3)_6]^{3+}$ 的 $pK_稳 = -35.15$,而 $[Co(NH_3)_6]^{2+}$ 的 $pK_稳 = -4.38$,计算 $\varphi^\theta\{[Co(NH_3)_6]^{3+}/[Co(NH_3)_6]^{2+}\}$。

解:利用第 9 题结论可得:

$\varphi^\theta\{[Co(NH_3)_6]^{3+}/[Co(NH_3)_6]^{2+}\}$

$= \varphi^\theta(Co^{3+}/Co^{2+}) - 0.0592\lg \dfrac{K_稳\{[Co(NH_3)_6]^{3+}\}}{K_稳\{[Co(NH_3)_6]^{2+}\}}$

$$= 1.84 + 0.059\,2 \times (-35.15 + 4.38)$$
$$= 0.018 \text{ V}$$

11. 利用下列反应的电势值，计算$[Zn(NH_3)_4]^{2+}$ 离子的离解常数 K：

$$Zn(s) \rightleftharpoons Zn^{2+} + 2e^- \qquad \varphi^\theta = -0.763 \text{ V}$$
$$4NH_3 + Zn(s) \rightleftharpoons [Zn(NH_3)_4]^{2+} + 2e^- \qquad \varphi^\theta = -1.04 \text{ V}$$

解：$\varphi^\theta\{[Zn(NH_3)_4]^{2+}/Zn\} = \varphi^\theta(Zn^{2+}/Zn) - \dfrac{0.059\,2}{2}\lg K_{稳}$

$$= -0.763 - \dfrac{0.059\,2}{2}\lg K_{稳}$$
$$= -1.04$$
$$K_{不稳} = 4.38 \times 10^{-10}$$

答：$[Zn(NH_3)_4]^{2+}$ 离子的离解常数为 4.38×10^{-10}。

12. 在水溶液中 Co(Ⅲ) 离子能氧化水

$$Co^{3+} + e^- \rightleftharpoons Co^{2+} \qquad \varphi^\theta = 1.84 \text{ V}$$

已知$[Co(NH_3)_6]^{3+}$ 配离子的稳定常数为 1.4×10^{35}，而$[Co(NH_3)_6]^{2+}$ 配离子为 2.4×10^4。试证$[Co(NH_3)_6]^{3+}$ 配离子在 $1 \text{ mol} \cdot \text{L}^{-1}$ 氨水溶液中不能氧化水。

解：$\varphi^\theta(O_2/H_2O) = 1.229 \text{ V}$，由第 10 题计算可知在 $1 \text{ mol} \cdot \text{L}^{-1}$ 氨水中电对$[Co(NH_3)_6]^{3+}/[Co(NH_3)_6]^{2+}$ 的 φ^θ 为 0.018 V。$1 \text{ mol} \cdot \text{L}^{-1}$ 氨水中的 OH^- 浓度为：

$$[OH^-] = \sqrt{cK_b} = \sqrt{1 \times 1.8 \times 10^{-5}} = 4.2 \times 10^{-3} \text{ mol} \cdot \text{L}^{-1}$$

氨水中的 H^+ 浓度为：

$$[H^+] = \dfrac{1.0 \times 10^{-14}}{4.2 \times 10^{-3}} = 2.4 \times 10^{-12} \text{ mol} \cdot \text{L}^{-1}$$

电对 O_2/H_2O 的电极反应为：

$$O_2 + 4e^- + 4H^+ \rightleftharpoons 2H_2O$$

电对 O_2/H_2O 的电极电势为：

$$\varphi = \varphi^\theta + \dfrac{0.059\,2}{4}\lg[H^+]^4 \cdot \{p(O_2)/p^\theta\}$$
$$= 1.229 + 0.059\,2\lg 2.4 \times 10^{-12} = 0.56 \text{ V}$$

由于 $\varphi\{[Co(NH_3)_6]^{3+}/[Co(NH_3)_6]^{2+}\} < \varphi(O_2/H_2O)$,因此配离子 $[Co(NH_3)_6]^{3+}$ 在 $1\ mol·L^{-1}$ 氨水溶液中不能氧化水。

13. 对于平衡:

$$[Zn(NH_3)_4]^{2+} + 4OH^- \rightleftharpoons [Zn(OH)_4]^{2-} + 4NH_3$$

(1)计算该反应的 K 值;

(2)在 $1\ mol·L^{-1}\ NH_3$ 溶液中,$\dfrac{[Zn(NH_3)_4^{2+}]}{Zn[(OH)_4^{2-}]}$ 之比是多少?

已知 $K_{稳}\{[Zn(OH)_4]^{2-}\} = 3\times 10^{15}$,$K_{稳}\{[Zn(NH_3)_4]^{2-}\} = 5\times 10^8$,$K_b\{NH_3·H_2O\} = 1.8\times 10^{-5}$。

解:(1)该反应的平衡常数为

$$K = \frac{[Zn(OH)_4^{2-}][NH_3]^4}{[Zn(NH_3)_4^{2+}][OH^-]^4}$$

$$= \frac{K_{稳}\{[Zn(OH)_4]^{2-}\}}{K_{稳}\{[Zn(NH_3)_4]^{2+}\}}$$

$$= \frac{3\times 10^{15}}{5\times 10^8} = 6\times 10^6$$

(2) $NH_3 + H_2O \rightleftharpoons NH_4^+ + OH^-$

$$[OH^-] = \sqrt{K_b c}$$

$$\frac{[Zn(NH_3)_4^{2+}]}{[Zn(OH)_4^{2-}]} = \frac{c^4}{6\times 10^6 \cdot (K_b c)^2} = 5.144\times 10^2$$

14. 要使 $1\times 10^{-4}\ mol\ AgCl$、$1\times 10^{-5}\ mol\ AgBr$ 和 $1\times 10^{-5}\ mol\ AgI$ 分别溶于 $1\ mL\ NH_3·H_2O$ 中,氨水的浓度最低应各为多少?根据计算的结果,能得出什么结论?

解:(1)设平衡时,溶液中 $[NH_3]$ 为 $x\ mol·L^{-1}$,则:

$$AgCl + 2NH_3 \rightleftharpoons [Ag(NH_3)_2]^+ + Cl^-$$
$$\qquad\qquad x \qquad\quad 1\times 10^{-4}/10^{-3} \quad 1\times 10^{-4}/10^{-3}$$

$$K = \frac{[Ag(NH_3)_2^+][Cl^-]}{[NH_3]^2} = K_{sp}\cdot K_{稳} = \frac{0.1^2}{x^2}$$

$$x = 1.94\ mol·L^{-1}$$

溶解 $1\times 10^{-4}\ mol\ AgCl$ 需 NH_3 浓度为:

$c(NH_3) = 1.94 + 2 \times 1.0 \times 10^{-4}/10^{-3} = 2.14 \text{ mol} \cdot L^{-1}$

(2) $AgBr + 2NH_3 \rightleftharpoons [Ag(NH_3)_2]^+ + Br^-$

$$K = \frac{[Ag(NH_3)_2^+][Br^-]}{[NH_3]^2} = K_{sp} \cdot K_{稳} = \frac{(1 \times 10^{-2})^2}{x^2}$$

$x = 2.76 \text{ mol} \cdot L^{-1}$

溶解 1×10^{-5} mol AgBr 需 NH_3 浓度为：

$c(NH_3) = 2.76 + 2 \times 1.0 \times 10^{-5}/10^{-3} = 2.78 \text{ mol} \cdot L^{-1}$

(3) $AgI + 2NH_3 \rightleftharpoons [Ag(NH_3)_2]^+ + I^-$

$$K = \frac{[Ag(NH_3)_2^+][I^-]}{[NH_3]^2} = K_{sp} \cdot K_{稳} = \frac{(1 \times 10^{-2})^2}{x^2}$$

$x = 198 \text{ mol} \cdot L^{-1}$

氨水浓度为 198 mol·L^{-1}。

通过计算可知氨水能溶解 AgCl 和 AgBr，但不能溶解 AgI。

15. 已知 298.15 K 时，下述反应的 $\Delta_r H^\theta = -46.4 \text{ kJ} \cdot \text{mol}^{-1}$，$\Delta_r S^\theta = -8.37 \text{ J} \cdot K^{-1} \cdot \text{mol}^{-1}$，求：$Cu^{2+} + 2NH_3 \rightleftharpoons [Cu(NH_3)_2]^{2+}$ 的稳定常数。

解：$\Delta_r G^\theta = \Delta_r H^\theta - T\Delta_r S^\theta$

$= -46.4 - 298.15 \times (-8.37) \times 10^{-3}$

$= -43.9 \text{ kJ} \cdot \text{mol}^{-1}$

$$\ln K_{稳} = \frac{\Delta_r G^\theta}{-RT} = 17.723$$

$K_{稳} = 4.98 \times 10^7$

四、练习题

1. 在下列配合物中，是中性配合物的是（　　）。

  A. $[Cu(H_2O)_4]SO_4 \cdot H_2O$　　　B. $H_2[PtCl_6]$

  C. $[Cu(NH_3)_4](OH)_2$　　　D. $[Co(NH_3)_3Cl_3]$

3. 在下列配合物中，配离子的电荷数和中心离子的氧化数是正确的是（　　）。

A. $K_2[Co(NCS)_4]$　　$2-$　　$+2$

B. $[Co(NH_3)_5Cl]Cl_2$　　$6+$　　$+3$

C. $[Pt(NH_3)_2Cl_2]$　　0　　$+4$

D. $[Co(ONO)(NH_3)_3(H_2O)_2]Cl_2$　　$6+$　　$+3$

3. 在下列配合物的命名中,是错误的是(　　)。

   A. $Li[AlH_4]$　　四氢合铝(Ⅲ)酸锂

   B. $[Co(H_2O)_4Cl_2]Cl$　　氯化二氯·四水合钴(Ⅲ)

   C. $[Co(NH_3)_4(NO_2)Cl]^+$　　一氯·亚硝酸根·四氨合钴(Ⅲ)配阳离子

   D. $[Co(en)_2(NO_2)Cl]SCN$　　硫氰—氯·硝基·二乙二胺合钴(Ⅲ)

4. 下列物质所属类型,判断错误的是(　　)。

   A. $CuSO_4·5H_2O$ 为配合物

   B. $Co(NH_3)_6Cl_3$ 为复盐

   C. $[Ni(en)_2]Cl_2$ 为螯合物

   D. $KCl·MgCl_2·6H_2O$ 为复盐

5. 下列对于水合物和氨合物的说法,正确的是(　　)。

   A. 水合物和氨合物都不是配合物

   B. 水合物是配合物,氨合物不是

   C. 水合物不是配合物,氨合物是

   D. 水合物和氨合物如果在晶体或溶液中,中心离子和配体之间以配位键相结合就是配合物,一般情况下都是

6. 下列说法正确的是(　　)。

   A. 配位体是含有孤电子对或 π 电子的分子或离子

   B. 配位体是含有孤电子的分子或离子

   C. 配位体是含有电子对的分子或离子

   D. 配位体是含有单电子的分子或离子

7. 螯合物一般具有较高的稳定性,是由于(　　)。

   A. 螯合剂是多齿配体　　B. 螯合物不溶于水

   C. 形成环状结构　　D. 螯合物具有稳定的结构

8. 关于配位数的下列说法中,正确的是(　　)。

   A. 配合物的配位数等于配位体的数目

B. 直接同中心原子配位的配位原子的总数,叫配位数

C. 配位数是配合物内界中配位电子的总数

D. 配位数与中心原子的电荷数相等

9. $[Ni(CO)_4]$、$[Ni(NCS)_4]^{2-}$、$[Ni(CN)_5]^{3-}$ 的空间构型分别是（　　）。

　　A. 正四面体　　正四面体　　三角双锥

　　B. 平面正方形　平面正方形　三角双锥

　　C. 正四面体　　平面正方形　三角双锥

　　D. 平面正方形　正四面体　　三角双锥

10. $K_稳$ 与 $K_{不稳}$ 之间的关系是（　　）。

　　A. $K_稳 > K_{不稳}$　　　　　　B. $K_稳 > 1/K_{不稳}$

　　C. $K_稳 < K_{不稳}$　　　　　　D. $K_稳 = 1/K_{不稳}$

11. 下列配合物中,中心原子以 d^2sp^3 杂化的是（　　）。

　　A. $[Ni(CN)_4]^{2-}$　　　　　　B. $[Zn(CN)_4]^{2-}$

　　C. $[Co(NH_3)_6]^{3+}$　　　　　D. $[SiF_6]^{2-}$

12. 已知：$Au^{3+} + 3e^- \rightleftharpoons Au$　　$\varphi^\theta = 1.498\ V$

　　　　$[AuCl_4]^- + 3e^- \rightleftharpoons Au + 4Cl^-$　　$\varphi^\theta = 1.00\ V$

　　则反应 $Au^{3+} + 4Cl^- \rightleftharpoons [AuCl_4]^-$ 的稳定常数为（　　）。

　　A. 3.74×10^{-18}　　　　B. 2.1×10^{25}

　　C. 4.76×10^{-26}　　　　D. 8.1×10^{22}

13. 配体中一个氯原子与两个金属离子配位形成的配合物叫（　　）。

　　A. 螯合物　　　　　　　　B. 多酸型配合物

　　C. 多核配合物　　　　　　D. π—酸配合物

14. 配位体相同时,下列各对离子形成的配合物的稳定性,错误的是（　　）。

　　A. $Na^+ < Li^+$　　　　　　B. $Cu^+ < Na^+$

　　C. $Ca^{2+} < Mg^{2+}$　　　　D. $Cd^{2+} < Hg^{2+}$

15. $[Ni(CN)_4]^{2-}$ 和 $[Ni(CO)_4]$ 中未成对电子数分别是（　　）。

　　A. 0 和 2　　B. 2 和 2　　C. 2 和 0　　D. 0 和 0

16. 下列配合物中属于高自旋的是(　　)。
    A. $[Co(NH_3)_6]^{3+}$ B. $[Mn(CN)_6]^{4-}$
    C. $[Fe(H_2O)_6]^{2+}$ D. $[Fe(CN)_6]^{4-}$

17. 在某温度时,用 1 L 1 mol·L^{-1}氨水处理过量 $AgIO_3$ 固体时溶解了 85 g $AgIO_3$,若此温度下 $AgIO_3$ 的溶度积常数为 $4.5×10^{-8}$,计算$[Ag(NH_3)_2]^+$的不稳定常数。

18. 在三份 0.2 mol·L^{-1} $[Ag(CN)_2]^-$配离子的溶液中分别加入等体积的 0.2 mol·L^{-1} KCl、KBr、KI 溶液,问:
    (1)三种卤化银沉淀是否均能生成?
    (2)若原$[Ag(CN)_2]^-$溶液中还含有 KCN,其浓度为 0.2 mol·L^{-1},则分别加入 KCl、KBr、KI 时,三种卤化银是否均会沉淀出来?
    已知:$K_稳\{[Ag(CN)_2]^-\}=1.0×10^{21}$;$K_{sp}(AgCl)=1.56×10^{-10}$;$K_{sp}(AgBr)=4.1×10^{-13}$;$K_{sp}(AgI)=1.5×10^{-16}$。

19. 若在 1 L 某浓度的氨水中刚好溶解 0.020 mol 的 AgCl,问氨水的浓度为多少?已知 $K_{sp}(AgCl)=1.56×10^{-10}$,$K_稳\{[Ag(NH_3)_2]^+\}=1.6×10^7$。

20. 在 1 L 0.1 mol·L^{-1} $FeCl_3$ 溶液中加入 0.010 mol 的晶体 KSCN(忽略体积变化),若此时只生成了$[Fe(SCN)]^{2+}$配离子。已知 $K_稳\{Fe(SCN)^{2+}\}=2×10^2$。试计算:
    (1)溶液中 SCN^- 和$[Fe(SCN)]^{2+}$的浓度。
    (2)Fe^{3+} 的转化率。

21. 将 0.10 mol 的 $AgNO_3$ 溶于 1 L 1.0 mol·L^{-1}氨水中,问:
    (1)若再加入 0.001 0 mol 的 NaCl 时,有无 AgCl 沉淀生成?
    (2)如果用 NaBr 代替 NaCl 时有无 AgBr 沉淀生成?
    (3)如果用 KI 代替 NaCl,则最少需加入多少克 KI 时才有 AgI 沉淀析出?
    已知:$K_稳\{[Ag(NH_3)_2]^+\}=1.6×10^7$;$K_{sp}(AgCl)=1.56×10^{-10}$;$K_{sp}(AgBr)=4.1×10^{-13}$;$K_{sp}(AgI)=1.5×10^{-16}$。

22. 如果在 0.1 mol·L^{-1} $[Ag(CN)_2]^-$溶液中加入固体 KCN,使$[CN^-]=0.1$ mol·L^{-1}之后再加:(1)KI 固体使$[I^-]=0.1$ mol·

L^{-1};(2)Na_2S 固体使[S^{2-}]=0.1 mol·L^{-1},是否均有沉淀产生?

23. Ag^+ 与 py 形成配离子的反应为:
$$Ag^+ + 2py \rightleftharpoons [Ag(py)_2]^+$$
若 $AgNO_3$ 和 py 溶液的起始浓度分别为 0.1 mol·L^{-1} 和 1.0 mol·L^{-1},求平衡时 Ag^+、py 及 $[Ag(py)_2]^+$ 的浓度。已知 $K_稳\{[Ag(py)_2]^+\}$ = $1.0×10^{10}$。

24. 计算 $[Ag(NH_3)_2]^+ + e \rightleftharpoons Ag + 2NH_3$ 体系的标准电极电势。已知 $K_稳\{[Ag(NH_3)_2]^+\}$=$1.6×10^7$,$\varphi^\theta(Ag^+/Ag)$=0.80 V。

25. 在 $AgNO_3$ 溶液中加入 $NH_3·H_2O$,若有一半 Ag^+ 形成了 $[Ag(NH_3)_2]^+$,求 NH_3 的平衡浓度。已知 $K_稳\{[Ag(NH_3)_2]^+\}$=$1.6×10^7$。

26. 向一含有 0.1 mol·L^{-1} 自由氨和 0.1 mol·L^{-1} NH_4Cl 的缓冲溶液中加入等体积的 0.030 mol·L^{-1} $[Cu(NH_3)_4]Cl_2$ 溶液,问混合后溶液中能否有 $Cu(OH)_2$ 沉淀生成? 已知 K_{sp}=$2.2×10^{-22}$,$K_稳\{[Cu(NH_3)_4]^{2+}\}$=$4.8×10^{12}$,K_b=$1.8×10^{-5}$。

五、练习题参考答案

1. D   2. A   3. C   4. B   5. D   6. A
7. C   8. B   9. C   10. D   11. C   12. B
13. C   14. B   15. D   16. C

17. $K_{不稳}$=$8×10^{-8}$

18. (1)$c(Ag^+)·c(Cl^-)$=$2.9×10^{-8}×0.1$ 三种卤化银沉淀均能形成

    (2)$c(Ag^+)·c(Cl^-)$=$1.0×10^{-21}$ 三种卤化银沉淀均不能形成

19. 0.44 mol·L^{-1}

20. (1)$[SCN^-]$=$5×10^{-4}$ mol·L^{-1},$[Fe(SCN)]^{2+}$=$9.5×10^{-3}$ mol·L^{-1}

    (2)转化率为 9.5%

21. (1)$c(Ag^+)·c(Cl^-)$=$9.8×10^{-12}$<$K_{sp}(AgCl)$,没有沉淀生成。

(2) $c(Ag^+) \cdot c(Br^-) = 9.8 \times 10^{-12} > K_{sp}(AgBr)$,有沉淀生成。

(3) 加入 2.5×10^{-6} g KI,才有 AgI 析出。

22. $[Ag^+][I^-] = 1.0 \times 10^{-21}$,小于 $K_{sp}(AgI)$,无沉淀产生。

    $[Ag^+][S^{2-}] = 1.0 \times 10^{-41}$,大于 $K_{sp}(Ag_2S)$,有沉淀产生。

23. $[Ag^+] = 1.6 \times 10^{-11}$ mol·L^{-1},$[py] = 0.8$ mol·L^{-1}

    $[Ag(py)_2^+] = 0.1$ mol·L^{-1}

24. 0.38 V

25. 2.5×10^{-4} mol·L^{-1}

26. 1.62×10^{-19} 大于 $K_{sp}\{Cu(OH)_2\}$,有沉淀析出。

第十一章 碱金属和碱土金属

一、教学要求

1. 掌握碱金属和碱土金属的性质和结构,性质与存在、制备、用途之间的关系。
2. 掌握碱金属和碱土金属氧化物的性质和类型以及氢化物的性质。
3. 掌握碱金属和碱土金属氢氧化物的溶解度、碱性和盐类溶解度、热稳定性的变化规律。
4. 掌握碱金属和碱土金属盐类的一些重要性质。
5. 通过对比锂、镁的相似性等了解对角线规则。

二、重点与难点

重点:掌握碱金属、碱土金属单质的性质,掌握碱金属、碱土金属氧化物的类型及重要氧化物的性质及用途。掌握碱金属、碱土金属氢氧化物的碱性及溶解性的递变规律。掌握碱金属、碱土金属重要盐的性质及用途。

难点:碱金属和碱土金属氢氧化物的溶解度、碱性和盐类溶解度、热稳定性的变化规律。

三、精选例题解析

1. $CaCO_3$ 在下列溶液中溶解度较大的是( )。

    A. H_2O　　　　　　　　B. Na_2CO_3 水溶液

    C. KNO_3 溶液　　　　　D. 乙醇

    答：$CaCO_3$ 难溶于水，更难溶于乙醇，在 Na_2CO_3 溶液中，由于同离子效应使 $CaCO_3$ 的溶解平衡向生成 $CaCO_3$ 的方向移动，$CaCO_3$ 的溶解度减小；在 KNO_3 溶液中，由于盐效应使 $CaCO_3$ 的溶解度增大。正确答案为 C。

2. 可使碳还原 K_2CO_3 制取金属钾：$K_2CO_3 + 2C \xrightarrow[\text{真空}]{1473 K} 2K + 3CO$，这是因为( )。

    A. 碳的金属活泼性大于钾

    B. 反应本身是一个放热反应

    C. 反应本身是一个吸热反应

    D. 高温下钾成气态，可使反应的 $\Delta_r S$ 增大很多，从而使反应的 $\Delta_r G$ 为负

    答：该反应是一个气态物质的量增加的反应，反应的熵变 $\Delta_r S > 0$，由等温方程式 $\Delta_r G = \Delta_r H - T\Delta_r S$ 可知，温度升高时，$\Delta_r G$ 减小，反应的趋势增大，故该反应在高温下可自发进行。而且在高温时 K 为气体，使 $\Delta_r S$ 更大，有利于 $\Delta_r G$ 的减小。答案为 D。

3. 写出苛化法制取 NaOH 的原料、方程式并配平

    答：原料有纯碱和石灰乳，反应方程式为：
    $$Na_2CO_3 + Ca(OH)_2 = 2NaOH + CaCO_3\downarrow$$

4. 过氧化钠可用于潜艇和高空飞行中，用作 CO_2 吸收剂和供氧剂。写出方程式并配平。

    答：$2Na_2O_2 + 2CO_2 = 2Na_2CO_3 + O_2$

5. 能否用纯粹的化学方法从碱金属的化合物中制得游离态的碱金属？写出相应的反应方程式？

答：用碱金属的化合物制取碱金属的纯化学方法有热还原法、金属置换法和热分解法。

(1) 热还原法：$K_2CO_3 + 2C \xrightarrow[\text{真空}]{1\,473\ K} 2K + 3CO$

(2) 金属置换法：$2RbCl + Ca \longrightarrow CaCl_2 + 2Rb\uparrow$

$KCl + Na \longrightarrow NaCl + K\uparrow$

(3) 热分解法：$2KCN \xrightarrow{\triangle} 2K + 2C + N_2$

$2RbN_3 \xrightarrow[\text{高真空}]{668\ K} 2Rb + 3N_2$

6. 室温时在空气中保存金属 Li 和 K 时，会发生哪些反应，写出所有的反应方程式。

答：锂在空气中除表面生成氧化物外，还有氮化物及碳酸盐。

$$4Li + O_2 \longrightarrow 2Li_2O$$

$$6Li + N_2 \longrightarrow 2Li_3N$$

$$4Li + 2CO_2 + O_2 \longrightarrow 2Li_2CO_3$$

钾在空气中放置一段时间后，金属表面生成一层氧化物和碳酸盐。

$$4K + O_2 \longrightarrow 2K_2O$$

$$4K + O_2 + 2CO_2 \longrightarrow 2K_2CO_3$$

7. 金属钠应如何贮存？将钠放在液氨中情况如何？

答：金属钠应存放在煤油中。碱金属放在液氨中溶液变成蓝色，随着碱金属溶解量的增加，溶液的颜色变深。当此溶液中的钠的浓度超过 $1\ mol \cdot L^{-1}$ 以后，就在原来深色溶液之上出现一个青铜色的新相，再添加碱金属，溶液由蓝色变成青铜色。如将溶液蒸发，又可以重新得到碱金属。

8. 锂、钠、钾、铷、铯在过量氧气中燃烧，生成何种氧化物？各类氧化物与水反应情况如何？

答：锂在过量氧气中燃烧，生成氧化物；钠在过量氧气中燃烧，生成过氧化物；钾、铷和铯在过量氧气中燃烧，生成超氧化物。反应方程式分别为：

$$4Li + O_2 \xrightarrow{\text{燃烧}} 2Li_2O$$

第十一章 碱金属和碱土金属

$$2Na + O_2 \xrightarrow{燃烧} Na_2O_2$$

$$K + O_2 \xrightarrow{燃烧} KO_2$$

$$Rb + O_2 \xrightarrow{燃烧} RbO_2$$

$$Cs + O_2 \xrightarrow{燃烧} CsO_2$$

碱金属氧化物与水反应,生成氢氧化物:

$$M_2O + H_2O = 2MOH$$

反应速度从 Li_2O 到 Cs_2O 依次加快,Li_2O 与水反应很慢,但 Rb_2O 和 Cs_2O 与水反应燃烧或爆炸。

碱金属过氧化物与水反应产生 H_2O_2 和氢氧化物,H_2O_2 立即分解放出氧气:

$$M_2O_2 + 2H_2O = 2NaOH + H_2O_2$$

$$2H_2O_2 = 2H_2O + O_2 \uparrow$$

碱金属超氧化物与水反应生成氢氧化物和氧气:

$$2MO_2 + 2H_2O = 2MOH + H_2O_2 + O_2 \uparrow$$

$$2H_2O_2 = 2H_2O + O_2 \uparrow$$

三种相应碱金属氧化物与水反应的速度为:氧化物＜过氧化物＜超氧化物。

9. 钙在空气中燃烧生成什么物质？产物与水反应有何现象发生？并以化学反应方程式说明。

答:钙在空气中燃烧生成 CaO 和 Ca_3N_2。反应方程式为:

$$2Ca + O_2 \xrightarrow{燃烧} 2CaO$$

$$3Ca + N_2 \xrightarrow{燃烧} Ca_3N_2$$

生成的 CaO 和 Ca_3N_2 与水反应放出大量的热,并有刺激的气味的气体放出。反应方程式为:

$$CaO + H_2O = Ca(OH)_2$$

$$Ca_3N_2 + 6H_2O = 3Ca(OH)_2 + 2NH_3 \uparrow$$

10. 为什么不能用水,也不能用 CO_2 来扑灭镁的燃烧？提出一种扑灭镁燃烧的方法。

答:镁是活泼金属与水蒸气作用产生可燃烧性气体 H_2:

$$Mg + H_2O(气) \xrightarrow{\triangle} MgO + H_2 \uparrow$$

镁也能在 CO_2 中燃烧：

$$2Mg + CO_2 \xrightarrow{燃烧} 2MgO + C$$

所以不能用水、CO_2 来扑灭镁的燃烧。

扑灭镁燃烧的方法是可在镁的表面盖一层细砂，以隔绝空气。

11. 从下列反应的 $\Delta_r G^\theta(298)$ 值可得出 BeO－CaO－BaO 系列中何种性质变化的规律？

$$\begin{array}{ll} & \Delta_r G^\theta(298)/\text{ kJ}\cdot\text{mol}^{-1} \\ BeO(s)+CO_2(g) = BeCO_3(s) & +21.01 \\ CaO(s)+CO_2(g) = CaCO_3(s) & -130.2 \\ BaO(s)+CO_2(g) = BaCO_3(s) & -218.0 \end{array}$$

答：$\Delta_r G^\theta(298)$ 越小，在 298 K、标准态下反应自发进行的趋势越大，生成的碳酸盐就越稳定。因此这三种碳酸盐的热稳定性顺序为 $BaCO_3 > CaCO_3 > BeCO_3$。

12. 试述区别碳酸氢钠和碳酸钠的方法。

答：方法 1：加热至 423 K 左右，有气体放出的为碳酸氢钠，无气体放出的为 Na_2CO_3。反应方程式：

$$2NaHCO_3 \xrightarrow{423\text{ K}} Na_2CO_3 + CO_2 \uparrow + H_2O \uparrow$$

方法 2：可用二者在水中的溶解度的差别区分，碳酸钠易溶于水，碳酸氢钠在水中溶解度比碳酸钠小。

方法 3：各取少量两种固体溶于水，分别向所得溶液中加入 $MgSO_4$ 溶液，有白色沉淀生成的为 Na_2CO_3，无沉淀生成的为 $NaHCO_3$。反应方程式为：

$$4Mg^{2+} + 5CO_3^{2-} + 2H_2O = Mg(OH)_2 \cdot 3MgCO_3 \downarrow + 2HCO_3^-$$

13. 铍、镁化合物的什么性质可以用来区分：$Be(OH)_2$ 和 $Mg(OH)_2$；$BeCO_3$ 和 $MgCO_3$；BeF_2 和 MgF_2。

解：(1) $Be(OH)_2$ 具有两性，而 $Mg(OH)_2$ 只有碱性。用 NaOH 溶液可以把它们区分。溶于 NaOH 溶液的是 $Be(OH)_2$，不溶的是 $Mg(OH)_2$。

(2) 利用碳酸盐的热稳定性不同进行区分。$BeCO_3$ 稳定性较差，在 373 K 发生分解反应,控制加热温度为 373 K,有气体发生的是 $BeCO_3$,无气体放出的是 $MgCO_3$。

$$BeCO_3 \xrightarrow{373 \text{ K}} BeO + CO_2$$

(3)利用氟化物的溶解性不同进行区分。BeF_2 易溶于水,而 MgF_2 难溶于水。各取少量固体,分别加入少量水,固体溶解的为 BeF_2,不溶的为 MgF_2。

14. 商品氢氧化钠中为什么常含有杂质碳酸钠?怎样用最简便的方法加以检验?如何除去它?

答:因为氢氧化钠是强碱,容易吸收空气中的 CO_2,反应生成 Na_2CO_3。检验的方法是:取少量商品氢氧化钠溶解,向其中加入饱和 $CaCl_2$ 溶液,若生成白色沉淀,证明有 Na_2CO_3 存在,除去 Na_2CO_3 的方法是:

可先配制饱和的 NaOH 溶液,在这种溶液中 Na_2CO_3 不溶,静置后,沉淀过滤除去。

15. 以氢氧化钙为原料,如何制备下列各物质,分别用反应方程式表示之。

漂白粉 氢氧化钠 氨 氢氧化镁

答:(1) $2Ca(OH)_2 + 2Cl_2 =\!=\!= Ca(ClO)_2 + CaCl_2 + 2H_2O$

(2) $Ca(OH)_2 + Na_2CO_3 =\!=\!= CaCO_3 \downarrow + 2NaOH$

(3) $Ca(OH)_2 + (NH_4)_2CO_3 \xrightarrow{\triangle} CaCO_3 \downarrow + 2NH_3 \uparrow + 2H_2O$

(4) $Ca(OH)_2 + MgCl_2 =\!=\!= Mg(OH)_2 \downarrow + CaCl_2$

16. 试以 NaCl 为原料来制备下列各物质,并用反应方程式表示之。

HCl NaOH Na_2CO_3 Na_2SO_3 $Na_2S_2O_3$ $NaNO_2$ Na_2O_2

答:(1) $2NaCl + H_2SO_4 (浓) \xrightarrow{>773 \text{ K}} Na_2SO_4 + 2HCl$

(2) $2NaCl + 2H_2O \xrightarrow{电解} 2NaOH + Cl_2 \uparrow + H_2 \uparrow$

(3) $2NaOH + CO_2 =\!=\!= Na_2CO_3 + H_2O$

(4) $2NaOH + SO_2 =\!=\!= Na_2SO_3 + H_2O$

(5) $Na_2SO_3(溶液) + S(粉) \xrightarrow{煮沸} Na_2S_2O_3$

(6) 在 400 K 时用无隔膜电解槽电解 NaCl 可得 $NaClO_3$，将 $NaClO_3$ 与 KNO_3 进行复分解反应：

$$NaClO_3 + KNO_3 \longrightarrow NaNO_3 + KClO_3$$

因 $KClO_3$ 溶解度小，可从溶液中析出，过滤，再蒸发滤液可得 $NaNO_3$。

(7) $4NaOH \xrightarrow{电解} 4Na + 2H_2O + O_2\uparrow$

$$2Na + O_2 \xrightarrow{573\ ℃\sim 673\ ℃} Na_2O_2$$

17. 若以 Na_2SO_4 为原料，试用三种不同方法制取 Na_2CO_3。

答：(1) 将 Na_2SO_4 配制成水溶液，在 300 K 附近长时间通入 CO_2，因 $NaHCO_3$ 溶解度较小，可以析出，过滤即得，再将 $NaHCO_3$ 加热分解得 Na_2CO_3。

$$Na_2SO_4 + CO_2 + H_2O \Longrightarrow NaHCO_3 + NaHSO_4$$

(2) $Na_2SO_4 + CO \xrightarrow{\triangle} Na_2CO_3 + SO_2\uparrow$

(3) $Na_2SO_4(s) + 2C + CaCO_3(s) \xrightarrow{1\ 273\ ℃}$
$Na_2CO_3 + CaS\downarrow + 2CO_2\uparrow$

18. 如何用简单可行的化学反应将下列各组物质分别鉴定出来。

(1) 钠和钾　(2) 纯碱、烧碱和小苏打　(3) 石灰石和石灰

(4) 大理石和石膏　(5) 芒硝和泻盐

(6) 氢氧化铝、氢氧化镁和碳酸镁

答：(1) 利用钠和钾与水反应的程度不同进行鉴别。钠与水反应可看到钠珠在水面上滚动，钾与水反应更剧烈，产生的氢气能燃烧。用焰色反应也很容易区别钠和钾。

(2) 利用三者碱性的强弱来鉴别。分别取少量三种固体溶于水，用 pH 试纸进行检验，碱性最强的是烧碱，碱性最弱的是小苏打，剩下的是纯碱。

(3) 可用盐酸进行鉴别。取少量两种固体，分别加入盐酸，有气体放出的是石灰石，无气体放出的是石灰。

$$CaCO_3 + 2H^+ \xlongequal{} Ca^{2+} + CO_2 \uparrow + H_2O$$
$$CaO + 2H^+ \xlongequal{} Ca^{2+} + H_2O$$

(4) 大理石的化学式是 $CaCO_3$, 石膏是 $CaSO_4$, 可用盐酸鉴别, 加入盐酸后有气体放出的是大理石; 无气体放出的是石膏。

(5) 芒硝的化学式是 $Na_2SO_4 \cdot 10H_2O$, 泻盐是 $MgSO_4 \cdot 7H_2O$。可用 NaOH 溶液进行鉴别, 分别取少量固体溶于水, 向所得溶液中加入 NaOH 溶液, 有白色沉淀生成的是泻盐, 无沉淀生成者为芒硝。

(6) 取少量三种固体, 分别加入过量的 NaOH, 固体溶解的为 $Al(OH)_3$。另取剩下的两种固体分别加入盐酸, 有气体放出的为 $MgCO_3$, 另一固体为氢氧化镁。

19. 实验室中有 5 个试剂瓶, 分别装有白色粉末状固体, 它们可能是 $MgCO_3$、$BaCO_3$、无水 Na_2CO_3、无水 $CaCl_2$ 和无水 Na_2SO_4, 试鉴别之(以反应方程式表示), 并简单说明。

答: 分别取少量固体加水, 溶于水的是 Na_2SO_4、$CaCl_2$ 和 Na_2CO_3; 不溶于水的是 $MgCO_3$ 和 $BaCO_3$。

在两种难溶盐中加入 H_2SO_4, 沉淀溶解并有气体放出的为 $MgCO_3$, 有沉淀、气体放出的为 $BaCO_3$。反应方程式为:

$$MgCO_3 + 2H^+ \xlongequal{} Mg^{2+} + CO_2 \uparrow + H_2O$$
$$BaCO_3 + H_2SO_4 \xlongequal{} BaSO_4 \downarrow + CO_2 \uparrow + H_2O$$

分别用 pH 试纸检验三种易溶盐溶液, 溶液呈碱性的为 Na_2CO_3,

$$CO_3^{2-} + H_2O \xlongequal{} HCO_3^- + OH^-$$

溶液显中性的为 $CaCl_2$ 和 Na_2SO_4, 分别向两种溶液中加入 $BaCl_2$ 溶液, 有白色沉淀的为 Na_2SO_4, 另一种为 $CaCl_2$。

$$SO_4^{2-} + Ba^{2+} \xlongequal{} BaSO_4 \downarrow$$

20. 锂及其化合物与其他碱金属及其化合物在性质上有哪些不同?

答: 锂具有较高的熔、沸点, 锂的化合物具有一定的共价性, 锂的氟化物、碳酸盐、磷酸盐等难溶于水, LiOH 热分解生成 Li_2O。以上这些性质均与其他碱金属及其化合物不同, 其原因为: 锂的原子半径和离子半径很小, 其离子的外层电子构型也与其他碱金属不同, 锂离子最外层有 2 个电子, 而其他碱金属离子有 8 个电子, 而使元素锂具有很多特殊性。

21. 写出下列物质的化学式。

石膏　重晶石　大苏打　小苏打　苏打　萤石　芒硝　白云石　泻盐　明矾

答：石膏 $CaSO_4 \cdot 2H_2O$；重晶石 $BaSO_4$；大苏打 $Na_2S_2O_3 \cdot 5H_2O$；小苏打 $NaHCO_3$；苏打 Na_2CO_3；萤石 CaF_2；芒硝 $Na_2SO_4 \cdot 10H_2O$；白云石 $CaMg(CO_3)_2$；泻盐 $MgSO_4 \cdot 7H_2O$；明矾 $KAl(SO_4)_2 \cdot 12H_2O$。

22. 含有 Ca^{2+}、Mg^{2+} 和 SO_4^{2-} 离子的粗食盐如何精制成纯的食盐，以反应式表示。

答：将粗食盐溶解后，过滤除去泥沙等不溶性杂质，向滤液中加入 $BaCl_2$ 溶液，生成沉淀 $BaSO_4$，除去 SO_4^{2-}：

$$SO_4^{2-} + Ba^{2+} = BaSO_4 \downarrow$$

过滤除去沉淀后，向滤液中加入 Na_2CO_3 溶液以除去 Ca^{2+}、Mg^{2+} 和过量的 Ba^{2+}：

$$Ca^{2+} + CO_3^{2-} = CaCO_3 \downarrow$$

$$4Mg^{2+} + CO_3^{2-} + 6H_2O = MgCO_3 \cdot 3Mg(OH)_2 \downarrow + 6H^+$$

$$Ba^{2+} + CO_3^{2-} = BaCO_3 \downarrow$$

最后向滤液中加入盐酸除去过量的 CO_3^{2-}：

$$2H^+ + CO_3^{2-} = CO_2 \uparrow + H_2O$$

调节 pH 值至中性。

四、练习题

1. 以下金属中，与水反应最平稳的是(　　)。

   A. Li　　　　B. Na　　　　C. K　　　　D. Rb

2. 已知一碱金属含氧化合物，遇水、遇 CO_2 均可放出氧气，在过量氧气中加此碱金属，可直接生成该含氧化合物，此氧化物之阴离子具有抗磁性，此物质为(　　)。

   A. 正常氧化物　　　　　　B. 过氧化物

   C. 超氧化物　　　　　　　D. 臭氧化物

第十一章 碱金属和碱土金属

3. 超氧离子 O_2^-、过氧化物 O_2^{2-} 与氧分子 O_2 相比较,稳定性低的原因是(　　)。
   A. O_2^-、O_2^{2-} 反键轨道上的电子比 O_2 的少,从而它们的键级小
   B. O_2^-、O_2^{2-} 反键轨道上的电子比的 O_2 少,从而它们的键级大
   C. O_2^-、O_2^{2-} 反键轨道上的电子比的 O_2 多,从而它们的键级小
   D. O_2^-、O_2^{2-} 反键轨道上的电子比的 O_2 多,从而它们的键级大

4. 电解熔融盐制金属钠所用的原料是氯化钠和氯化钙的混合物,在电解过程中阴极析出的是钠而不是钙,这是因为(　　)。
   A. $\varphi^\theta(Na^+/Na) > \varphi^\theta(Ca^{2+}/Ca)$,钠应先析出
   B. 还原一个钙离子需要 2 个电子,而还原一个钠离子只需 1 个电子
   C. 在高温熔融条件下,金属钠的析出电位比金属钙的低
   D. 析出钙的耗电量大于析出钠的耗电量

5. 碱金属氢氧化物的溶解度较碱土金属氢氧化物为大,这是由于(　　)。
   A. 它们的氢氧化物碱性强
   B. 它们的氢氧化物电离度大
   C. 碱金属离子的离子势大
   D. 碱金属离子的离子势小

6. 已知一金属阳离子之焰色反应呈红色,其氧化物易溶于有机溶剂,此金属离子为(　　)。
   A. Li^+　　　　B. Ca^{2+}　　　　C. Sr^{2+}　　　　D. K^+

7. 锂与镁性质上的相似性是由于(　　)。
   A. 锂、镁的离子极化能力相似
   B. 锂、镁的离子变形性相似
   C. 两者离子均为 8 电子层构型
   D. 两者离子半径相近、离子电荷相同

8. 在配制炸药时用 KNO_3 不用 $NaNO_3$,这是因为(　　)。
   A. KNO_3 易于制取
   B. KNO_3 吸湿性强

C. $NaNO_3$ 吸湿性强

D. KNO_3 更易于热分解,有利于起爆

9. 下列硫酸盐中热稳定性最高者是(　　)。

A. $Fe_2(SO_4)_3$　　B. K_2SO_4　　C. $BeSO_4$　　D. $MgSO_4$

10. 对于锂、镁相似性,下列叙述错误的是(　　)。

A. 在过量氧气中燃烧,均生成过氧化物

B. 氢氧化物均不稳定,高热易分解

C. Li^+、Mg^{2+} 水合能力均较强

D. 碳酸盐、氟化物、磷酸盐等均不易溶于水

11. 电解熔融盐制金属钠时,所用的盐是混有氯化钙的氯化钠,加入 $CaCl_2$ 的目的是为了(　　)。

A. 使金属钠易于由阴极析出

B. 降低熔融盐的熔点

C. 减小金属钠在熔融盐中的分散度

D. 升高熔融盐的熔点

12. 下列元素中,形成化合物时共价倾向较大的是(　　)。

A. Na　　B. Li　　C. Ca　　D. Be

13. 下列各对元素中,呈现对角线相似性比较明显的是(　　)。

A. Na—Ca　　B. Li—Mg　　C. Be—Al　　D. H—Be

14. 超氧离子 O_2^- 的键级为(　　)。

A. 2　　B. $2\frac{1}{2}$　　C. $1\frac{1}{2}$　　D. 1

15. 芒硝的化学式是(　　)。

A. Na_2SO_4　　　　　　B. $Na_2SO_4 \cdot 10H_2O$

C. $KNO_3 \cdot 5H_2O$　　　　D. $NaNO_3$

16. 除锂外,碱金属可形成一系列复盐,一般地讲复盐的溶解度(　　)。

A. 比相应的简单碱金属盐为大

B. 比相应的简单碱金属盐为小

C. 与相应的简单碱金属盐溶解度相差不大

D. 与相应的简单碱金属盐溶解度相比较,无规律性

17. 绿柱石的主要成分是（　　）。
    A. $KCl \cdot MgCl_2 \cdot 6H_2O$
    B. $3BeO \cdot Al_2O_3 \cdot 6SiO_2$
    C. $K_2SO_4 \cdot Al_2(SO_4)_3 \cdot 24H_2O$
    D. $Li_2O \cdot Al_2O_3 \cdot 6SiO_2$

18. 下列化合物中熔点最高的是（　　）。
    A. MgO　　　B. CaO　　　C. BeO　　　D. BaO

19. 18℃时的 $Mg(OH)_2$ 溶度积是 1.2×10^{-11}，在该温度时，$Mg(OH)_2$ 饱和溶液的 pH 值为（　　）。
    A. 10.2　　　B. 7　　　C. 5　　　D. 3.2

20. 在沸腾的石灰水中长时间通入过量的 CO_2 气体，现象为（　　）。
    A. 无现象
    B. 产生沉淀
    C. 先产生沉淀后又消失
    D. 先产生沉淀后又消失，然后又产生沉淀

21. 碱土金属氢氧化物溶解度大小顺序是（　　）。
    A. $Be(OH)_2 > Mg(OH)_2 > Ca(OH)_2 > Sr(OH)_2 > Ba(OH)_2$
    B. $Be(OH)_2 < Mg(OH)_2 < Ca(OH)_2 < Sr(OH)_2 < Ba(OH)_2$
    C. $Mg(OH)_2 < Be(OH)_2 < Ca(OH)_2 < Sr(OH)_2 < Ba(OH)_2$
    D. $Be(OH)_2 < Mg(OH)_2 < Sr(OH)_2 < Ca(OH)_2 < Ba(OH)_2$

22. Ca^{2+}、Sr^{2+}、Ba^{2+} 的铬酸盐溶解度大小顺序是（　　）。
    A. $CaCrO_4 < SrCrO_4 < BaCrO_4$
    B. $CaCrO_4 < BaCrO_4 < SrCrO_4$
    C. $CaCrO_4 > BaCrO_4 > SrCrO_4$
    D. $BaCrO_4 < SrCrO_4 < CaCrO_4$

23. 普通食盐常有潮解现象，原因是（　　）。
    A. NaCl 有吸潮性　　　　B. 食盐中含有 $MgCl_2$ 杂质
    C. NaCl 含有结晶水　　　D. NaCl 含有 HCl

24. 下列碱土金属盐类中，易溶于水的是（　　）。
    A. 硝酸盐　　B. 硫酸盐　　C. 氯化物　　D. 铬酸盐

25. 由 $MgCl_2 \cdot 6H_2O$ 制备无水 $MgCl_2$ 可采用的方法是(　　)。
    A. 加热脱水　　　　　　　B. 用 $CaCl_2$ 脱水
    C. 用浓 H_2SO_4 脱水　　　D. 在 HCl 气流中加热脱水
26. 碱土金属盐较同周期相应的碱金属盐离子键特征(　　)。
    A. 强　　　　B. 差　　　　C. 一样　　　D. 无法判断
27. 医学上用作 X 射线透视造影的钡餐是(　　)。
    A. $BaCl_2$　　B. $BaCrO_4$　　C. $BaSO_4$　　D. $BaCO_3$
28. Ca^{2+}、Sr^{2+}、Ba^{2+} 的草酸盐在水中的溶解度与铬酸盐相比(　　)。
    A. 前者逐渐增大,后者逐渐降低
    B. 前者逐渐降低,后者逐渐增大
    C. 无一定顺序,两者溶解度都很大
    D. 两者递变顺序相同
29. 有四种氯化物,它们的通式是 XCl_2。其中最可能是第ⅡA族元素的氯化物是(　　)。
    A. 白色固体,熔点低,易升华,完全溶于水,得到一种无色中性溶液,此溶液导电性极差
    B. 绿色固体,熔点较高,易被氯化,溶于水,得到一种蓝绿色溶液,此溶液具有良好的导电性
    C. 白色溶液,极易升华,如与水接触,可慢慢分解
    D. 白色固体,熔点较高,易溶于水,得到一种无色中性溶液,此溶液具有良好的导电性
30. 卤化铍具有较明显的共价性,是因为(　　)。
    A. Be^{2+} 带有 2 个单位正电荷
    B. Be^{2+} 的半径小,离子势大,极化能力强
    C. Be 次外层只有 2 个电子
    D. 卤离子变形性大
31. Ba^{2+} 的焰色反应为(　　)。
    A. 黄绿色　　B. 紫色　　C. 红色　　D. 黄色
32. $MgCl_2$ 能溶于有机溶剂如乙醇中,是因为(　　)。
    A. 与有机溶剂发生了化学反应

B. 形成了乙醇镁
C. $MgCl_2$ 共价性较强
D. 两者分子大小相近

33. 下列物质中,碱性最强的是( )。
    A. $Ba(OH)_2$　　　　　　B. $Mg(OH)_2$
    C. $Be(OH)_2$　　　　　　D. $Ca(OH)_2$

34. 下列卤化物中,共价性最强的是( )。
    A. LiF　　　　　　　　　B. RbCl
    C. LiI　　　　　　　　　D. BeI_2

35. 下列化合物最稳定的是( )。
    A. Li_2O_2　　　　　　　B. Na_2O_2
    C. K_2O_2　　　　　　　D. Rb_2O_2

36. 可以将 Ba^{2+} 和 Sr^{2+} 分离的是( )。
    A. H_2S 和 HCl　　　　　B. $(NH_4)_2CO_3$ 和 $NH_3 \cdot H_2O$
    C. K_2CrO_4 和 HAc　　　D. $(NH_4)_2C_2O_4$ 和 HAc

37. 某化合物 A 能溶于水,在溶液中加入 K_2SO_4 时有不溶于酸的白色沉淀 B 生成并得到溶液 C,在溶液 C 中加入 $AgNO_3$ 不发生反应,但它可和 I_2 反应,产生有刺激性气味的黄绿色气体 D 和溶液 E。将气体 D 通入 KI 溶液中,有棕色溶液 F 生成。当加 CCl_4 于溶液 F 中,在 CCl_4 层中显紫红色,而水溶液的颜色变浅。若在这水溶液中加入 $AgNO_3$,则有黄色沉淀 G 生成。写出每步反应,并确定 A、B、C、D、E、F、G 各为何物。

38. 在粗盐纯制时,其中含少量的钾盐是如何从 NaCl 中分出的?根据是什么?

39. 举例用金属置换法制取钾和铷的反应方程式,并试解释反应可进行的原因。

40. 写出用相应的氮化物制取单质铷或铯的通式,并配平。

41. 什么叫焰色反应?简单解释焰色反应产生的原因及用途。

42. 为什么碱土金属比碱金属有较高的熔点和硬度?

43. 在炼铁中渣的主要成分为 $CaSiO_3$,写出其在炼铁中形成的主要化学反应,指出反应可进行的原因和条件。

44. 以化学方程式表示,用重晶石($BaSO_4$)为原料制备下列物质:(1) $BaCO_3$ (2) $BaCl_2$ (3) $Ba(NO_3)_2$ (4) BaO_2 (5) 医用 $BaSO_4$。用配平的化学方程式表示。

45. 从含 Mg^{2+} 的海水如何制取金属镁?

46. 如何区别下列各组内的物质?
    (1) $CaSO_4$ 和 $CaCO_3$
    (2) Na_2SO_4 和 $MgSO_4$
    (3) Mg 和 Al

47. 用 $NaCl$ 为原料,制备 Na、NaH、Na_2O_2,用方程式表示,注明条件。

48. 今有一瓶白色固体,它可能含有下列化合物:$NaCl$、$BaCl_2$、KI、CaI_2、KIO_3 中的两种。试根据下述实验现象加以判断,这白色固体包含哪两种化合物?写出有关的反应方程式。
    实验现象:(1)溶于水,得无色溶液;(2)溶液中加入稀硫酸后,显棕色,并有少量白色沉淀生成;(3)加适量 $NaOH$ 溶液,溶液成无色,而白色沉淀未消失。

49. 超氧化物遇水剧烈放出气体,超氧化物长期放置于空气中会失效,请写出方程式并配平。

50. 误吞食草酸及其草酸盐进入体内会导致死亡,通常的处理方法是:尽可能快地服用一杯石灰水($Ca(OH)_2$ 饱和溶液)或 1% $CaCl_2$ 溶液,随即使病人呕吐几次,然后再用 15~30 g 的泻盐($MgSO_4 \cdot 7H_2O$)溶于水中让病人服用,而不必再让病人呕吐,试解释这种处理方法的原因。

51. 完成并配平下列反应方程式:
    (1) $K_2CO_3 + C \longrightarrow$
    (2) $CaH_2 + H_2O \longrightarrow$
    (3) $MgO + C \longrightarrow$
    (4) $Mg + N_2 \longrightarrow$
    (5) $BaO \longrightarrow BaO_2 \longrightarrow H_2O_2$

五、练习题参考答案

1. A	2. B	3. C	4. C	5. D	6. A
7. A	8. C	9. B	10. A	11. B、C	12. B、D
13. B、C	14. C	15. B	16. B	17. B	18. A
19. A	20. B	21. B	22. D	23. B	24. A、C
25. D	26. B	27. C	28. A	29. D	30. B
31. A	32. C	33. A	34. D	35. B	36. C

37. **提示**：A. $Ba(ClO_3)_2$，B. $BaSO_4$，C. $KClO_3$，D. Cl_2，E. KIO_3，F. KI_3，G. AgI

38. **提示**：钾盐多为可溶的，且加入任何 K^+ 沉淀剂，均会引入其他离子，故粗盐纯制时，只是用结晶 $NaCl$ 的方法，少量 K^+ 存留在母液中，因为在该条件下，母液对 $NaCl$ 已达饱和，对 K^+ 却是不饱和的。

39. **提示**：$KCl + Na \Longrightarrow NaCl + K \uparrow$
    $2RbCl + Ca \Longrightarrow CaCl_2 + 2Rb \uparrow$
    反应可进行原因：K，Rb 在反应温度条件下为气体；$NaCl$ 晶格能高于 KCl，$CaCl_2$ 高于 $RbCl$。

40. **提示**：$2MN_3 \stackrel{\triangle}{=\!=\!=} 2M + 3N_2$

41. **提示**：碱金属和钙、锶、钡的挥发性盐在无色火焰中灼烧时，能使火焰呈现一定的颜色，称之焰色反应。离子受热、电子可吸收能量被激发到高能级，当电子由高能级跃回到低能级时，能以光的形式将能量再度放出。由于不同阳离子能级差不同，故光的波长、频率不同。可利用焰色反应定性地鉴别这些元素的存在。

42. **提示**：碱金属原子的价电子构型为 ns^1，碱土金属为 ns^2；金属键的强度与价电子的数目有关，且碱土金属原子半径较小，这也使金属键强度增大；致使碱土金属单质的熔点、硬度高于碱金属。

43. **提示**：$SiO_2 + CaO =\!=\!= CaSiO_3$

原因：CaO 为碱性氧化物，SiO_2 是酸性氧化物

条件：高温

44. **提示**：(1) $BaSO_4 + 4C =\!=\!= BaS + 4CO\uparrow$

$BaS + CO_2 + H_2O =\!=\!= BaCO_3\downarrow + H_2S\uparrow$

(2) $BaCO_3 + 2HCl =\!=\!= BaCl_2 + H_2O + CO_2\uparrow$

(3) $BaCO_3 + 2HNO_3 =\!=\!= Ba(NO_3)_2 + CO_2\uparrow + H_2O$

(4) $BaCO_3 \xrightarrow{\triangle} BaO + CO_2\uparrow$

$2BaO + O_2 \xrightarrow{600\ ℃加压} 2BaO_2$

(5) $BaS + 2HCl =\!=\!= BaCl_2 + H_2S\uparrow$

$BaCl_2 + H_2SO_4 =\!=\!= BaSO_4\downarrow + 2HCl$

45. **提示**：将含 Mg^{2+} 海水加入石灰乳

$Mg^{2+} + Ca(OH)_2 =\!=\!= Mg(OH)_2\downarrow + Ca^{2+}$

$Mg(OH)_2 \xrightarrow{灼烧} MgO + CO_2$

用金属还原或碳还原：

$3MgO + Al \xrightarrow{高温} Al_2O_3 + 3Mg$

46. **提示**：(1) 加盐酸，$CaCO_3$ 可产生 $CO_2\uparrow$；$CaSO_4$ 不能。

(2) 加 $NaOH$，$MgSO_4$ 溶液中可产生白色沉淀 $Mg(OH)_2$，Na_2SO_4 不能

(3) Al 可溶于碱中并有产生 H_2；Mg 则不可。

47. **提示**：$2NaCl \xrightarrow[熔融]{电解} 2Na + Cl_2$ 加入 $CaCl_2$ 为助溶剂。

$2Na + H_2 \xrightarrow{573\sim 423\ K} 2NaH$

$2Na + O_2 \xrightarrow{573\sim 673\ K} Na_2O_2$

48. **提示**：这两种化合物是 CaI_2 和 KIO_3。

$IO_3^- + 5I^- + 6H^+ =\!=\!= 3I_2 + 3H_2O$

$Ca^{2+} + SO_4^{2-} =\!=\!= CaSO_4\downarrow$

$$3I_2 + 6OH^- = IO_3^- + 5I^- + 3H_2O$$

49. 提示：$2MO_2 + 2H_2O = O_2\uparrow + H_2O_2 + 2MOH$

　　　　$4MO_2 + 2CO_2 = 2M_2CO_3 + 3O_2\uparrow$

50. 提示：因为加入的 Ca^{2+} 将与 $C_2O_4^{2-}$ 产生不溶性的 $CaC_2O_4(s)$，过量的 Ca^{2+} 由于加入泻盐 $MgSO_4(aq)$ 而转化为难溶于胃酸的 $CaSO_4$。在加入石灰水或 $CaCl_2$ 后要让病人呕吐是必要的，因为生成的 $CaC_2O_4(s)$ 在胃酸作用后会重新溶解，生成的 $H_2C_2O_4$ 同样会通过胃壁进入血液中而引起中毒，而 $CaSO_4$(s)不再溶解于胃酸中，因此不必令病人呕吐（过量 Ca^{2+} 对人体有害，因此过量 Ca^{2+} 必须除去）。

51. (1) $K_2CO_3 + 2C \xrightarrow[真空]{1473\ K} 2K + 3CO$

　　(2) $CaH_2 + 2H_2O = Ca(OH)_2 + 2H_2\uparrow$

　　(3) $MgO + C \xrightarrow[电炉]{2300\ K} Mg + CO\uparrow$

　　(4) $3Mg + N_2 \xrightarrow{燃烧} Mg_3N_2$

　　(5) $2BaO + O_2 \xrightarrow{773\sim793\ K} 2BaO_2$

　　　$BaO_2 + H_2SO_4 = BaSO_4\downarrow + H_2O_2$

第十二章 碳族元素和硼族元素

一、教学要求

1. 掌握碳、硅、硼的单质、氢化物、卤化物、氧化物、含氧酸及其盐的结构和性质。
2. 通过硼及其化合物的结构和性质,熟悉硼的缺电子性以及它的成键特征。
3. 认识碳、硅、硼之间的相似性和差异性。
4. 了解硅酸和硅酸盐的结构与特性。
5. 掌握铝、锡、铅单质及其重要化合物的性质和用途。
6. 掌握锗分族元素及其化合物性质变化规律。
7. 了解铝的冶炼原理和方法。

二、重点与难点

重点:掌握碳、硅、硼的单质、氢化物、卤化物和含氧化合物的制备和性质。认识并理解碳、硅、硼之间的相似性与差异。掌握锡、铅的单质及其化合物的性质。

难点:惰性电子对效应及硼的缺电子性、缺电子键。

三、精选例题解析

1. 为什么说硼砂的水溶液是很好的缓冲溶液？

答：在硼砂的水溶液中，存在如下的水解平衡：

$$[B_4O_5(OH)_4]^{2-} + 5H_2O \rightleftharpoons 2H_3BO_3 + 2[B(OH)_4]^-$$

此溶液为等物质的量的硼酸和硼酸根离子的混合溶液，外加少量 H^+，可与 $[B(OH)_4]^-$ 结合生成 H_3BO_3；外加少量 OH^-，可与 H_3BO_3 结合生成 $[B(OH)_4]^-$，所以说硼砂的水溶液是很好的缓冲溶液。

2. 实验室备有 CCl_4、干冰和泡沫（内有 $Al_2(SO_4)_3$ 和 $NaHCO_3$）灭火器，还有水源和砂，若有下列失火情况，各宜用哪种方法灭火，说明理由：(1)金属镁着火；(2)金属钠着火；(3)黄磷起火；(4)油着火；(5)木器着火。

答：灭火的途径主要是隔绝空气和降低温度，同时也要考虑用做灭火剂的物质能否与燃烧物发生反应，进而助长火势甚至发生爆炸。

基于以上原因，金属钠、镁及黄磷起火时应用砂覆盖，隔绝空气，以达到灭火的作用，其他的灭火剂可以与它们发生化学反应，在高温时甚至发生爆炸。

油起火时，可以用干冰、泡沫灭火器和砂子等方法灭火而不应用水灭火。

木器起火时，可以用上述各种灭火方法灭火。

3. 试说明下列现象的原因：

(1) 制备纯硼或硅时，用 H_2 作还原剂比用活泼金属或碳好。

(2) 装有水玻璃的试剂瓶长期敞开瓶口，水玻璃变混浊。

(3) 石棉和滑石都是硅酸盐，石棉具有纤维性质而滑石可作润滑剂。

答：(1) 制备纯硼或硅时，用 H_2 作还原剂所发生的化学反应为：

$$2BBr_3 + 3H_2 \xrightarrow[\text{Tn 丝}]{1\,273 \sim 1\,473\ K} 2B(s) + 6HBr \uparrow$$

$$SiCl_4 + 2H_2 \xrightarrow[\text{Mo 丝}]{\text{电炉}} Si + 4HCl$$

在制备 Si 或 B 时用 H_2 还原，其产物分别为 $H_2O(g)$ 和 $HCl(g)$，这些生成物在还原过程中都易挥发容易排除，而用活泼金属或碳作还原剂生成卤化物时，不易排除，而且碳或金属还会与 Si、B 反应，所以制备 Si 或 B 时用 H_2 还原好。

（2）水玻璃（又名泡花碱，其主要成分为 Na_2SiO_3）变混浊的原因：是由于水玻璃吸收空气中的 CO_2 后而析出硅酸的缘故。反应方程式为：

$$Na_2SiO_3 + CO_2 + H_2O = H_2SiO_3 \downarrow + Na_2CO_3$$

（3）石棉和滑石虽然都是硅酸盐，但是它们阴离子（硅氧四面体）的结构不同。在石棉中，阴离子之间通过两个氧原子连成无限长链，具有单键、双链结构、链与链之间与金属离子相联，具有这种链状结构的阴离子的硅酸盐表现出纤维性质。在滑石中，每个阴离子通过其中的 3 个氧原子与其它的阴离子形成片状结构，金属离子在片与片之间，故滑石易分成薄片，片与片之间具有滑动性，因此可做润滑剂。

4. 试说明下列事实的原因：

（1）CO_2 和 SiO_2 的组成相似，在常温常压下，CO_2 为气体而 SiO_2 为固体。

（2）CF_4 不水解，而 BF_3 和 SiF_4 都水解。

答：（1）SiO_2 的组成与 CO_2 相似，但晶体结构不同，干冰为分子晶体，晶格结点上是 CO_2 分子，CO_2 是单个小分子，所以 CO_2 的熔点低，有挥发性，在常温常压下为气态。而 SiO_2 是由硅氧四面体组成的原子晶体，整个晶体为一个巨大分子，晶格结点上是氧原子与硅原子，SiO_2 只表示在这个巨型分子中的硅、氧原子之间数目比关系，所以在常温常压下为固体。

（2）因为 C 原子的配位数最大为 4，而且无 d 轨道，CF_4 分子中 C 的配位数已满足，它不能再与水分子作用，故 CF_4 不水解。而 Si 有 3d 轨道，最高配位数可达 6，可以接受水分子中的孤电子对而与水分子作用。BF_3 中的 B 原子是缺电子原子，它可以接受水分子中的孤电子对与水作用，所以 SiF_4 和 BF_3 都水解。

5. 什么是"三中心两电子"键？它与通常的共价键有什么不同？

答:"三中心两电子"键是用 2 个电子连接 3 个原子所形成的一种特殊的离域共价键,它是缺电子原子的一种成键特征。它与通常的共价键的区别在于它是一种缺电子的桥键,而一般的共价键是由两个原子共用 2 个电子所形成的。

6. B_4H_{10} 分子可以描述为有两个单键 BH 基,两个 B—H 单键的 BH_2 基,四个硼原子排成两个三角形,它们共用一条边,含有 B—H 基的共用边以 B—B 单键连接,沿着两个三角形的其它四条边有 BHB 三中心二电子键。试给出 B_4H_{10} 的全部价电子数并用简图表示这些电子的分布。

答:B_4H_{10} 的结构简图为:

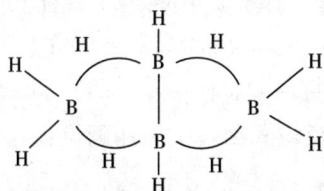

在 B_4H_{10} 分子中,有 8 个电子形成 4 个三中心两电子键(用弧线表示);另有 14 个电子形成 7 个正常共价键(用直线表示之),B_4H_{10} 全部价电子数为 8+14=22 个。

7. 为什么 BH_3 的二聚过程不能用分子间形成氢键来解释?为什么卤化硼不形成二聚体?

答:分子间形成氢键必须具备的条件是:氢原子必须是直接与电负性大的元素(如氟、氧)的原子相结合,而硼的电负性(2.04)较小,不能形成分子间氢键。

在卤化硼 BCl_3 分子中,B 原子采取等性的 sp^2 杂化,形成在同一个平面上与 3 个 Cl 原子相结合的三个 σ 键,由于 B 原子半径小,又有一个空的 2p 轨道,所以 Cl 原子上的孤电子对可以反馈给 B 原子,而且趋势很强,使硼的路易斯酸性减弱,不再接受其它原子上的电子对,因此不能形成双聚体。

8. 在实验室里鉴别钠的碳酸盐和碳酸氢盐,一般用下列方法,试写出有关反应方程式。

(1) 若试样中仅有一种固体,加热(在 423 K 左右)时放出 CO_2,则样品为碳酸氢盐。

(2) 若试样为溶液,可加 $MgSO_4$,立即有白色沉淀的为碳酸盐,煮沸后才得到沉淀的为酸式盐。

(3) 若样品中兼有二者,可先加过量的 $CaCl_2$,正盐先沉淀,继续在滤液中加氨水,白色沉淀的再出现说明有酸式盐。

答: (1) $2NaHCO_3 \xrightarrow{423\ K} Na_2CO_3 + CO_2\uparrow + H_2O$

(2) $Na_2CO_3 + MgSO_4 = MgCO_3\downarrow + Na_2SO_4$

$2NaHCO_3 + MgSO_4 \xrightarrow{423\ K}$

$MgCO_3\downarrow + CO_2\downarrow + Na_2SO_4 + H_2O$

(3) $Na_2CO_3 + CaCl_2 = CaCO_3\downarrow + 2NaCl$

$NaHCO_3 + NH_3 + CaCl_2 = CaCO_3\downarrow + NaCl + NH_4Cl$

9. 有人根据下列反应式制备了一些硼烷:

$4BF_3 + 3LiAlH_4(s) \xrightarrow{乙醚} 2B_2H_6(g) + 3LiF(s) + 3AlF_3(s)$

若产率为 100%,用 5 g BF_3 和 10.0 g $LiAlH_4$ 反应能得到多少克 B_2H_6?制备由于用未经很好干燥的乙醚,有些 B_2H_6 与水反应损失了。

$B_2H_6(g) + 6H_2O(l) \longrightarrow 2H_3BO_3(乙醚) + 6H_2(g)$

有多少 B_2H_6 将与 0.01 g 水起反应?

解: 首先判断哪种反应物过量。设 5 g BF_3 能与 x g $LiAlH_4$ 发生反应,则:

$4BF_3 + 3LiAlH_4(s) \xrightarrow{乙醚} 2B_2H_6(g) + 3LiF(s) + 3AlF_3(s)$

$4\times 68 \quad 3\times 38 \qquad\quad 2\times 28$

$\quad 5 \qquad\quad x \qquad\qquad\quad y$

$$x = \frac{3\times 38\times 5}{4\times 68} = 2.1\ g$$

计算结果表明 5 g BF_3 只能与 2.1 g $LiAlH_4$ 反应,故 $LiAlH_4$ 过量,应根据 BF_3 的量进行计算。

设 5 g BF_3 跟足量的 $LiAlH_4$ 反应生成 y g B_2H_6。

$$y = \frac{5 \times 2 \times 28}{4 \times 68} = 1.0 \text{ g}$$

设有 z g B_2H_6 与 0.01g 水起反应。

$B_2H_6(g) + 6H_2O(l) \longrightarrow 2H_3BO_3(乙醚) + 6H_2(g)$

2   86×18

z 0.01

$$z = \frac{28 \times 0.01}{6 \times 18} = 0.003 \text{ g}$$

答：5 g BF_3 和 10.0 g $LiAlH_4$ 反应能得到 1.0 g B_2H_6，有 0.003 g B_2H_6 与 0.01 g 水起反应。

10. 试说明硅为何不溶于氧化性的酸(如浓硝酸)溶液中，却分别溶于碱溶液及 HNO_3 与 HF 组成的混合溶液中？

答：硅在氧化性的酸中被钝化，表面生成一层致密的、不溶于酸的氧化物薄膜而保护内部。而硅与强碱迅速反应放出氢气：

$$Si + 2NaOH + H_2O =\!=\!= Na_2SiO_3 + 2H_2 \uparrow$$

在有氧化剂存在下，与 HF 反应，如：

$$3Si + 4HNO_3 + 18HF =\!=\!= 3H_2[SiF_6] + 4NO\uparrow + 8H_2O$$

正反应中生成了气体和难离解的 $[SiF_6]^{2-}$，促使平衡右移。

11. 完成并配平下列反应方程式。

(1) $B + H_2O(g) \longrightarrow$

(2) $B_2O_3 + Mg \longrightarrow$

(3) $CaF_2 + B_2O_3 + H_2SO_4(浓) \longrightarrow$

(4) $B(OH)_3 + C_2H_5OH \xrightarrow{H_2SO_4}$

(5) $SiH_4 + KMnO_4 \longrightarrow$

(6) $Mg_3B_2 + HCl \longrightarrow$

(7) $Mg_2Si + HCl \longrightarrow$

(8) $B_2O_3 + C + Cl_2 \xrightarrow{\triangle}$

(9) $CO + PdCl_2 + H_2O \longrightarrow$

(10) $Na_2SO_4 + C + SiO_2 \xrightarrow{1\,737 \sim 1\,823 \text{ K}}$

答：(1) $2B + 6H_2O(g) = 2B(OH)_3 + 3H_2$

(2) $B_2O_3 + 3Mg \xrightarrow{\text{高温}} 3MgO + 2B$

(3) $3CaF_2 + B_2O_3 + 3H_2SO_4(\text{浓}) = 3CaSO_4 + 2BF_3\uparrow + 3H_2O$

(4) $B(OH)_3 + 3C_2H_5OH \xrightarrow{\text{浓}H_2SO_4} B(OC_2H_5)_3 + 3H_2O$

(5) $SiH_4 + 2KMnO_4 = 2MnO_2\downarrow + K_2SiO_3 + H_2\uparrow + H_2O$

(6) $6Mg_3B_2 + 36HCl = B_4H_{10} + 8B + 13H_2\uparrow + 18MgCl_2$

(7) $4Mg_2Si + 16HCl = Si_4H_{10} + 3H_2\uparrow + 8MgCl_2$

(8) $B_2O_3 + 3C + 3Cl_2 \xrightarrow{\triangle} 2BCl_3 + 3CO\uparrow$

(9) $CO + PdCl_2 + H_2O = CO_2\uparrow + Pd\downarrow + 2HCl$

(10) $Na_2SO_4 + C + SiO_2 \xrightarrow{1737 \sim 1823\ K} Na_2SiO_3 + SO_2\uparrow + CO\uparrow$

12. 试用化学方程式表示如何以硼砂为原料制备下列化合物。

(1) 硼酸　(2) 三氟化硼　(3) 硼氢化钠

答：(1) $Na_2[B_4O_5(OH)_4] + H_2SO_4(\text{浓}) + 3H_2O =$
$\qquad 4H_3BO_3 + Na_2SO_4$

(2) $2H_3BO_3 \xrightarrow{578\ K} B_2O_3 + 3H_2O$
$\quad B_2O_3 + 3CaF_2 + 3H_2SO_4(\text{浓}) = 2BF_3 + 3CaSO_4 + 3H_2O$

(3) $B(OH)_3 + 3CH_3OH \xrightarrow{H_2SO_4} B(OCH_3)_3 + 3H_2O$
$\quad B(OCH_3)_3 + 4NaH = NaBH_4 + 3NaOCH_3$
或 $4NaH(\text{过量}) + BF_3 = NaBH_4 + 3NaF$

13. 小结碳、硅、硼三种元素之间的相似性及差异。

答：(1) 它们都能形成卤化物，三者比较，硼的卤化物与硅卤化物的性质比相应的碳的卤化物更相似。

(2) 它们都是亲氧元素，硅和硼比碳的亲氧性强。

(3) 三种元素都有同素异形体。

(4) 它们的单质晶体都是原子晶体。

(5) 碳与硅是等电子原子构成的元素，硼是缺电子原子构成的元素。

(6) 它们都能与氢形成氢化物，硼烷与硅烷的物理、化学性质更相近,稳定性和种类都不及烷烃,并且碳形成烷烃的能力更强。

14.试解释:

(1)铝为较活泼金属,但却被广泛地用于航空和建筑业,用作水管(非饮用水)和某些化工设备。

(2)铝比铜活泼,但浓硝酸能溶解铜而不能溶解铝。

答:(1)铝是亲氧元素,当铝接触空气或氧气,其表面就立即被一层致密的氧化膜所覆盖,这层膜可阻止内层的铝被氧化。所以铝在空气、水或氧化性酸中不易被腐蚀,而得到广泛的应用。

(2)虽然铝比铜活泼,但浓硝酸能使铝钝化,生成致密的氧化铝而保护内部,铜在硝酸中无钝化作用,发生氧化还原反应而溶解:

$$Cu+4HNO_3(浓)= Cu(NO_3)_2+2NO_2\uparrow+2H_2O$$

15.试说明铝为什么不溶于水却能溶于 NH_4Cl 和 Na_2CO_3 的水溶液中?

答:铝是较活泼金属,亲氧性极强,一接触空气,表面就立即生成一层致密的氧化膜 Al_2O_3,氧化膜可以阻止内层的铝被氧化,它也不溶于水,所以金属铝在空气中和水中都很稳定。但金属铝和氧化铝都能与酸、碱反应,NH_4Cl 水解显酸性:

$$NH_4^+ +2H_2O \rightleftharpoons NH_3\cdot H_2O+H_3O^+$$

Na_2CO_3 水解显碱性:$CO_3^{2-}+H_2O \rightleftharpoons HCO_3^- +OH^-$

而金属铝和氧化铝都显两性,溶于酸也溶于碱:

单质:$2Al+6H^+ = 2Al^{3+}+3H_2\uparrow$

$$2Al+2OH^-+6H_2O = 2[Al(OH)_4]^- +3H_2\uparrow$$

氧化物:$Al_2O_3+6H^+ = 2Al^{3+}+3H_2O$

$$Al_2O_3+2OH^-+3H_2O = 2[Al(OH)_4]^-$$

16.铅在金属活动顺序表中位于氢左边,但为什么铅实际上不溶于稀盐酸和 H_2SO_4 中?提高上述酸的浓度,对它的溶解性有何影响?

答:铅与稀盐酸和稀硫酸都能反应,分别生成微溶性的 $PbCl_2$ 和难溶性的 $PbSO_4$,由于它们覆盖在 Pb 的表面,使反应终止。如果提高上述酸的浓度,反应的产物发生变化:

$$Pb+2HCl(稀) = PbCl_2\downarrow + H_2\uparrow (反应很快终止)$$

$$Pb + 2HCl(浓) \xrightarrow{\triangle} H_2[PbCl_4] + H_2\uparrow$$

$$Pb + H_2SO_4(稀) \longrightarrow PbSO_4\downarrow + H_2\uparrow (反应很快终止)$$

$$Pb + 3H_2SO_4(浓) \xrightarrow{\triangle} Pb(HSO_4)_2 + SO_2\uparrow + 2H_2O$$

由于产物 $H_2[PbCl_4]$ 和 $Pb(HSO_4)_2$ 都易溶,所以铅能溶于浓盐酸和浓硫酸中。

17. 指出下列分子或离子中,中心原子所采取的杂化方式和价电子对数,并说明这些分子或离子的形状:

$$SnCl_4 \quad [AlCl_6]^{3-} \quad [AlF_4]^- \quad GaCl_3 \quad PbCl_4$$

答: 列表比较如下:

$SnCl_4$	sp^3 杂化	4 对价电子	四面体构型
$[AlCl_6]^{3-}$	sp^3d^2 杂化	6 对价电子	八面体构型
$[AlF_4]^-$	sp^3 杂化	4 对价电子	四面体构型
$GaCl_3$	sp^2 杂化	3 对价电子	平面三角形
$PbCl_4$	sp^3 杂化	4 对价电子	四面体构型

18. (1)有哪些事实说明 Pb(Ⅳ)具有强氧化性?

(2)如何完成下列转化? 铅→二氯化铅→二氧化铅。

(3)为什么 PbO_2 不溶于浓 HNO_3,却能溶于盐酸和浓硫酸中?

答: (1)PbO_2 能将浓 HCl 中 Cl^- 氧化成 Cl_2。

$$PbO_2 + 4HCl(浓) \xrightarrow{\triangle} PbCl_2 + Cl_2\uparrow + 2H_2O$$

PbO_2 在浓 H_2SO_4 溶液中释放出氧气

$$2PbO_2 + 2H_2SO_4(浓) \longrightarrow 2PbSO_4 + O_2\uparrow + 2H_2O$$

PbO_2 在强酸性介质中将 Mn^{2+} 氧化为 MnO_4^-

$$5PbO_2 + 2MnSO_4 + 3H_2SO_4 \longrightarrow 5PbSO_4 + 2HMnO_4 + 2H_2O$$

(2) $Pb + Cl_2(不足) \longrightarrow PbCl_2$

$$PbCl_2 + 2OH^- \longrightarrow Pb(OH)_2\downarrow + 2Cl^-$$

$$Pb(OH)_2 + NaClO \longrightarrow PbO_2\downarrow + NaCl + H_2O$$

(3)PbO_2 为强氧化剂,能与 HCl 和浓 H_2SO_4 作用,由 Pb(Ⅳ)→

Pb(Ⅱ),所以可溶于 HCl 和 H_2SO_4 中。
$$PbO_2 + 4HCl \xlongequal{} PbCl_2 + Cl_2\uparrow + 2H_2O$$
$$2PbO_2 + 2H_2SO_4(浓) \xlongequal{} 2PbSO_4 + O_2\uparrow + 2H_2O$$

PbO_2 为强化剂,而 HNO_3 亦为强化剂,故 PbO_2 不溶于浓 HNO_3 中。

19. 用 $SnCl_2$ 作还原剂能否将

(1) Fe^{2+} 还原为 Fe;

(2) $Cr_2O_7^{2-}$ 还原为 Cr^{3+};

(3) In^{3+} 还原为 In;

(4) I_2 还原为 I^-;

若能,请写出有关的标准电极电势和配平的反应方程式。

答: $\varphi^\theta(Sn^{4+}/Sn^{2+}) = 0.151\ V$

$\varphi^\theta(Fe^{2+}/Fe) = -0.44\ V$, $\varphi^\theta(Cr_2O_7^{2-}/Cr^{3+}) = 1.33\ V$

$\varphi^\theta(In^{3+}/In) = -0.338\ V$, $\varphi^\theta(I_2/I^-) = 0.54\ V$

(1) $\varphi^\theta(Fe^{2+}/Fe) < \varphi^\theta(Sn^{4+}/Sn^{2+})$, $SnCl_2$ 不能将 Fe^{2+} 还原为 Fe。

(2) $\varphi^\theta(Cr_2O_7^{2-}/Cr^{3+}) > \varphi^\theta(Sn^{4+}/Sn^{2+})$, $SnCl_2$ 能把 $Cr_2O_7^{2-}$ 还原为 Cr^{3+}。反应方程式为:
$$3SnCl_2 + K_2Cr_2O_7 + 14HCl \xlongequal{} 3SnCl_4 + 2CrCl_3 + 2KCl + 7H_2O$$

(1) $\varphi^\theta(In^{3+}/In) < \varphi^\theta(Sn^{4+}/Sn^{2+})$, $SnCl_2$ 不能把 In^{3+} 还原为 In。

(2) $\varphi^\theta(I_2/I^-) > \varphi^\theta(Sn^{4+}/Sn^{2+})$, $SnCl_2$ 能 I_2 把还原为 I^-。反应方程式为:
$$SnCl_2 + I_2 + 2HCl \xlongequal{} SnCl_4 + 2HI$$

20. 完成并配平下列反应方程式:

(1) $GaCl_3 + KOH \longrightarrow$

(2) $Tl_2O_3 + HI \longrightarrow$

(3) $GeCl_4 + H_2O \longrightarrow$

(4) $Sn + KOH \longrightarrow$

(5) $Na[Al(OH)_4] + CO_2 \longrightarrow$

(6) $AlCl_3 + K_2CO_3 + H_2O \longrightarrow$

(7) $HCl + PbO_2 \longrightarrow$

(8) $Pb + KNO_3 \xrightarrow{共熔}$

(9) $PbS + HNO_3 \longrightarrow$

答：(1) $GaCl_3 + 3KOH = Ga(OH)_3 + 3KCl$

(2) $Tl_2O_3 + 6HI = 2TlI + 2I_2 + 3H_2O$

(3) $GeCl_4 + 3H_2O = GeO_2 \cdot H_2O + 4HCl$

(4) $Sn + 2KOH = K_2SnO_2 + H_2 \uparrow$

(5) $Na[Al(OH)_4] + CO_2 = Al(OH)_3 \downarrow + NaHCO_3$

(6) $2AlCl_3 + 3K_2CO_3 + 3H_2O = 3CO_2\uparrow + 2Al(OH)_3\downarrow + 6KCl$

(7) $4HCl + PbO_2 = PbCl_2 + Cl_2\uparrow + 2H_2O$

(8) $Pb + KNO_3 \xrightarrow{共熔} KNO_2 + PbO$

(9) $3PbS + 8HNO_3 = 3Pb(NO_3)_2 + 3S\downarrow + 2NO\uparrow + 4H_2O$

21. 下列反应方程式与实验事实及理论均不符合，请予以改正。

(1) $AlCl_3 \cdot 6H_2O \xrightarrow{\triangle} AlCl_3 + 6H_2O$

(2) $2TlCl_3 + 3Na_2S = Tl_2S_3\downarrow + 6NaCl$

(3) $2Al(NO_3)_3 + 3Na_2CO_3 = Al_2(CO_3)_3\downarrow + 6NaNO_3$

答：(1) $AlCl_3 \cdot 6H_2O$ 在加热过程中与结晶水水解：

$$AlCl_3 \cdot 6H_2O \xrightarrow{\triangle} Al(OH)Cl_2 + HCl\uparrow + 5H_2O$$

(2) $Tl(Ⅲ)$ 有较强的氧化性，S^{2-} 有强还原性，两者可发生氧化还原反应。

$$2TlCl_3 + 3Na_2S = Tl_2S\downarrow + 2S\downarrow + 6NaCl$$

(3) Al^{3+} 和 CO_3^{2-} 均发生水解：

$$2Al(NO_3)_3 + 3Na_2CO_3 + 3H_2O =$$
$$2Al(OH)_3\downarrow + 3CO_2\uparrow + 6NaNO_3$$

22. 在 773 K 时，让氟通过硫化锡(Ⅱ)，生成含有 61.00% 锡的固体氟化物。假定另一产物为 SF_6，写出反应方程式。

解：含有 61.00% 锡的氟化物的分子中，锡与氟原子个数比为：

$$Sn : F = \frac{61}{118.7} : \frac{39}{19} \approx 1 : 4$$

因此其分子式为 SF_4,反应方程式为:
$$SnS + 5F_2 =\!\!=\!\!= SnF_4 + SF_6$$

23. ⅣA 族元素中,从 Ge 到 Pb,下列变化趋势如何?

(1) M^{2+} 的稳定性;

(2) MO_2 作氧化剂的强度;

(3) MBr_2 的共价性。

答:从 Ge ⟶ Sn ⟶ Pb 有如下变化趋势:

(1) M^{2+} 的稳定性逐渐增强;

(2) MO_2 作氧化剂氧化能力逐渐增强;

(3) MBr_2 的共价性逐渐减弱。

24. 一种白色固体混合物,可能是 $SnCl_2$、$SnCl_4 \cdot 5H_2O$ 或 $PbCl_2$、$PbSO_4$,根据下列事实判断它究竟是哪种化合物,写出有关反应方程式。

(1) 加水生成浊液 A 和不溶固体 B;

(2) 悬浊液 A 加入少量盐酸则澄清,滴加碘淀粉溶液可褪色;

(3) 固体 B 易溶于浓盐酸,通 H_2S 得黑色沉淀,沉淀与 H_2O_2 反应后又析出白色沉淀。

答:是 $SnCl_2$ 和 $PbCl_2$。

(1) $SnCl_2 + H_2O =\!\!=\!\!= Sn(OH)Cl\downarrow (白) + HCl$

(2) $Sn(OH)Cl + HCl =\!\!=\!\!= SnCl_2 + H_2O$

(3) $PbCl_2 + 2HCl =\!\!=\!\!= H_2[PbCl_4]$

$Pb^{2+} + H_2S =\!\!=\!\!= PbS\downarrow (黑) + 2H^+$

$PbS + 4H_2O_2 =\!\!=\!\!= PbSO_4\downarrow (白) + 4H_2O$

25. 有一样品含钙 40 g,铝 60 g,充分混合后加热到 1 473 K,形成一种液态溶液。当此溶液冷却到 1 323 K 时,得到一种含钙 43% 和铝 57% 的晶体。将此混合物继续冷却,第二固相在 345.5 K 时出现。它含钙 32%、铝 68%(以上均为质量百分数)。这些固相均为钙和铝的金属间化合物,试推算出它们的化学式。

答:在 1 323 K 时得到的钙、铝合金中钙、铝原子个数比为:

$$Ca:Al = \frac{43}{40.08} : \frac{57}{26.98} = 1:2$$

此合金的化学式为 $CaAl_2$。

在 345.5 K 时得到的钙、铝合金中钙、铝原子个数比为：

$$Ca:Al = \frac{32}{40.08} : \frac{68}{26.98} = 1:3$$

此合金的化学式为 $CaAl_3$。

四、练习题

1. 石墨晶体中层与层之间的结合力是(　　)。
   A. 金属键　　　B. 共价键　　　C. 范德华力　　　D. 离子键
2. 碳原子之间能形成多重键是因为(　　)。
   A. 碳原子的价电子数为 4
   B. 碳原子间的成键能力强
   C. 碳原子的半径小
   D. 碳原子有 2p 电子
3. 下列分子中几何构型为平面三角形的是(　　)。
   A. BF_3　　　B. NH_3　　　C. PCl_3　　　D. ClF_3
4. 下列晶体熔化时,需破坏共价键的是(　　)。
   A. HF　　　B. Cu　　　C. KF　　　D. SiO_2
5. 硼的化学特性主要表现在(　　)。
   A. 生成氢化物的性质上　　　B. 缺电子性质上
   C. 多面体习性上　　　D. 非金属性质上
6. 硅原子的常见配位数是(　　)。
   A. 1　　　B. 2　　　C. 4　　　D. 6
7. 将硅或硼的氢化物燃烧,它们都会转变成硅或硼的(　　)。
   A. 单质　　　B. 氧化物
   C. 氧化物的水合物　　　D. 含氧酸
8. 在地壳中丰度在所有元素中居第二位的是(　　)。

A. 硅　　　　B. 碳　　　　C. 氧　　　　D. 铝

9. 下列化学反应方程式中不正确的是(　　)。

A. $2B+2NaOH+3NaNO_3 \xrightarrow{熔融} 2NaBO_2 + 3NaNO_2 + H_2O$

B. $H_3BO_3 + NH_3 \cdot H_2O == NH_4BO_2 + 2H_2O$

C. $B_2O_3 + 3C + 3Cl_2 \xrightarrow{\triangle} 2BCl_3 + 3CO$

D. $2BBr_3 + 3H_2 \xrightarrow{高温} 2B + 6HBr$

10. 碳原子的配位数为 4 时,它所采取的杂化方式是(　　)。

A. sp^2d　　B. dsp^2　　C. sp^3　　D. d^2sp

11. H_3BO_3 与强碱中和得到(　　)。

A. 硼酸盐　　　　　　B. 偏硼酸盐

C. 四硼酸盐　　　　　D. 多硼酸盐

12. 地球上化合物最多的元素是(　　)。

A. 氧　　　　B. 碳　　　　C. 硅　　　　D. 氮

13. 硅和硼具有相似性,是因为它们在周期表中处于(　　)。

A. 相间位置　　　　　B. 同族

C. 对角线上　　　　　D. 同周期

14. 硼酸与多元醇反应,生成配位酸使其酸性(　　)。

A. 减弱　　　　　　　B. 增强

C. 不变　　　　　　　D. 变化不定

15. 向任何一种硼酸盐溶液加酸时,总是得到(　　)。

A. 偏硼酸　　B. 硼酸　　C. 多硼酸　　D. 硼砂

16. 下列化合物中,化学式为 $Na_2B_4O_7 \cdot 10H_2O$ 的是(　　)。

A. 硼酸钠　　　　　　B. 偏硼酸钠

C. 多硼酸钠　　　　　D. 硼砂

17. 某元素 A 的一种同素异形体,在常温常压下是无色晶体,A 与过量氧反应的生成物,在常温常压下为无色气体,该气体溶于冷水得到一种弱酸溶液,元素 A 是(　　)。

A. 硼　　　　B. 碳　　　　C. 硅　　　　D. 硫

18. 要检验碳酸盐,应选用最合适的试剂是(　　)。

A. H_2S　　　B. HCl　　　C. NH_4Cl　　　D. $NaOH$

19. 下列卤化物中,不发生水解作用的是(　　)。

A. CCl_4　　　B. SiF_4　　　C. BF_3　　　D. $SiCl_4$

20. 下列关于乙硼烷的叙述中,不正确的是(　　)。

A. 它是缺电子化合物

B. 围绕 B－B 键可自由旋转

C. 分子中存在三中心二电子氢桥键

D. 它的最终水解产物是氢气和硼酸

21. 下列分子中,存在多中心键的是(　　)。

A. BCl_3　　　B. SiF_4　　　C. CCl_4　　　D. CO_2

22. 价电子数目与价轨道数目相等的原子称为(　　)。

A. 缺电子原子　　　　　B. 等电子原子

C. 等电子体　　　　　　D. 缺电子体

23. 硼烷都具有(　　)。

A. 强氧化性　　　　　　B. 强还原性

C. 不稳定性　　　　　　D. 毒性

24. 构成二氧化硅、硅酸和硅酸盐的基本结构单元是(　　)。

A. SiO_2　　　B. SiO　　　C. SiO_3　　　D. SiO_4

25. 有自相结合成链特性的元素是(　　)。

A. 碳　　　B. 硼　　　C. 锡　　　D. 铝

26. 下列分子型氢化物的还原性最强的是(　　)。

A. NH_3　　B. CH_4　　C. B_2H_6　　D. H_2O　　E. HF

27. 下列物质不含桥键的是(　　)。

A. B_2H_6　　B. $AlCl_3$　　C. $FeCl_3$　　D. $ZnCl_2$

28. 下述氢氧化物中不能稳定存在的是(　　)。

A. $Al(OH)_3$　B. $Ga(OH)_3$　C. $In(OH)_3$　D. $Tl(OH)_3$

29. 下列化合物中属于缺电子化合物的是(　　)。

A. BCl_3　B. $H[BF_4]$　C. B_2H_6　D. $Na[Al(OH)_4]$

30. 铝在空气中燃烧时,生成的产物是(　　)。

A. 单一的 Al_2O_3　　　　B. Al_2O_3 和 Al_2N_3

C. 单一的 Al_2N_3 D. Al_2O_3 和 AlN

31. 下列碳酸盐中,热稳定性最好的是(　　)。
    A. $BeCO_3$　　B. $MgCO_3$　　C. $SrCO_3$　　D. $BaCO_3$

32. 与 Na_2CO_3 溶液反应生成碱式盐沉淀的是(　　)。
    A. Al^{3+}　　B. Ba^{2+}　　C. Cu^{2+}　　D. Hg^{2+}

33. PbO_2 是强的氧化剂的原因是(　　)。
    A. Pb^{4+} 的有效电荷大
    B. Pb^{2+} 盐溶解度小
    C. Pb 原子存在惰性电子对效应
    D. Pb^{2+} 易形成配离子

34. 在实验室中制备 $SnCl_2$ 溶液,常在溶液中加入少量固体 Sn,其理由是(　　)。
    A. 防止 Sn^{2+} 被氧化　　B. 防止 Sn^{2+} 水解
    C. 防止 $SnCl_2$ 溶液产生沉淀　　D. 防止 $SnCl_2$ 溶液挥发

35. 下列有关硼、铝性质的叙述,错误的是(　　)。
    A. 都是缺电子原子
    B. $B(OH)_3$ 是弱酸,$Al(OH)_3$ 两性偏碱性
    C. 其三卤化物分子都呈平面三角形结构
    D. 都是亲氧元素

36. 在下列 Al_2O_3 的制备方法中,不妥的是(　　)。
    A. 灼烧 $Al(OH)_3$　　B. 灼烧 $Al(NO_3)_3$
    C. 高温电解 $Al_2(SO_4)_3$　　D. 金属铝在氧中燃烧

37. 下列化合物不能用湿法制得的是(　　)。
    A. $Al_2(CO_3)_3$　　B. Na_2SO_4
    C. $Al(OH)_3$　　D. $NaCl$

38. 鲜红色的铅丹是(　　)。
    A. 复合氧化物 $PbO \cdot PbO_2$
    B. 复合氧化物 $2PbO \cdot PbO_2$
    C. 复合氧化物 $PbO \cdot 2PbO_2$
    D. 偏铅酸铅 $PbPbO_3$

39. 黑色固体 PbS 中加 H_2O_2 溶液,产生的现象应该是(　　)。
    A. 有臭蛋味　　　　　　　B. 有刺激臭味
    C. 没任何反应　　　　　　D. 出现白色沉淀
40. 以下各物质能够溶于 Na_2S 溶液的是(　　)。
    A. GeS　　　B. SnS　　　C. PbS　　　D. SnS_2
41. 下列矿物中含有铝的是(　　)。
    A. 冰晶石　　B. 孔雀石　　C. 白云石　　D. 方铅矿
42. 下列沉淀,颜色不正确的是(　　)。
    A. SnS_2(黄色)　　　　　B. SnS(白色)
    C. PbS(黑色)　　　　　　D. $PbSO_4$(白色)
43. 有五瓶无色溶液,只知它们是 K_2SO_4、$Pb(NO_3)_2$、$SnCl_2$、$SnCl_4$ 和 $Al_2(SO_4)_3$。下列各组试剂中,能用于鉴别出它们的是(　　)。
    A. $AgNO_3$　　B. KCl　　C. Na_2S　　D. $Mg(OH)_2$
44. 在下列各组物质中,在 Na_2S 或 $(NH_4)_2S$ 中不溶的是(　　)。
    A. GeS_2　　B. SnS_2　　C. SnS　　D. PbS
45. 工业上用方铅矿(PbS)生产纯铅,下列方法中正确的是(　　)。
    A. 用醋酸浸取
    B. 用铁粉还原
    C. 矿石先焙烧,再用碳和金属还原
    D. 矿石先焙烧,再用碳还原后将粗铅电解
46. $SnCl_2$ 水解产物是(　　)。
    A. $Sn(OH)_2$　　　　　　B. Sn(OH)Cl
    C. $[Sn(OH)_4]^{2-}$　　　　D. $[Sn(H_2O)_4]^{2+}$
47. $AlCl_3 \cdot 6H_2O$ 加热后产物是(　　)。
    A. $Al(OH)Cl_2 + HCl$　　B. $Al_2Cl_6 + H_2O$
    C. $Al(OH)_3 + HCl$　　　D. $AlCl_3 + H_2O$
48. 下列各对化合物离子性强弱判断正确的是(　　)。
    A. $SnCl_4 > SnCl_2$　　　B. $PbO_2 < PbO$
    C. $SnO < SnS$　　　　　D. $AlCl_3 < AlI_3$
49. 用电解法制备金属铝时,在 Al_2O_3 中加入 $NaAl_3F_6$ 的作用

是( )。
  A. 使 Al_2O_3 的熔化温度降低   B. 作为原料
  C. 防止金属铝氧化   D. 加快反应速度

50. 金属铅最易溶的稀酸是( )。
  A. 磷酸   B. 硫酸   C. 醋酸   D. 盐酸

51. 有一种白色 X,它溶于水产生白色沉淀,加盐酸即澄清。滴加 $HgCl_2$ 溶液,则又出现白色沉淀,此沉淀由白色逐渐变成灰色,最后变成黑色。此白色固体 X 是( )。
  A. $GeCl_4$ B. $SnCl_4$ C. $SnCl_2$ D. $PbCl_2$

52. $SnCl_2$ 具有还原性,在空气中易被氧化。为防止 $SnCl_2$ 被氧化及水解,应采取的措施是( )
  A. 加入还原剂 Na_2SO_3 B. 加入盐酸和金属锡
  C. 加入盐酸   D. 加入金属锡

53. 写出 CO_3^{2-}、B_2H_6、$[B_4O_5(OH)_4]^{2-}$ 的结构式,并指出 $[B_4O_5(OH)_4]^{2-}$ 中 B 原子的杂化类型。

54. 物质 A 为白色固体,加热分解为固体 B 和气体混合物 C。将 C 通过冰盐冷却管,得一无色液体 D 和气体 E,固体 B 溶于 HNO_3 得 A 的溶液。将 A 的溶液分成两份,一份加 NaOH 得白色沉淀 F,另一份加 KI 得金黄色沉淀 G,此沉淀可溶于热水,也能溶于过量的 KI 中生成 H,无色液体 D 加热变为相对分子质量是 D 的 1/2 的红棕色气体 I。E 是一种能助燃的气体,其分子具有顺磁性,试确定 A、B、C、D、E、F、G、H、I 分别代表什么物质?

55. $SnCl_4$ 和 $SnCl_2$ 水溶液均为无色,如何加以鉴别?说明原理,写出反应式。

56. 为什么将 BF_3 通入 Na_2CO_3 溶液中时,有气体产生?

57. 现有三瓶无色溶液,可能为 $AsCl_3$、$SbCl_3$ 和 $BiCl_3$,试加以鉴别,并说明原理。

58. 为什么 $SiCl_4$ 易水解而 CCl_4 不水解?

59. 完成下列反应方程式
  (1) $BF_3 + H_2O \longrightarrow [BF_4]^-$

(2) $B_2O_3(s) + H_2O(g) \longrightarrow$

(3) $H_3BO_3 + NaOH \longrightarrow$

(4) $[B_4O_5(OH)_4]^{2-} + H_2O \longrightarrow$

(5) $B_2H_6 + H_2O \longrightarrow$

(6) $SiO_2 + HF \longrightarrow$

(7) $SiH_4 + KMnO_4 \longrightarrow$

(8) $SiF_4 + Na_2CO_3 + H_2O \longrightarrow$

(9) $Na_2SiO_3 + CO_2 + H_2O \longrightarrow$

(10) $Cu^{2+} + CO_3^{2-} + H_2O \longrightarrow$

60. (1) B_2H_6 和 C_2H_6 的分子结构有何不同？(2) 为何同属 ⅣA 族元素，碳可以形成 $CH_2=CH_2$ 而 Si 却不能形成 $SiH_2=SiH_2$？

61. 设计一实验，证明 Pb_3O_4 中的 Pb 有不同的氧化态。

五、练习题参考答案

1. C	2. C	3. A	4. D	5. B	6. C
7. B	8. A	9. B	10. C	11. B	12. B
13. C	14. B	15. B	16. D	17. B	18. B
19. A	20. B	21. A、D	22. B	23. B	24. D
25. A、B	26. C	27. D	28. D	29. A、C	30. D
31. D	32. C	33. C	34. A	35. C	36. C
37. A	38. B	39. D	40. A	41. A	42. B
43. C	44. D	45. C	46. B	47. A	48. B
49. A	50. C	51. C	52. B		

53. **提示**：CO_3^{2-} 中存在 Π_4^6，$[B_4O_5(OH)_4]^{2-}$ 中的 4 个硼原子有两种杂化类型。

54. **提示**：(A) $Pb(NO_3)_2$　(B) PbO　(C) $NO_2 + O_2$　(D) N_2O_4　(E) O_2　(F) $Pb(OH)_2$　(G) PbI_2　(H) PbI_4^{2-}　(I) NO_2

55. **提示**：利用 $SnCl_2$ 的还原性。在两者的水溶液中分别加入 $HgCl_2$，开始有白色沉淀产生，后又逐渐变为黑色者为 $SnCl_2$，$SnCl_4$

和 $HgCl_2$ 无反应。

$$SnCl_2 + 2HgCl_2 = Hg_2Cl_2((白) + SnCl_4$$
$$SnCl_2 + Hg_2Cl_2 = 2Hg((黑) + SnCl_4$$

56. **提示**：BF_3 和 Na_2CO_3 的水解作用相互促进产生了 CO_2 气体。

57. **提示**：利用 As^{3+}、Sb^{3+}、Bi^{3+} 硫化物颜色的不同，以及在酸、碱中的不同溶解性加以鉴别。

$$\begin{array}{ccc} As^{3+} & As_2S_3 \downarrow 黄 & As_2S_3 \text{ 溶解} \\ Sb^{3+} & \xrightarrow{H_2S} Sb_2S_3 \downarrow 橙红 & \xrightarrow{Na_2S} Sb_2S_3 \text{ 溶解} \\ Bi^{3+} & Bi_2S_3 \downarrow 黑 & Bi_2S_3 \text{ 不溶} \end{array}$$

另取少量 As_2S_3 As_2S_3 不溶

$$Sb_2S_3 \xrightarrow{浓 HCl} Sb_2S_3 \text{ 溶解}$$

58. **提示**：(1) 化合物水解，一般都需先与水配合；
    (2) 碳原子半径较小，最高配位数为 4，在 CCl_4 中已得到满足；
    (3) 硅原子半径较大，有空的 3d 轨道，最高配位数为 6，在 $SiCl_4$ 中没有得到满足。

59. (1) $4BF_3 + 3H_2O = 3[BF_4]^- + 3H^+ + H_3BO_3$
    (2) $B_2O_3(s) + H_2O(g) = 2HBO_2(g)$
    (3) $H_3BO_3 + NaOH = NaBO_2 + 2H_2O$
    (4) $[B_4O_5(OH)_4]^{2-} + 5H_2O = 2H_3BO_3 + 2[B(OH)_4]^-$
    (5) $B_2H_6 + 6H_2O = 2H_3BO_3 \downarrow + 6H_2 \uparrow$
    (6) $SiO_2 + 4HF = SiF_4 \uparrow + 2H_2O$
    (7) $SiH_4 + 2KMnO_4 = 2MnO_2 \downarrow + K_2SiO_3 + H_2 \uparrow + H_2O$
    (8) $3SiF_4 + 2Na_2CO_3 + 2H_2O = 2Na_2SiF_6 + H_4SiO_4 + 2CO_2$
    (9) $Na_2SiO_3 + CO_2 + H_2O = H_2SiO_3 \downarrow + Na_2CO_3$
    (10) $2Cu^{2+} + 2CO_3^{2-} + H_2O = Cu_2(OH)_2CO_3 \downarrow + CO_2 \uparrow$

60. **提示**：(1) 是因为缺电子化合物。(2) 从半径角度考虑。

61. **提示**：加稀硝酸将 Pb_3O_4 溶解过滤通 H_2S 生成黑色沉淀证明有 Pb^{II}，将棕色沉淀和浓盐酸作用若有 Cl_2 生成证明有 Pb^{IV}。

第十三章 氮族元素

一、教学要求

1. 熟悉氮在本族元素中的特殊性。
2. 掌握氮、磷以及它们的氢化物,含氧酸及其盐的结构、性质、制备和用途。
3. 熟悉本族元素及其化合物的主要氧化态间的转化关系,从磷到铋(Ⅲ)氧化态的化合物渐趋稳定的规律性。
4. 掌握砷、锑、铋单质及其化合物的性质递变规律。
5. 从结构特点上分析理解本族元素的通性和特性。

二、重点与难点

重点:掌握氮和氮的氢化物、氧化物、含氧酸及其盐的结构、性质和制备。掌握磷的单质、氢化物、氧化物、含氧酸及其盐、卤化物的结构、性质和制备。掌握砷、锑、铋的重要化合物的性质及应用。

难点:惰性电子对效应、卤化物水解机理及从结构特点上分析理解本族元素的通性和特性。

三、精选例题解析

1. 下列分子中具有顺磁性的有(　　)。
 A. N_2O　　　　B. NO　　　　C. NO_2　　　　D. N_2O_3

答：NO 和 NO_2 均为奇电子化合物，有未成对电子，故有顺磁性，正确答案为 B、C。

2. 下面的四份报告，说明溶液中含有等浓度的、浓度较低的下列离子，正确的是（　　）。

A. NH_4^+、Al^{3+}、PO_4^{3-}、NO_3^-

B. NH_4^+、$[Al(OH)_4]^-$、$H_2PO_4^-$、NO_3^-

C. NH_4^+、Al^{3+}、$H_2PO_4^-$、NO_3^-

D. Fe^{3+}、$[Al(OH)_4]^-$、PO_4^{3-}、NO_3^-

答：Al^{3+} 与 PO_4^{3-} 不能共存；Fe^{3+} 与 PO_4^{3-} 不能共存；Fe^{3+} 和 NH_4^+ 不能在碱性介质中存在；$[Al(OH)_4]^-$ 只能在碱性介质中存在，正确答案为 C。

3. 如何除去氢气中所含砷化氢有毒气体？写出有关的化学反应方程式。

答：方法 1：

将混合气体通入 $KMnO_4$ 酸性溶液，即可除去 AsH_3。

$$5AsH_3 + 8KMnO_4 + 12H_2SO_4 =\!=\!= 8MnSO_4 + 12H_2O + 5H_3AsO_4 + 4K_2SO_4$$

方法 2：

将混合气体通入 $AgNO_3$ 溶液，即可除去 AsH_3。

$$12AgNO_3 + 2AsH_3 + 3H_2O =\!=\!= As_2O_3 + 12Ag\downarrow + 12HNO_3$$

4. 为什么 NF_3 不水解而 PCl_3 易水解？

答：NF_3 的中心氮原子有孤电子对，但由于氟的电负性非常大，使得氮原子不易给出孤对电子与水中的氢结合，同时氮和氟原子外层都没有空轨道，不能与水分子—OH 结合。PCl_3 分子中的磷原子既有孤对电子又有空轨道，空轨道可接受水分子中氧原子的孤对电子与—OH 基结合，同时自身的孤对电子又可与水中的氢结合，故 PCl_3 易水解。

5. 回答下列各问题：

(1) 为什么从 NO^+、NO 到 NO^- 的键长逐渐增大？

(2)为什么 N_2O 能助燃?

(3)由砷酸钠制备 As_2S_5,为什么需要在浓的强酸性溶液中?

(4)如何除去 N_2 中少量 NH_3 和 NH_3 中的水气?

(5)如何除去 NO 中微量的 NO_2 和 N_2O 中少量的 NO?

答:(1)NO^+ 共有 14 个价电子,其结构为:

$$KK(\sigma_{2s})^2(\sigma_{2s}^*)^2(\pi_{2py})^2(\pi_{2pz})^2(\sigma_{2p})^2$$

NO 共有 15 个价电子. 其结构为:

$$KK(\sigma_{2s})^2(\sigma_{2s}^*)^2(\pi_{2py})^2(\pi_{2pz})^2(\sigma_{2p})^2(\pi_{2py}^*)^1$$

NO^- 共有 16 个价电子,其结构为:

$$KK(\sigma_{2s})^2(\sigma_{2s}^*)^2(\pi_{2py})^2(\pi_{2pz})^2(\sigma_{2p})^2(\pi_{2py}^*)^1(\pi_{2pz}^*)^1$$

NO^+、NO、NO^- 的键级分别为 3、2.5、2,故键长由 NO^+、NO、NO^- 依次增长。

(2)在常温时 N_2O 比较稳定,不与氧、卤素及碱金属等起反应。但在高温时它即分解放出氧:

$$2N_2O \Longrightarrow 2N_2 + O_2$$

燃烧时的温度都比较高,由于在此温度下 N_2O 分解放出氧,故能助燃。

(3)制备 As_2S_5,通常都是在 AsO_4^{3-} 溶液中加浓强酸(如浓 HCl)并通入 H_2S,即可得到黄色的 As_2S_5 沉淀. 因为 As_2S_5 显酸性,在碱性溶液中易溶解:

$$4As_2S_5 + 24OH^- \Longrightarrow 3AsO_4^{3-} + 5AsS_4^{3-} + 12H_2O$$

故得不到 As_2S_5。如果在生成 As_2S_5 后继续通入 H_2S 并加入碱,则直接形成硫代砷酸盐而溶解:

$$As_2S_5 + 3S^{2-} \Longrightarrow 2AsS_4^{3-}$$

(4)除去 N_2 中少量的 NH_3,可利用 N_2 的化学惰性和 NH_3 的易溶性和弱碱性,可将混合气体通过稀硫酸溶液即可。要除去 NH_3 中的水气,可将混合气体通过生石灰、碱石灰或固体氢氧化钠即可。

(5)除去 NO 中微量的 NO_2,可利用 NO_2 溶于水岐化(热水使 HNO_2 分解)和酸性,将混合气体通过热的碱性溶液即可:

$$NO_2 + H_2O(热) \Longrightarrow 2HNO_3 + NO$$

第十三章 氮族元素

溶液呈碱性,有利于平衡向右移动。

除去 N_2O 中少量的 NO,可将混合气体通过 $FeSO_4$ 溶液,NO 与 $FeSO_4$ 反应,生成可溶性的硫酸亚硝酰合铁:

$$FeSO_4 + NO \Longleftrightarrow [Fe(NO)]SO_4$$

硫酸亚硝酰合铁呈棕色,受热易分解,所以反应在温度低时更好。

6. 以 NH_3 与 H_2O 作用时质子传递的情况,讨论 H_2O、NH_3 和质子之间键能的强弱,为什么醋酸在水中是一弱酸,而在液氨溶剂中却是强酸?

答: $H_2O + NH_3 \Longleftrightarrow OH^- + NH_4^+ \quad K_b = 1.8 \times 10^{-5}$

$H_2O + H_2O \Longleftrightarrow OH^- + H_3O^+ \quad K_w = 1.0 \times 10^{-14}$

从平衡常数来看,NH_3 结合质子的能力远强于 H_2O,即 NH_3 和质子之间的键能远强于 H_2O 和质子之间的键能。

由于 NH_3 分子结合质子的能力远强于 H_2O 分子,所以醋酸在液氨中是一强酸。

7. 将下列物质按碱性减弱的顺序排列,并从它们的分子结构对排列的顺序加以解释。

$(NH)_2OH$、NH_3、HN_3、N_2H_4

答: 碱性减弱的顺序是: $NH_3 > N_2H_4 > (NH)_2OH > HN_3$。

这四种物质的碱性,是根据它们分子中氮原子的孤对电子结合质子的能力来决定的。

NH_3 分子中,氮原子采取 sp^3 杂化,氮原子上的孤对电子能结合质子,所以呈弱碱性,$K_b = 1.8 \times 10^{-5}$。

N_2H_4 分子中,每个氮原子也都采取 sp^3 杂化,由于每个氮原子上都有一对孤电子,两对孤电子的排斥作用,使两对孤电子处于反位,并使 N—N 的稳定性降低,比 NH_3 更不稳定。虽然 NH_2 能结合两个质子,但碱性也比 NH_3 稍弱,$K_{b1} = 1.0 \times 10^{-6}$。

NH_2OH 可看成 NH_3 分子中一个氢原子被羟基取代而得,由于氮原子与羟基相连,所以氮原子上的孤对电子要结合质子就更困难,因而碱性更弱,$K_b = 6.6 \times 10^{-9}$。

HN₃ 的分子结构为：$\overset{\cdots\;\cdots\;\cdots}{N=N-N:}$，三个氮原子间还形成一个 Π_3^4
                                H
的离域 π 键，由于离域 π 键的形成，使有孤对电子的氮原子不能再结合质子，故不显碱性。H—N 键是极性键，氮的电负性比氢的大，故能在 H_2O 分子的作用下电离出少量 H^+ 离子而显弱酸性，$K_a = 1.9 \times 10^{-5}$。

8. 红磷长时间放置在空气中逐渐潮解，与 NaOH、$CaCl_2$ 在空气中潮解，实质上有什么不同？潮解的红磷为什么可以用水洗涤来进行处理？

答：红磷潮解是由于红磷长时间放置在空气中会缓慢地氧化成磷的氧化物，而氧化物又极易吸收水分生成磷的含氧酸，这是一个化学变化，用水洗涤可去掉氧化物，再经干燥除掉含氧酸，从而得到纯净的红磷。而 NaOH 和 $CaCl_2$ 潮解是由于化合物吸水成水合物。

9. 在同素异形体中，菱形 S 和单斜 S 有相似的化学性质，而 O_2 与 O_3、黄磷与红磷的化学性质却有很大的差异，试加以解释。

答：菱形 S 和单斜 S 都是由 S_8 环状分子组成的，只是排列方式不同，在环状分子中，每个 S 原子以 sp^3 杂化轨道与另外两个硫原子形成共价单键相联结，因此它们虽是同素异形体却有相似的化学性质。O_2 是由 2 个氧原子组成，O_3 是由 3 个氧原子组成的分子，因此 O_2 与 O_3 的分子组成不同，而且结构也不同，导致化学性质不同。在黄磷中晶体是由 P_4 分子组成，P_4 分子是四面体构型，键角（P—P—P 为 60°，张力大，P—P 键易于断裂，所以常温下黄磷具有很高化学活性；红磷可能是 P_4 四面体的一个 P—P 键破裂后相互结合起来的长链状结构，结构不同，性质上有很大差异。

10. 试解释 $H_4P_2O_7$ 和 $(HPO_3)_x$ 的酸性比 H_3PO_4 强。

答：含氧酸的酸性强弱与成酸原子（即中心原子）所带部分正电荷有关，所带正电荷越多，酸性越强。

中心原子所带正电荷又与其直接键合的吸电子基团多少有关，吸电子基团越多，中心原子所带正电荷越多，那么含氧酸酸性越强。H_3PO_4、$H_4P_2O_7$、$(HPO_3)_4$ 的结构分别为：

第十三章 氮族元素

$$\begin{array}{c} O \\ \uparrow \\ HO-P-OH \\ | \\ OH \end{array} \qquad \begin{array}{c} O \quad\; O \\ \uparrow \quad\; \uparrow \\ HO-P-O-P-OH \\ | \qquad\; | \\ OH \quad OH \end{array} \qquad \begin{array}{c} O \quad\; O \\ \uparrow \quad\; \uparrow \\ HO-P-O-P-OH \\ | \qquad\; | \\ O \quad\; O \\ | \qquad\; | \\ HO-P-O-P-OH \\ \downarrow \quad\; \downarrow \\ O \quad\; O \end{array}$$

从结构上可以看出偏磷酸和焦磷酸中非羟基氧原子数较 H_3PO_4 多,吸电子能力强,因此成酸原子(即磷原子)所带正电荷多,所以酸性较正磷酸强。

一般来说,酸的强度随脱水缩合而增强,如焦磷酸是二聚酸,故焦磷酸和多聚酸的酸性比磷酸(单酸)强,它们之所以酸性强是因为缩合酸根阴离子较单酸大,负电荷密度小,对 H^+ 的吸引力小,易于电离,故酸性强。这与前面谈到的非羟基氧原子越多,羟基氧越少,则酸性就越强是一致的。

11. 试从平衡移动原理解释为什么在 Na_2HPO_4 或 NaH_2PO_4 溶液中加入 $AgNO_3$ 溶液均析出黄色 Ag_3PO_4 沉淀?析出 Ag_3PO_4 沉淀后,溶液的酸碱性有什么变化?写出相应的反应方程式。

答:在 Na_2HPO_4 溶液中存在下列电离平衡:

$$HPO_4^{2-} \rightleftharpoons H^+ + PO_4^{3-}$$

在 NaH_2PO_4 溶液中存在下列电离平衡:

$$H_2PO_4^- \rightleftharpoons H^+ + HPO_4^{2-}$$
$$HPO_4^{2-} \rightleftharpoons H^+ + PO_4^{3-}$$

Na_2HPO_4 和 NaH_2PO_4 在溶液中都能电离出 PO_4^{3-},由于 Ag_3PO_4 的溶度积较小,当加入 $AgNO_3$ 溶液时,$[PO_4^{3-}][Ag^+]^3 > K_{sp}$,故有 Ag_3PO_4 黄色沉淀析出。

$$3Ag^+ + PO_4^{3-} \rightleftharpoons Ag_3PO_4 \downarrow$$

由于 Ag_3PO_4 沉淀的生成,使上述电离平衡向右移动,溶液中 H^+ 浓度增大,酸性增强,Na_2HPO_4 溶液是由弱碱性变为弱酸性,而 NaH_2PO_4 溶液是由弱酸性变为较强的酸性。

12. 在硝酸溶液中，铋酸钠能将 Mn^{2+} 离子氧化成 MnO_4^- 离子，在盐酸溶液中反应将如何进行？

解：$\varphi^\theta(BiO_3^-/Bi^{3+})=1.80$ V，$\varphi^\theta(MnO_4^-/Mn^{2+})=1.491$ V，$\varphi^\theta(Cl_2/Cl^-)=1.36$ V。

根据电极电势：由于 $\varphi^\theta(BiO_3^-/Bi^{3+})>\varphi^\theta(MnO_4^-/Mn^{2+})$，故在硝酸中 $NaBiO_3$ 能把 Mn^{2+} 氧化成 MnO_4^-，反应式为：

$$5BiO_3^- + 2Mn^{2+} + 14H^+ = 2MnO_4^- + 5Bi^{3+} + 7H_2O$$

盐酸中的 Cl^- 也具有还原性，由于 $\varphi^\theta(Cl_2/Cl^-)<\varphi^\theta(MnO_4^-/Mn^{2+})$，故 Cl^- 的还原性比 Mn^{2+} 强，因此在盐酸溶液中，$NaBiO_3$ 首先与较强的还原剂 HCl 发生反应。反应方程式为：

$$BiO_3^- + 2Cl^- + 6H^+ = Bi^{3+} + Cl_2\uparrow + 3H_2O$$

13. 从砷过渡到锑和铋，在哪些方面表现出金属性质增强？

答：从砷到铋随着原子序数增加，原子半径依次增大，金属性依次增强表现如下：

(1) 第一电离能依次减小，电负性依次减小。

(2) As、Sb、Bi 虽然都与热的浓 H_2SO_4 反应，但产物不同，As 生成氧化物，而 Sb 和 Bi 生成硫酸盐。

(3) As 与熔融的强碱反应生成亚砷酸盐，但 Sb 和 Bi 则不能。

(4) As、Sb、Bi 的氢化物稳定性依次减弱，还原性依次增强。

(5) As、Sb、Bi 的正三价氧化态的氧化物及其氧化物的水化物的碱性依次增强。

(6) As、Sb、Bi 的卤化物水解程度不同，卤化砷水解生成亚砷酸，而卤化锑和卤化铋不能水解到底（生成锑和铋的酰基盐）。

(7) As、Sb、Bi 的硫化物的酸碱性不同，As_2S_3 呈两性偏酸性、Sb_2S_3 呈两性、Bi_2S_3 呈碱性。

14. 有一种无色气体 A，能使热的 CuO 还原，并逸出一种相当稳定的气体 B。将 A 通过加热的金属钠能生成一种固体 C 并逸出一种可燃性气体 D。A 能分步地与 Cl_2 反应最后得到一种爆炸的液体 E。指出 A、B、C、D、E 各为何物？并写出各过程反应方程式。

答：A、B、C、D、E 分别为 NH_3、N_2、$NaNH_2$、H_2、NCl_3。

各过程的反应方程式分别为：
$$2NH_3 + 3CuO = 3Cu + N_2\uparrow + 3H_2O$$
$$2Na + 2NH_3 = 2NaNH_2 + H_2\uparrow$$
$$2NH_3 + 3Cl_2 = N_2 + 6HCl$$
$$NH_3 + HCl = NH_4Cl$$
$$NH_4Cl + 3Cl_2 = NCl_3 + 4HCl$$

四、练习题

1. N_2 和 C_2H_2 分子中都含有 π 键，但 N_2 的化学性质不活泼，对此能做出解释的理论是（   ）。
   A. 价键理论   B. 杂化轨道理论
   C. 分子轨道理论   D. 价层电子对互斥理论

2. 下列化学反应，实际上不能发生的是（   ）。
   A. $3Mg + N_2 \xrightarrow{点燃} Mg_3N_2$
   B. $6Li + N_2 = 2Li_3N$
   C. $N_2 + O_2 \xrightarrow{通电} 2NO$
   D. $CuO + N_2 \xrightarrow{\triangle} Cu + N_2O$

3. 下述气体不能用无水 $CaCl_2$ 做干燥剂的是（   ）。
   A. H_2S B. NH_3 C. HCl D. SO_2

4. 在一定量的 NH_3 溶液中，欲增加 NH_4^+ 离子浓度、降低 NH_3 的浓度和溶液 pH 值最有效的方法是（   ）。
   A. 加少量铵盐   B. 加热
   C. 加少量碱   D. 加少量酸

5. 在 100 mL 0.1 mol·L^{-1} 的氨水中加入 5.0 mL 1.0 mol·L^{-1} 的盐酸后，溶液的 pH 值为（   ）。
   A. 4.13   B. 5.13   C. 6.26   D. 9.26

6. 下列反应方程式正确的是（   ）。
   A. $2NH_3 + 3Cl_2 = 6HCl + N_2$

B. $2NH_3 + Cl_2$(用 N_2 稀释)$=\!=\!= NH_2Cl + NH_4Cl$

C. $4NH_3 + Cl_2$(过量)$=\!=\!= N_2H_4 + 2NH_4Cl$

D. $NH_3 + 3Cl_2$(过量)$=\!=\!= NCl_3 + 3HCl$

7. 下列各对物质属于等电子体的是(　　)。

　A. O_2 和 O_3　　　　　　B. CO 和 CO_2

　C. N_2 和 CO　　　　　　D. NO 和 O_2

8. NO_2 分子中的离域 π 键属于(　　)。

　A. Π_2^3　　B. Π_3^3　　C. Π_3^4　　D. Π_4^6

9. 除去 N_2O 中微量 NO 的试剂是(　　)。

　A. $NaOH$　　B. Na_2CO_3　　C. $CuSO_4$　　D. $FeSO_4$

10. $NOCl$ 分子中，中心原子采取的杂化方式是(　　)。

　A. sp　　B. sp^2　　C. sp^3　　D. sp^3d

11. 将 NO_2 通入 $NaOH$ 溶液，反应的产物是(　　)。

　A. $NaNO_3$、$NaNO_2$、H_2O　　B. $NaNO_2$、$NaNO_3$

　C. $NaNO_3$、H_2O　　D. $NaNO_2$、H_2O

12. 不能在冷的浓硝酸中钝化的金属是(　　)。

　A. 铝　　B. 铁　　C. 锰　　D. 铬

13. Zn 和 HNO_3 反应时的物质的量比为 3∶8，据此判断 HNO_3 的还原产物是(　　)。

　A. NH_4NO_3　　B. N_2O　　C. NO　　D. N_2

14. 一定量的铜与过量的下述酸反应，生成气体物质的量最大的是(　　)。

　A. 浓 H_2SO_4　　　　　　B. 稀 H_2SO_4通空气

　C. 稀 HNO_3　　　　　　D. 浓 HNO_3

15. 硝酸钠的氧化性表现较强的状态是(　　)。

　A. 在酸性溶液中　　　　B. 在碱性溶液中

　C. 在高温熔融状态　　　D. 与所处的状态无关

16. Au、Pt 分别与王水作用，其主要生成物正确的是(　　)。

　A. $H[AuCl_2]$、$H_2[PtCl_4]$ 均有 NO

　B. $H[AuCl_2]$、$H_2[PtCl_4]$ 均有 NO_2

C. $H[AuCl_4]$、$H_2[PtCl_6]$ 均有 NO

D. $H[AuCl_4]$、$H_2[PtCl_6]$ 均有 NO_2

17. 加热下列物质,分解产物中有 NO_2 的是(　　)。

　　A. NH_4NO_3　　B. KNO_3　　C. NH_4Cl　　D. $AgNO_3$

18. 下列 3 种物质在常温下氧化性强弱的顺序为(　　)。

　　A. 五氧化二氮＞硝酸＞硝酸盐

　　B. 五氧化二氮＞硝酸盐＞硝酸

　　C. 硝酸＞硝酸盐＞五氧化二氮

　　D. 硝酸＞五氧化二氮＞硝酸盐

19. 保存白磷的方法是将其存放于(　　)。

　　A. 煤油中　　　　　　　B. 水中

　　C. 液体石蜡中　　　　　D. 二硫化碳中

20. 加热时在碱溶液中能发生歧化反应的是(　　)。

　　A. 硼　　B. 白磷　　C. 硅　　D. 硫黄

21. 白磷(P_4)与热的 KOH 反应方程式中,KOH 的计量数是(　　)。

　　A. 1　　B. 3　　C. 6　　D. 8

22. 下列各组氢化物酸性强弱顺序不正确的是(　　)。

　　A. $NH_3 > PH_3$　　　　B. $H_2S > PH_3$

　　C. $H_2O > NH_3$　　　　D. $HF > H_2S$

23. 下列叙述不正确的是(　　)。

　　A. NCl_3 与 PCl_3 水解均可生成 HCl

　　B. NCl_3 与 PCl_3 水解机理不同

　　C. 氮族元素从上到下三卤化物的水解性依次减弱

　　D. PCl_5 的水解性强于 PCl_3

24. P_4O_6 可以(　　)。

　　A. 溶于冷水生成 H_3PO_3　　B. 溶于冷水生成 H_3PO_4

　　C. 溶于热水生成 H_3PO_3　　D. 溶于 NaOH 产生 PH_3

25. 市售 85％磷酸的浓度约为(　　)。

　　A. 12 mol·L^{-1}　　　　B. 15 mol·L^{-1}

　　C. 16 mol·L^{-1}　　　　D. 18 mol·L^{-1}

26. 1 mol P_4O_{10} 加入 2 mol 水,从结构上分析生成的酸是( )。

   A. H_3PO_4 B. H_3PO_3 C. $(HPO_3)_4$ D. $H_4P_2O_7$

27. H_3PO_2 的名称是( )。

   A. 亚磷酸   B. 次磷酸   C. 偏磷酸   D. 焦磷酸

28. H_3PO_3 是( )。

   A. 一元酸   B. 二元酸   C. 三元酸   D. 都不是

29. 下列叙述正确的是( )。

   A. 磷酸和磷酸盐都是弱氧化剂
   B. 次磷酸盐有较强的还原性
   C. 五卤化磷都是稳定的
   D. 三氯化磷是共价化合物,不易水解

30. 下列各组内离子在溶液中能共存的是( )。

   A. K^+、Sb^{3+}、NO_3^-、Cl^-、Br^-
   B. Li^+、Na^+、PO_4^{3-}、Cl^-、Br^-
   C. NH_4^+、K^+、NO_3^-、PO_4^{3-}、OH^-
   D. K^+、Na^+、$H_2PO_4^-$、HPO_4^{2-}、PO_4^{3-}

31. $Na_4P_2O_7$ 溶液与 $AgNO_3$ 溶液反应后现象是( )。

   A. 无色溶液   B. 白色沉淀
   C. 浅黄色沉淀   D. 黄色沉淀

32. 下列氢化物中,键角最大的是( )。

   A. NH_3 B. PH_3 C. AsH_3 D. SbH_3

33. 下列氢化物中还原性最弱的是( )。

   A. PH_3 B. AsH_3 C. SbH_3 D. BiH_3

34. 下列物质能水解的是( )。

   A. PCl_3 B. $SbCl_3$
   C. $Bi(NO_3)_3$ D. 三种都能

35. 下列砷分族氧化物中酸性最强的是( )。

   A. As_2O_3 B. As_2O_5 C. Sb_2O_5 D. Bi_2O_3

36. 矿石雄黄的主要成分是( )。

   A. As_4S_4 B. As_2O_5 C. As_2S_3 D. $FeAsS$

37. 在酸性介质中鉴定锰,可加入 $NaBiO_3$ 使 Mn^{2+} 氧化,生成紫色的 MnO_4^- 离子,实验中特别要注意( )。
   A. 反应必须在有氧化性的 HNO_3 介质中进行
   B. 要充分加热煮沸
   C. Mn^{2+} 离子、酸、氧化剂都要足量
   D. Mn^{2+} 离子少量,酸、氧化剂足量

38. 有 7 种未知溶液:Na_2S、$Na_2S_2O_3$、Na_2SO_4、Na_2SO_3、Na_3AsS_3、Na_3SbS_3、Na_2SiO_3。分别加入同一种试剂就可以使它们得到初步鉴别,这种试剂是( )。
   A. $AgNO_3$ 溶液   B. $BaCl_2$ 溶液
   C. 稀盐酸   D. 稀硝酸

39. 在浓度大的 KOH 溶液中都生成相应的氢氧化物或氧化物沉淀的离子组是( )。
   A. Ca^{2+}、Tl^+、Bi^{3+} B. Ca^{2+}、Al^{3+}、Bi^{3+}
   C. Sb^{3+}、Pb^{2+}、Ga^{3+} D. Sn^{2+}、Ga^{3+}、Tl^{3+}

40. 下列叙述错误的是( )。
   A. N_2 和 NH_3 分子中都有孤电子对,均属于路易斯碱
   B. 除单质磷外,氮族元素的其它单质在溶液中均不发生歧化反应
   C. 对同一元素而言,氧化数高的氧化物及其水化物比氧化数低的酸性强
   D. 在稀溶液中,亚硝酸根的氧化性比硝酸根弱

41. 下列化学反应方程式正确的是( )。
   A. $NH_4NO_3 \xrightarrow{\triangle} HNO_3 + NH_3$
   B. $2NH_3 + 3CuO == Cu_3N_2 + 3H_2O$
   C. $2NH_3 + 3Mg \xrightarrow{\triangle} Mg_3N_2\downarrow + 3H_2$
   D. $Bi(NO_3)_3 + 3H_2O == Bi(OH)_3 + 3HNO_3$

42. 下列硫化物既不溶于 Na_2S 又不溶于 Na_2S_x 的是( )。
   A. As_2S_3 B. As_2S_5 C. Sb_2S_3 D. Bi_2S_3

43. 下列硫化物既不溶于盐酸又不溶于 Na_2S_x 的是( )。

    A. As_2S_5 B. As_2S_3 C. Sb_2S_3 D. Bi_2S_3

44. 氮族元素中不能形成五氯化物(或极不稳定)的元素是(　　)。
    A. N   B. P   C. Sb   D. Bi

45. 下列离子中存在离域 π 键的有(　　)。
    A. NO_3^- B. CO_3^{2-} C. SO_4^{2-} D. PO_4^{3-}

46. 硝酸盐热分解可以得到单质的是(　　)。
    A. $AgNO_3$ B. $Pb(NO_3)_2$ C. $Zn(NO_3)_2$ D. $NaNO_3$

47. 含有 Π_3^4 离域大 π 键的是(　　)。
    A. SO_2 B. NO_2^- C. NO_2 D. NO_2^+

48. 下列物质最不稳定的是(　　)。
    A. $AsCl_5$ B. $SbCl_5$ C. PCl_5 D. PCl_3

49. 下列物质中最强的质子酸是(　　)。
    A. OH^- B. NH_3 C. NH_2^- D. Ac^-

50. 比较下列各组氢化物酸性强弱,不正确的是(　　)。
    A. $H_2O > NH_3$ B. $H_2S > PH_3$
    C. $H_2Se > H_2S$ D. $H_2Se > H_2Te$

51. 无色气体 A 能使热 CuO 还原,生成无色气体 B 和水蒸气。A 通过灼热的金属钠,得固体 C,同时生成可燃气体 D。气体 B 通过加热的金属钙,生成固体 E,E 遇水又得到无色气体 A。A 能分步地与 Cl_2 反应得到一种易爆炸的液体 F,F 遇水又得到无色气体 A。判断 A、B、C、D、E、F 各为何物,写出相关反应方程式。

52. 氮的电负性比磷高,为什么单质氮的化学性质却比单质磷稳定?

53. 为什么 PCl_5 可稳定存在,但现在却未制得 NCl_5?

54. 用路易斯酸碱理论分析 BF_3、NF_3 和 NH_3 的酸碱性。

55. PH_3 和 NH_3 相比,哪个与过渡金属形成配合物的能力强?为什么?

56. 为什么 NF_3 不水解而 NCl_3 能水解?

57. 为什么常用浓氨水检查氯气管道是否漏气?写出有关的化学反应方程式。

58. 说明为什么 As_2O_3 的溶解度随溶液中酸的浓度的增大,先减小后增大。

59. 如何鉴别 As^{3+}、Sb^{3+}、Bi^{3+} 三种离子？

60. 在待测样品中加入 Zn 和盐酸可检验砷的存在，即马氏试砷法。简述其测试过程。

61. 化合物 A 是一种无色液体，在其水溶液中加入 HNO_3 和 $AgNO_3$ 溶液时生成白色沉淀 B，B 能溶于氨水，将 A 的水溶液以硫化氢饱和，得黄色沉淀 C，C 不溶于 HCl，但能溶于 KOH 溶液，问 A、B、C 各为何物？

62. 两种白色含氧酸盐均易溶于水，一种呈弱酸性，一种呈弱碱性，二者既不使 $KMnO_4$ 溶液褪色，也不能使淀粉－碘化钾试纸变蓝。加酸于两种盐，都不生成沉淀或气体，加 $AgNO_3$ 溶液都生成黄色沉淀，两种盐的焰色反应都为黄色，当将此等体积、等浓度的两溶液混合时，混合溶液接近中性并具有缓冲作用。问此两种盐各是什么？

63. 写出下列化学反应方程式

(1) $I_2 + HNO_3 \longrightarrow$

(2) $Zn + HNO_3(极稀) \longrightarrow$

(3) $Mg(NO_3)_2 \xrightarrow{\triangle}$

(4) $KNO_2 + KMnO_4 + H_2SO_4 \longrightarrow$

(5) $P_4 + KOH \xrightarrow{\triangle}$

(6) $Na_3AsO_3 + HCl + H_2S \longrightarrow$

(7) $NaBiO_3 + HCl(浓) \longrightarrow$

(8) $Na_2S + As_2S_3 \longrightarrow$

五、练习题参考答案

1. C	2. D	3. B	4. D	5. D	6. A、D
7. C	8. C	9. D	10. B	11. A	12. C
13. C	14. D	15. C	16. C	17. D	18. A
19. B	20. B、D	21. B	22. A	23. A	24. A

25. B	26. C	27. B	28. B	29. B	30. D
31. B	32. A	33. A	34. D	35. B	36. A
37. D	38. C	39. A	40. C	41. C	42. D
43. A	44. A,D	45. A,B	46. A	47. A、B、C	48. A
49. B	50. D				

51. 提示:A. NH_3 B. N_2 C. $NaNH_2$ D. H_2 E. Ca_3N_2 F. NCl_3

52. N_2 是三键,P_4 是单键。

53. 氮原子的最外层没有可利用的 d 轨道,不能与 5 个 Cl 生成 5 条共价键。

54. BF_3 是路易斯酸,NH_3 是路易斯碱,NF_3 无酸碱性。

55. PH_3 与过渡金属形成配合物的能力强,因 PH_3 除提供配位的电子对外,配合物中心离子还向磷原子的空 3d 轨道反馈电子,增大键强。

56. F 的电负性比 N 大,N—F 键共用电子对偏向 F,使 N 原子带 δ^+ 电荷,使之难以参加配位或反应;N 和 Cl 电负性相近,N 对孤对电子抓得不牢,孤电子对可进攻 H_2O 中 H 的空轨道,使得 H—OH 键断裂。

57. $3Cl_2 + 2NH_3 \rightleftharpoons N_2 + 6HCl$

    $HCl + NH_3 \rightleftharpoons NH_4Cl$(冒白烟)

58. As_2O_3 难溶于水,在水中有如下平衡:

    $As_2O_3 + 3H_2O \rightleftharpoons 2H_3AsO_3 \rightleftharpoons 6H^+ + 2AsO_3^{3-}$

    $As_2O_3 + 6H^+ \rightleftharpoons 2As^{3+} + 3H_2O$

    加酸时平衡左移,As_2O_3 溶解度减小,当酸度较大时,As_2O_3 与酸作用生成亚砷酸盐和水,As_2O_3 在水中的溶解度增大。

59. 方法 1:试液中通 H_2S 生成沉淀,向沉淀中加入 2 mol·L^{-1} NaOH,不溶的是 Bi_2S_3;再向沉绽加浓 HCl,不溶的是 As_2S_3。

    方法 2:试液中通 H_2S 后,先加入浓 HCl,不溶的是 As_2S_3,再加 NaOH,不溶的是 Bi_2S_3。

    方法 3:试液通 H_2S 后加入 Na_2S_x 溶液,不溶的是 Bi_2S_3,其余两种沉淀加入浓 HCl,不溶的是 As_2S_3。

60. 将待测样品加入 Zn 和盐酸，产生的气体通过一被加热的玻璃管，如管壁上有黑色物质生成且溶于 NaClO 溶液即可判定试样中有砷。

61. A 为 $AsCl_3$；B 为 $AgCl$；C 为 As_2S_3。

62. 这两种盐是 NaH_2PO_4 和 Na_2HPO_4

63. (1) $3I_2 + 10HNO_3 = 6HIO_3 + 10NO + 2H_2O$

(2) $4Zn + 10HNO_3(极稀) = 4Zn(NO_3)_2 + NH_4NO_3 + 3H_2O$

(3) $2Mg(NO_3)_2 \xrightarrow{\triangle} 2MgO + 4NO_2 + O_2$

(4) $5KNO_2 + 2KMnO_4 + 3H_2SO_4 =$
$5KNO_3 + 2MnSO_4 + K_2SO_4 + 3H_2O$

(5) $P_4 + 3KOH + 3H_2O \xrightarrow{\triangle} PH_3 \uparrow + 3KH_2PO_2$

(6) $2Na_3AsO_3 + 6HCl + 3H_2S = As_2S_3 + 6NaCl + 6H_2O$

(7) $NaBiO_3 + 6HCl(浓) = NaCl + BiCl_3 + Cl_2 \uparrow + 3H_2O$

(8) $3Na_2S + As_2S_3 = 2Na_3AsS_3$

第十四章 氧族元素

一、教学要求

1. 熟悉氧化物的分类。
2. 掌握氧、臭氧、氧化物及过氧化物的结构和性质；掌握过氧化物的性质和用途。
3. 掌握硫的氢化物、氧化物、重要的含氧酸及其盐的结构、性质、制备和用途。
4. 熟悉离域 π 键的概念。
5. 一般了解硒和碲。

二、重点与难点

重点：掌握氧、臭氧、过氧化氢的结构、性质和用途。掌握硫的成键特征、硫的氧化物、重要含氧酸及其盐的结构、性质、制备和用途。熟悉离域 π 键的概念。

难点：能利用离域 π 键的概念分析氧、硫化合物的结构及利用极化理论分析硫酸盐的热稳定性。

三、精选例题解析

1. 符合氧族元素氢化物酸性递变规律的是（　　）。
   A. $H_2O < H_2S > H_2Se > H_2Te$

B. $H_2O < H_2S < H_2Se < H_2Te$

C. $H_2O > H_2S > H_2Se > H_2Te$

D. $H_2O < H_2S < H_2Se > H_2Te$

答：影响非金属氢化物水溶液酸性的主要因素有离子半径、电负性等因素，与氢相结合元素的半径越大，电负性越小，R 给出 H^+ 能力增强、接受 H^+ 能力下降，从 $O \longrightarrow S \longrightarrow Se \longrightarrow Te$ 的半径呈递增变化、电负性呈递减变化，故而其氢化物水溶液是依此次序呈递增变化，正确答案为 B。

2. 硫酸是高沸点酸，主要原因是（　　）。

　　A. 硫酸是离子化合物，因此具有高沸点

　　B. 硫酸是极性分子，因此具有高沸点

　　C. 硫酸存在分子间氢键，因此见有高沸点

　　D. 硫酸虽为不易解离的分子，但因分子量很大，色散力强，因此具有高沸点

答：硫酸是个强极性分子、分子间存在着氢键及缔合作用，使硫酸沸腾时，需破坏这些作用力，故而耗能较多，正确答案为 C。

3. 久置的硫化钠溶液在酸化时，为何会有乳白色沉淀析出？

答：在 Na_2S 中，S 的氧化数为 -2，具有还原性。在碱性介质中易被氧化为硫单质，Na_2S 是强碱弱酸盐，具有强烈的水解趋势，其水溶液呈强碱性；硫又具有溶于硫化钠形成多硫化物的性质，多硫化物遇酸分解，释放出 H_2S 及 S 沉淀，故综合这几方面因素可知，久置后的 Na_2S 溶液，因有少量多硫化物形成，故而遇酸分解析出硫沉淀。

4. 硫、硒的族价态含氧酸的通式为 H_2RO_4，为何碲酸却是 H_6TeO_6？

答：硫、硒形成 +Ⅵ 氧化态的含氧酸时通式为 H_2RO_4，即硫、硒以 sp^3 杂化轨道成键，形成正四面体阴离子，碲位于第六周期，原子半径相应比硫、硒要大，其价层轨道的能级能量差变小，因此可以通过 sp^3d^2 杂化形成配位数为 6 的八面体结构。

5. 少量 Mn^{2+} 可以催化分解 H_2O_2，其反应机理解释如下：H_2O_2 能氧化 Mn^{2+} 为 MnO_2，后者又能使 H_2O_2 氧化，试从电极电势说明上述

解释是否合理,并写出离子反应方程式。

解:查表得:$\varphi^{\theta}(O_2/H_2O_2)=0.69\text{ V}, \varphi^{\theta}(MnO_2/Mn^{2+})=1.228\text{ V}$, $\varphi^{\theta}(H_2O_2/H_2O)=1.77\text{ V}$。由于 $\varphi^{\theta}(H_2O_2/H_2O)>\varphi^{\theta}(MnO_2/Mn^{2+})$,因此 H_2O_2 能把 Mn^{2+} 氧化为 MnO_2,离子方程式为:

$$H_2O_2+Mn^{2+}=\!=\!=MnO_2+2H^+$$

因为 $\varphi^{\theta}(MnO_2/Mn^{2+})>\varphi^{\theta}(O_2/H_2O_2)$,因此 MnO_2 能把 H_2O_2 氧化为 O_2,反应的离子方程式为:

$$H_2O_2+MnO_2+2H^+=\!=\!=Mn^{2+}+O_2\uparrow+2H_2O$$

上述两个反应不断反复进行,直到 H_2O_2 分解完毕,所以上述解释是合理的。

6. 写出各主族元素最高氧化态氧化物的分子式(若最高氧化态的氧化物不稳定则写其稳定氧化态的氧化物),按各元素在周期表中的位置排列,并用线条按它们的酸性、碱性和两性划分。

答:

						H_2O	
Li_2O	BeO	B_2O_3	CO_2	N_2O_5	O_2		OF_2
Na_2O	MgO	Al_2O_3	SiO_2	P_2O_5	SO_3		Cl_2O_7
K_2O	CaO	Ga_2O_3	GeO_2	As_2O_5	SeO_3		BrO_2
Rb_2O	SrO	In_2O_3	SnO_2	Sb_2O_5	TeO_3		I_2O_5
Cs_2O	BaO	Tl_2O_3	PbO_2	Bi_2O_5	PoO_2		
碱性			两性			酸性	

7. 哪些金属硫化物易溶于水?为什么大多数金属硫化物难溶于水?

答:只有碱金属的硫化物和硫化铵易溶于水,大多数金属硫化物难溶于水,包括构型为 8 电子外壳的较高电荷阳离子,以及具有 18 电子外壳、18+2 电子外壳或不规则外壳的阳离子,由于这些离子和硫离子之间有较强的相互极化作用而生成难溶的硫化物,所以除碱金属硫化物外,大多数金属硫化物均是难溶于水的。

8. SO_2 和 Cl_2 的漂白机理有什么不同?

答:SO_2 的漂白作用是由于 SO_2 与有机色素发生加成反应生成无色化合物,而 Cl_2 的漂白作用实质是次氯酸的作用,由于次氯酸本身具有强氧化性,使有色物质的分子被次氯酸氧化而达到漂白的目的。

9. 把 H_2S 和 SO_2 气体同时通入 NaOH 溶液中至溶液呈中性,有何结果?

答:把 H_2S 和 SO_2 气体同时通入 NaOH 溶液中呈中性时,先有单质硫析出,最后生成了硫代硫酸钠,它们之间发生了如下反应:

$$SO_2 + 2H_2S = 3S\downarrow + 2H_2O$$

$$2H_2S + 4SO_2 + 6NaOH = 3Na_2S_2O_3 + 5H_2O$$

10. 完成下列反应方程式并解释在反应(1)过程中,为什么出现由白到黑的颜色变化?

(1) $Ag^+ + S_2O_3^{2-}$(少量) $\longrightarrow$

(2) $Ag^+ + S_2O_3^{2-}$(过量) $\longrightarrow$

答:(1) $2Ag^+ + S_2O_3^{2-}$(少量) $= Ag_2S_2O_3\downarrow$

$Ag_2S_2O_3 + H_2O = Ag_2S\downarrow$(黑) $+ H_2SO_4$

(2) $Ag^+ + 2S_2O_3^{2-}$(过量) $= [Ag(S_2O_3)_2]^{3-}$

在反应(1)中,先生成的 $Ag_2S_2O_3$ 是一种白色沉淀,由于 $Ag_2S_2O_3$ 在水中易转化为 Ag_2S,Ag_2S 是一种黑色沉淀,因此有由白到黑的颜色变化。

11. 电解硫酸或硫酸氢铵制备过二硫酸时,虽然 $\varphi^{\theta}(O_2/H_2O)(1.23\ V)$ 小于 $\varphi^{\theta}(S_2O_8^{2-}/SO_4^{2-})(2.05\ V)$,为什么在阳极不是 H_2O 放电,而是 SO_4^{2-} 或 HSO_4^- 放电?

答:虽然 $\varphi^{\theta}(O_2/H_2O) < \varphi^{\theta}(S_2O_8^{2-}/SO_4^{2-})$,但由于 O_2 在电极上的过电位很大(1.09 V),在标准态时,其实际析出电势为 $1.23 + 1.09 = 2.32\ V$,使 O_2 的析出电势高于 $S_2O_8^{2-}$ 的析出电势,所以 SO_4^{2-} 离子更容易被氧化,因此在阳极上不是水放电,而是 HSO_4^- 或 SO_4^{2-} 放电。

12. 在酸性的 KIO_3 溶液中加入 $Na_2S_2O_3$,有什么反应发生?

答:$12H^+ + 2IO_3^- + 10S_2O_3^{2-} = I_2 + 5S_4O_6^{2-} + 6H_2O$

$I_2 + 2S_2O_3^{2-} = 2I^- + S_4O_6^{2-}$

13. 写出下列各题的生成物并配平。

(1) Na_2O_2 与过量冷水反应;

(2) 在 Na_2O_2 固体上滴加几滴热水；

(3) 在 Na_2CO_3 溶液中通入 SO_2 至溶液的 pH=5 左右；

(4) H_2S 通入 $FeCl_3$ 溶液中；

(5) Cr_2S_3 加水；

(6) 用盐酸酸化多硫化铵溶液。

答：(1) $Na_2O_2 + 2H_2O(冷) =\!=\!= 2NaOH + H_2O_2$

(2) $2Na_2O_2 + 2H_2O(热) =\!=\!= 4NaOH + O_2 \uparrow$

(3) $2SO_2 + Na_2CO_3 + H_2O(冷) =\!=\!= 2NaHSO_3 + CO_2 \uparrow$

或 $SO_2 + Na_2CO_3 =\!=\!= Na_2SO_3 + CO_2 \uparrow$

(4) $H_2S + 2FeCl_3 =\!=\!= 2FeCl_2 + S\downarrow + 2HCl$

(5) $Cr_2S_3 + 6H_2O =\!=\!= 2Cr(OH)_3 \downarrow + 3H_2S \uparrow$

(6) $2HCl + (NH_4)_2S_x =\!=\!= 2NH_4Cl + H_2S_x$

$H_2S_x =\!=\!= H_2S \uparrow + (x-1)S \downarrow$

四、练习题

1. 氧易于形成含 p—pπ 键的双键，而硫、硒、碲不易形成这种双键，主要是因为（　　）。

   A. 氧的电负性比硫、硒、碲大

   B. 氧的原子半径比硫、硒、碲小

   C. 氧的化学性质比硫、硒、碲更活泼

   D. 氧无 2d 轨道，而硫、硒、碲原子有 d 轨道

2. 离域 Π_3^4 键的具体含义是（　　）。

   A. Π_3^4 是由处于同一分子平面的 3 个原子共用 4 个电子形成的离域 Π 键

   B. Π_3^4 是由处于同一分子平面的 3 个原子 4 个轨道形成的

   C. Π_3^4 是 3 个杂化轨道，容纳了 4 个电子后形成的

   D. Π_3^4 是由 4 个原子中的 3 个电子形成的

3. 少量 Mn^{2+} 可加速 H_2O_2 的分解，其催化原理被认为是一个氧化还原反应过程，下述解释正确的是（　　）。

A. Mn^{2+} 有还原性，MnO_2 有氧化性，H_2O_2 有还原性

B. Mn^{2+} 有氧化性，MnO_2 有还原性，H_2O_2 有氧化性

C. Mn^{2+} 有氧化性，MnO_2 既有氧化性又有还原性，H_2O_2 有氧化性

D. Mn^{2+} 有还原性，MnO_2 有氧化性，H_2O_2 既有氧化性又有还原性

4．H_2O_2 熔、沸点较高（分别为 275 K 和 423 K），其主要原因是（　　）。

　A. H_2O_2 相对分子质量大

　B. H_2O_2 分子极性大

　C. H_2O_2 分子间氢键很强，在固、液时均有缔合现象

　D. H_2O_2 分子内键能大

5．电解 NH_4HSO_4 制取 H_2O_2 过程的中间产物是（　　）。

　A. $H_2S_2O_7$　　B. $H_2S_2O_3$　　C. $H_2S_2O_4$　　D. $H_2S_2O_8$

6．含有 O_3^- 离子的化合物是（　　）。

　A. CrO_3　　B. KO_3　　C. WO_3　　D. PtO_3

7．下列氧化物共价性最明显的一组是（　　）。

　A. Li_2O、Na_2O、MgO　　　　B. BeO、Al_2O_3、CuO

　C. Ag_2O、GeO_2、Sb_2O_3　　　D. Mn_2O_7、TiO_2、SnO_2

8．对于氧的成键特征，论述正确的是（　　）。

　A. 氧由于电负性较大，因此氧所形成的二元化合物中，氧无正氧化态

　B. 氧由于电负性较大，半径又小，因此氧有强烈的形成双键的倾向

　C. 氧由于电负性较大，故氧不能形成二氧基 O_2^+ 离子化物

　D. 氧由于电负性大，所以它在含氧酸中只能接受电子形成配键

9．在 293 K，101.3 kPa 压力下，1 体积水可溶解 H_2S 气体 2.6 体积即饱和，此 H_2S 饱和溶液 pH 值约为（　　）。

　A. 2.5　　B. 3.8　　C. 3.5　　D. 4

10．能溶于 0.1 mol·L^{-1} 盐酸的硫化物是（　　）。

　A. ZnS　　B. CuS　　C. MnS　　D. CdS

11. 只能溶于王水的硫化物是( )。
    A. ZnS　　　B. CuS　　　C. Ag_2S　　　D. HgS
12. 在分别含有 0.1 mol·L^{-1} 的 Hg^{2+}、Cu^{2+}、Cr^{3+}、Zn^{2+}、Fe^{2+} 的溶液中，在酸度为 0.3 mol·L^{-1} 条件下，通 H_2S 至饱和都能生成硫化物沉淀的是( )。
    A. Cu^{2+}、Hg^{2+}　　　　B. Fe^{2+}、Cr^{3+}
    C. Cr^{3+}、Hg^{2+}　　　　D. Zn^{2+}、Fe^{2+}
13. 可溶于 Na_2S 溶液的一组硫化物是( )。
    A. Hg_2S、HgS　　　　B. GeS、SnS、As_2S_3
    C. SnS_2、As_2S_5　　　　D. CuS、Ag_2S
14. 对多硫化物的性质叙述不正确的是( )。
    A. H_2S_2 的酸性比 H_2S 要强一些
    B. 多硫化物的颜色比相应硫化物要深一些
    C. 多硫化物中硫的氧化数为 -1，因此多硫化物具有同等的氧化性及还原性
    D. 多硫化物遇酸分解有 H_2S 气体及 S 析出
15. 在空气中长期放置后，会产生多硫化物的是( )。
    A. H_2S　　　B. Na_2S　　　C. Na_2SO_3　　　D. $Na_2S_2O_4$
16. 可溶于 Na_2S_2 溶液的一组硫化物是( )。
    A. Hg_2S、HgS　　　　B. GeS、SnS、As_2S_3
    C. SnS_2、As_2S_5　　　　D. CuS、Ag_2S
17. 在 $CrCl_3$ 溶液内加入 Na_2S 溶液，则生成物为( )。
    A. Cr_2S_3 + NaCl　　　　B. $Cr(OH)_3$ + H_2S
    C. $Cr(HS)_3$ + H_2S　　　D. NaHS + $NaCrO_2$
18. 属于过硫酸的含氧酸是( )。
    A. $H_2S_2O_4$　　　　B. $H_2S_2O_3$
    C. H_2SO_5　　　　D. $H_2S_4O_5$
19. 热分解硫酸亚铁的最终产物是( )。
    A. FeO + SO_3　　　　B. FeO + SO_2 + $\frac{1}{2}O_2$

C. $Fe_2O_3+SO_2$ D. $Fe_2O_3+SO_3+SO_2$

20. 热稳定性最好的硫酸盐是(　　)。

    A. $BaSO_4$ B. $FeSO_4$ C. $Fe_2(SO_4)_3$ D. Ag_2SO_4

21. 硫的含氧酸能与 I_2 反应,并转为 SO_3^{2-} 的化合物是(　　)。

    A. $H_2S_2O_3$ B. $H_2S_2O_4$ C. $H_2S_2O_7$ D. $H_2S_2O_8$

22. 硫酸盐具有的共性是(　　)。

    A. 硫酸盐都是可溶性盐

    B. 从溶液中析出的硫酸盐都含有结晶水

    C. 具有高的热稳定性,且金属价态越高,硫酸盐越稳定

    D. 硫酸盐有形成复盐的特性

23. 摩尔盐的化学式是(　　)。

    A. $FeSO_4 \cdot 7H_2O$ B. $NH_4Fe(SO_4)_2 \cdot 6H_2O$

    C. $(NH_4)_2Fe(SO_4)_2 \cdot 6H_2O$ D. $(NH_4)_2Fe(SO_4)_2 \cdot 3H_2O$

24. 可与 Fe_2O_3、Al_2O_3、TiO_2 等难溶金属氧化物共熔生成可溶性硫酸盐的试剂是(　　)。

    A. $Na_2S_2O_8$ B. $K_2S_2O_7$ C. $Na_2S_2O_4$ D. Na_2SO_3

25. 下列各种硫的含氧酸,可认为是同多酸的是(　　)。

    A. $H_2S_3O_6$ B. $H_2S_2O_7$ C. $H_2S_3O_{10}$ D. $H_2S_6O_6$

26. 对于氧族元素通性的描述,下列说法错误的是(　　)。

    A. 氧族元素价电子层结构为 ns^2np^4

    B. 氧族元素随原子序数的增大、电离能、电子亲合能、电负性以及氧还电势逐渐变小

    C. 氧族元素的单质随原子序数的增大,熔点、沸点、溶解热、气化热逐渐增大

    D. 氧族元素由于电负性大,均可与大多数金属形成二元离子化合物

27. 硫的含氧酸酸性递变规律(　　)。

    A. $H_2SO_4>H_2SO_3>H_2S_2O_7>H_2S_2O_4$

    B. $H_2SO_4>H_2S_2O_7>H_2SO_3>H_2S_2O_4$

    C. $H_2S_2O_7>H_2SO_4>H_2SO_3>H_2S_2O_4$

D. $H_2S_2O_7 > H_2SO_4 > H_2S_2O_4 > H_2SO_3$

28. SO_2 在水中存在的主要形式是（　　）。
   A. H_2SO_3　　　　　　B. SO_2 单个分子
   C. $SO_2 \cdot xH_2O$　　　D. $H^+ + HSO_3^-$

29. 向亚硒酸水溶液中通二氧化硫，亚硒酸可转变为（　　）。
   A. H_2SeO_4　B. H_2Se　C. SeO_2　D. Se

30. 对臭氧性质叙述正确的是（　　）。
   A. O_3 分子较 O_2 分子不稳定，由 O_3 转变为 O_2 分子的过程是吸热的
   B. O_3 分子较 O_2 分子不稳定，由 O_3 转变为 O_2 分子的过程是放热的
   C. 只有在酸性条件下，O_3 才表现出比 O_2 分子更强的氧化性
   D. 不论在酸性还是碱性介质条件下，O_3 都比 O_2 分子显示更强的氧化性

31. 下列叙述中，可用来解释 O_3 比 O_2 活泼的是（　　）。
   A. O_3 分子是 V 字型，比 O_2 分子对称性差
   B. O_3 分子是抗磁性的，O_2 分子是顺磁性的
   C. 按反应 $2O_3(g) \rightleftharpoons 3O_2(g)$ 来说，$\Delta_r H^\theta = -284 \text{ kJ} \cdot \text{mol}^{-1}$，$\Delta_r G^\theta = -326.8 \text{ kJ} \cdot \text{mol}^{-1}$
   D. $\varphi^\theta(O_3/O_2) = 2.0707 \text{ V}, \varphi^\theta(O_2/H_2O) = 1.229 \text{ V}$

32. 表示过氧化氢既有氧化性，又有还原性的反应式是（　　）。
   A. $H_2O_2 \rightleftharpoons H^+ + HO_2^-$
   B. $H_2O_2 + 2I^- + 2H^+ \rightleftharpoons I_2 + 2H_2O$
   C. $2H_2O_2 \rightleftharpoons 2H_2O + O_2 \uparrow$
   D. $2CrO_2^- + 3H_2O_2 + 2OH^- \rightleftharpoons 2CrO_4^{2-} + 4H_2O$

33. 硫形成硫链的倾向比氧要大，主要原因是（　　）。
   A. 硫的电负性比氧小，与氧比较不易得到电子而形成负离子
   B. 硫有 3d 轨道，倾向形成更高氧化数化合物
   C. 硫的原子半径大，不易形成 p−pπ 键，主要表现在形成 2 个 σ 键，而氧原子半径小，电负性大，易形成复键
   D. 氧易形成配位键，倾向于形成多重键，而硫无这种倾向。

34. 硫化汞溶于王水的原因中，不正确的是（　　）。

A. 王水有较强的酸性,它可促使 $HgS+2H^+ \rightleftharpoons Hg^{2+}+H_2S$ 平衡左移

B. 王水具有强氧化性,它可使 S^{2-} 转变为 S,使平衡右移

C. 王水中含有大量的 Cl^- 离子,Cl^- 离子有较强的配位能力,可生成 $[HgCl_4]^{2-}$ 使平衡右移

D. 王水中含有大量的 H^+ 离子,它也可促使溶解平衡向右移动

35. 下列化合物中,属于连硫酸的是( )。

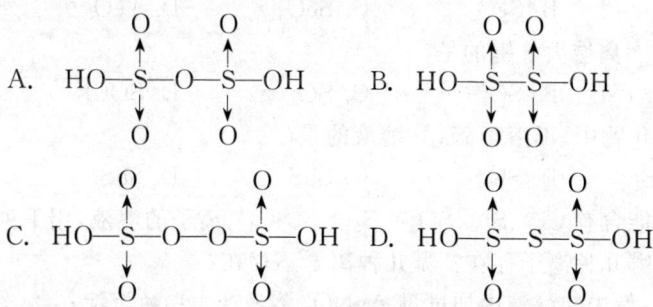

36. 氧的化学性质与同族其他元素比较有较大差别,其主要原因是( )。

A. 氧分子中有1个σ键和2个三电子π键

B. 氧的原子半径与同族相比要小得多,而电负性却很大

C. 氧的原子序数小,单质相对分子质量小

D. 氧的电离能、电子亲合能都很大

37. 对于氧族元素与卤族元素性质的比较中,下列说法正确的是( )。

A. 氧族元素随原子序数增加,性质递变比卤素显著的多

B. 氧族元素的原子得电子形成负离子的倾向比卤素弱

C. 氧族元素出现正氧化态比卤素更常见

D. 以上说法都正确

38. 对氧化物、硫化物性质叙述不正确的是( )。

A. 同一元素的氧化物、硫化物在酸碱性上有对应的关系

B. 同一元素的氧化物高价显酸性,低价显碱性的规律,对硫化物亦

有体现

C. 酸性氧化物溶于碱生成酸盐,酸性硫化物溶于碱生成硫代酸盐

D. 氧化物与硫化物性质的对应关系也表现在颜色及溶解性上

39. 下列关于含氧酸酸性比较中正确的是(　　)。
   A. $HNO_3 > HNO_2$　　　　　B. $H_3PO_4 < H_4P_2O_7$
   C. $H[BF_4] < H_3BO_3$　　　D. $H_2SO_4 > HClO_4$

40. 下列物质中氧化性最差的是(　　)。
   A. SO_2　　　B. SeO_2　　　C. SeO_3　　　D. TeO_2

41. 含有 Π_4^6 离域大 π 键的是(　　)。
   A. ClO_2^-　　B. SO_3^{2-}　　C. $SO_3(g)$　　D. $SOCl_2$

42. 下列硫化物中,不溶于 Na_2S 溶液的是(　　)。
   A. As_2S_3　　B. Sb_2S_3　　C. SnS　　D. SnS_2

43. 有一可能含有 Cl^-、S^{2-}、SO_3^{2-}、$S_2O_3^{2-}$、SO_4^{2-} 离子的溶液,用下列试验证明哪几种离子存在?哪几种离子不存在?

   (1) 向一份未知溶液中加过量 $AgNO_3$ 溶液产生白色沉淀;

   (2) 向另一份未知溶液中加 $BaCl_2$ 溶液也产生白色沉淀;

   (3) 取第三份溶液,用 H_2SO_4 酸化后加入溴水,溴水不退色。

44. 为何卤素单质中不存在同素异形体,而氧族单质中却存在同素异形体?

45. 为何亚硫酸盐中常含有硫酸盐,硫酸盐中却很少含亚硫酸盐?

46. 硫酸银受热分解为何产物是银而不是氧化银?

47. 举例说明多硫化物与过氧化物性质的异同?

48. 硫为何比氧更易形成链状结合?

49. 为什么 18 电子构型的金属离子形成的氧化物,其共价倾向大于 8 电子构型的金属离子的氧化物?

50. 结合离域 π 键的形成条件,说明 SO_2 分子结构。

51. 从结构上区别过酸、连酸、焦酸。

52. 完成并配平下列反应式
    $Na_2S + Na_2CO_3 + SO_2 \longrightarrow$

53. 用方程式解释硫代硫酸钠可用做脱氯剂。

第十四章 氧族元素

54. 蔗糖与浓 H_2SO_4 反应产生黑色的体积膨大的疏松物,写出该反应的反应式。

55. 写出 H_2S 通入 $CuSO_4$ 溶液和 $FeCl_3$ 溶液的化学反应方程式,并解释为什么后一反应得不到 Fe_2S_3?

56. 以黄铁矿为原料制备 $KHSO_4$、$K_2S_2O_7$、H_2O_2。

57. 写出制备 $Na_2S_2O_3$ 的三种方法(可用方程式并配平),指明反应条件。

58. 如何确证在硫化物中是否含有多硫化物?

59. 举三种方法鉴别两无色液体之一是 H_2O_2 而不是 H_2O。

60. 用一种试剂如何鉴别三瓶无标签溶液 Na_2S、Na_2SO_3、$Na_2S_2O_3$,以方程式表示,注明现象。

五、练习题参考答案

1. B	2. A	3. D	4. C	5. D	6. B
7. D	8. B	9. D	10. C	11. D	12. A
13. C	14. C	15. B	16. B	17. B	18. C
19. D	20. A	21. B	22. D	23. C	24. B
25. C	26. B、D	27. D	28. C	29. D	30. B
31. C、D	32. C	33. C	34. A、D	35. B、D	36. B
37. D	38. D	39. A、B	40. A	41. C	42. C

43. 提示:SO_4^{2-} 存在,S^{2-}、SO_3^{2-}、$S_2O_3^{2-}$ 不存在,Cl^- 不一定。

44. 提示:本题可以从价层电子结构及可能的键合方式两方面考虑。

45. 提示:可以从亚硫酸盐具有还原性,而硫酸却难于在通常条件下表现出氧化性来考虑。

46. 提示:从 Ag^+ 的 18 电子构型考虑,这种构型的离子具有强的极化力和变形性,因此,夺回电子的能力很强,故而由硫酸银分解为氧化银又进一步分解为银。

47. 提示:可比较两者在结构、氧化数、与酸反应及氧化性等方面的异同。

48. **提示**：可从硫比氧的原子半径大考虑。
49. **提示**：可以比较 18 电子及 8 电子构型离子的极化力，变形性等方面的区别，导致电子云的变形、重迭，致使键型发生改变。
50. **提示**：SO_2 分子具有 Π_3^4 结构。
51. **提示**：过酸从结构上看是 H_2O_2 的衍生物，即其中包含了过氧链，连酸分子中含有—S—S—键。焦酸分子中则通过 O 原子连接着磺酸基。
52. $2Na_2S + Na_2CO_3 + 4SO_3 = 3Na_2S_2O_3 + CO_2\uparrow$
53. $Na_2S_2O_3 + 4Cl_2 + 5H_2O = 2NaCl + 2H_2SO_4 + 8HCl$
54. $C_{12}H_{22}O_{11} \xrightarrow{\text{浓}H_2SO_4} 12C + 11H_2O$
    $C + 2H_2SO_4(\text{浓}) = CO_2\uparrow + 2SO_2\uparrow + 2H_2O$
55. $H_2S + CuSO_4 = CuS\downarrow + H_2SO_4$
    $H_2S + 2FeCl_3 = 2FeCl_2 + S\downarrow + 2HCl$
    在酸性介质中，$FeCl_3$ 与 H_2S 发生氧化还原反应，生成 Fe^{2+} 和硫，若是碱性介质，则可产生黑色的 Fe_2S_3 沉淀，但它又较快地分解为 FeS 沉淀和硫。
56. **提示**：$FeS_2 \xrightarrow{\triangle} SO_2 \xrightarrow{O_3 \text{ 催化}} SO_3 \xrightarrow{KOH} KHSO_4$（或 K_2SO_4）
    $2KHSO_4 \xrightarrow{\triangle} K_2S_2O_7 + H_2O$
    $KHSO_4 \xrightarrow{\text{电解}} K_2S_2O_8 \xrightarrow{H_2O} KHSO_4 + H_2O_2$
57. 方法 1：$Na_2S + SO_3 \xrightarrow{\triangle} Na_2S_2O_3$
    方法 2：$2Na_2S + Na_2CO_3 + 4SO_2 = 3Na_2S_2O_3 + CO_2$
    方法 3：$2Na_2S + 3SO_2 = 2Na_2S_2O_3 + S\downarrow$
58. **提示**：可加入非氧化性稀酸（如稀盐酸），两者与酸的反应是不同的，前者无硫析出，后者可看到硫的沉淀。
59. **提示**：根据 H_2O_2 有氧化性和还原性以及不稳定性能放出氧，而 H_2O 没有这些性质。
    方法 1：在酸性条件下与 KI 反应. H_2O_2 可产生 I_2，而 H_2O 不能。

方法 2：在酸性条件下与 $KMnO_4$ 反应，H_2O_2 使 $KMnO_4$ 褪色，而 H_2O 不能。

方法 3：加入少量 MnO_2，H_2O_2 可放出大量的氧气，而 H_2O 不能。

60. **提示**：可用加非氧化性的酸(如盐酸)的方法鉴别。

第十五章 卤素

一、教学要求

1. 掌握卤素及其重要化合物的结构、性质、制备和用途，以及卤素的通性和特性。
2. 熟悉卤素单质和次卤酸及其盐发生歧化反应的条件和递变规律。
3. 理解元素电势图的意义，能较熟练地用于判断卤素及其化合物各氧化态间的转化关系。
4. 一般了解拟卤素，多卤化物和卤素互化物。
5. 根据同族元素具有规律性的原子结构和成键特点，了解研究同族元素的基本方法。

二、重点与难点

重点：掌握元素电势图的意义及其应用；熟悉卤素单质和次卤酸及其盐发生歧化反应的条件和递变规律；掌握卤素的氢化物，卤素的含氧酸（次卤酸、亚卤酸、卤酸、高卤酸）及其盐的氧化还原性、稳定性、酸性及其变化规律以及卤素含氧酸根离子的结构。

难点：会利用学过的理论知识解释卤素的氢化物，卤素的含氧酸及其盐的氧化还原性、稳定性、酸性及其变化规律以及卤素含氧酸根离子的结构、氟的特殊性。利用极化理论分析卤化物的键型变化规律。

三、精选例题解析

1. 溴能从含碘离子的溶液中取代出碘,碘又能从 $KBrO_3$ 溶液中取代出溴,这两个反应有无矛盾？为什么？

答：已知下述电对的标准电极电势 φ^θ：

$Br_2 + 2e^- \rightleftharpoons 2Br^-$ $\qquad \varphi^\theta = 1.07$ V

$I_2 + 2e^- \rightleftharpoons 2I^-$ $\qquad \varphi^\theta = 0.54$ V

$BrO_3^- + 6H^+ + 5e^- \rightleftharpoons \frac{1}{2}Br_2 + 3H_2O$ $\qquad \varphi^\theta = 1.52$ V

$IO_3^- + 6H^+ + 5e^- \rightleftharpoons \frac{1}{2}I_2 + 3H_2O$ $\qquad \varphi^\theta = 1.19$ V

从 φ^θ 值可知 Br_2 的氧化性比 I_2 强,BrO_3^- 的氧化性比 IO_3^- 强,所以可发生下述反应：

$$Br_2 + 2I^- \rightleftharpoons 2Br^- + I_2$$

$$I_2 + 2BrO_3^- \rightleftharpoons 2IO_3^- + Br_2$$

2. 计算下列反应：

$$ClO^- + H_2CO_3 \rightleftharpoons HClO + HCO_3^-$$

的平衡常数,并说明漂白粉为什么在潮湿空气中易失效？

答：$ClO^- + H_2CO_3 \rightleftharpoons HClO + HCO_3^-$

$$K_c = \frac{[HClO][HCO_3^-]}{[ClO^-][H_2CO_3]} = \frac{K_{a1}(H_2CO_3)}{K_a(HClO)}$$

$$= \frac{4.30 \times 10^{-7}}{2.95 \times 10^{-8}} = 14.5$$

因为 K_c 较大,因此正反应易进行。漂白粉在空气中放置时,会逐渐失效是因为生成 $HClO$,而 $HClO$ 不稳定立即分解。

3. 完成并配平下列反应方程式：

(1) $Cl_2 + Ba(OH)_2 \longrightarrow$

(2) $Cl_2 + KI + KOH \longrightarrow$

(3) $NaBr + NaBrO_3 + H_2SO_4 \longrightarrow$

答：(1) $2Cl_2 + Ba(OH)_2 \rightleftharpoons BaCl_2 + Ba(ClO)_2 + 2H_2O$

(2) $3Cl_2 + KI + 6KOH \Longrightarrow 6KCl + KIO_3 + 3H_2O$

(3) $5NaBr + NaBrO_3 + 3H_2SO_4 \Longrightarrow 3Br_2 + 3Na_2SO_4 + 3H_2O$

4. 电解制氟时,为何不用 KF 的水溶液?液态氟化氢为什么不导电,而氟化钾的无水氟化氢溶液却能导电?

答: 因为氟的化学性质异常活泼,它与水激烈反应:

$$F_2 + H_2O \Longrightarrow 2HF + \frac{1}{2}O_2$$

所以电解制氟时,不用 KF 的水溶液,而由电解氟化钾的无水氟化氢溶液制得。

液态氟化氢不导电是因为氟化氢键能很高,同时存在氢键,只有微弱的自偶电离,K 值很小,因而液态氟化氢并不导电。而氟化钾的无水氟化氢溶液能导电是由于氟化钾能电离出 F^- 和 K^+,因而氟化钾的无水氟化氢溶液却能导电。

5. 氟有哪些特性?氟化氢和氢氟酸有哪些特性?

答: 氟有如下几个特性:

(1) 它与其它元素形成的化学键的键能大;

(2) 离子型氟化物的晶格能都比较大;

(3) 易形成配合物;

(4) 在水中的溶解度与其它卤化物不一致;

(5) 化学性质很活泼,是典型的非金属元素;

(6) 氟化物均有毒。

氟化氢的特性如下:

(1) 熔点、沸点和气化热与其它分子晶体相比特别高;

(2) 生成热的绝对值和分子极化特别大;

(3) 电离度特别低。

氢氟酸的特性如下:

(1) 在氢氟酸的浓溶液中,氢氟酸为一种弱酸;

(2) 氢氟酸可以通过氢键与许多活泼金属氟化物形成稳定的加合产物;

(3) 氢氟酸能与 SiO_2 或硅酸盐反应生成气态 SiF_4。

6. 写出三个具有共价键的金属卤化物的分子式,并说明这种类型卤化物的共同特性。

答:$AlCl_3$、$GaCl_3$、$FeCl_3$ 均是具有共价键的金属卤化物,其共同特点是熔沸点较低、水解倾向较大,易溶解在有机溶剂中。

7. 根据电势图计算在 298 K 时,Br_2 在碱性水溶液中歧化为 Br^- 和 BrO_3^- 的反应平衡常数。

解:φ_B^θ:$BrO_3^- \xrightarrow{0.519} Br_2 \xrightarrow{1.065} Br^-$

Br_2 在碱性溶液中歧化为 Br^- 和 BrO_3^- 的反应为:

$$3\ Br_2 + 6OH^- \rightleftharpoons 5\ Br^- + BrO_3^- + 3H_2O$$

298 K 时,反应的平衡常数为:

$$\lg K = \frac{nE^\theta}{0.059\ 2} = \frac{n(\varphi_右^\theta - \varphi_左^\theta)}{0.059\ 2}$$

$$= \frac{5 \times (1.065 - 0.519)}{0.0592} = 46.11$$

$$K = 1.30 \times 10^{46}$$

8. 如何鉴别 $KClO$、$KClO_3$ 和 $KClO_4$ 这三种盐。

答:取少量固体放入试管中,分别加入稀盐酸,有氯气逸出的为 $KClO$(用淀粉碘化钾试纸检验,Cl_2 可使淀粉碘化钾试纸变蓝色)。

在剩下的两种钾盐中,ClO_3^- 离子的氧化能力比 ClO_4^- 强,可在它们的水溶液中通入 H_2S,有硫析出的为 $KClO_3$,没有反应的为 $KClO_4$,向后者加入钾盐溶液,因 $KClO_4$ 溶解度小,生成白色沉淀(加入酒精,现象更明显),可证实为 $KClO_4$。

9. 电解氯化物溶液和电解氯酸盐溶液以制备高氯酸的过程有什么不同?写出反应方程式:

答:电解氯酸盐制备高氯酸,在阳极区生成高氯酸盐,然后经硫酸酸化可得高氯酸:

$$ClO_3^- + H_2O - 2e^- =\!=\!= ClO_4^- + 2H^+$$

电解氯化物溶液制备高氯酸时,采用的是用无隔膜电解槽电解热的 NaCl 溶液,得到氯酸盐:

$$NaClO_3 + KCl =\!=\!= KClO_3 + NaCl$$

将所得 $KClO_3$ 加热即得高氯酸钾:

$$4\ KClO_3 \xrightarrow{668\ K} KCl + 3KClO_4$$

用下列反应制 $HClO_4$:

$$KClO_4 + H_2SO_4(浓) =\!\!=\!\!= KHSO_4 + HClO_4$$

10. HF_2^- 离子和 I_3^- 离子是怎样形成的?

答:HF_2^- 离子的形成:在氢氟酸的浓溶液中,一部分 F^- 离子通过氢键与未电离的 HF 分子形成缔合离子 HF_2^-。

$$2HF + H_2O \rightleftharpoons H_3O^+ + HF_2^-$$

将碘溶解于金属碘化物的溶液中即可得到 I_3^- 离子:

$$I^- + I_2 =\!\!=\!\!= I_3^-$$

11. 利用电极电势解释下列现象:在淀粉碘化钾溶液中加入少量 NaClO 时,得到蓝色溶液 A,加入过量 NaClO 时得到无色溶液 B,然后酸化之并加入少量固体 Na_2SO_3 于 B 溶液,则 A 的蓝色复现,当 Na_2SO_3 过量时蓝色又褪去成为无色溶液 C,再加入 $NaIO_3$ 溶液蓝色的 A 溶液又出现,指出 A、B、C 各为何种物质,并写出各步的反应方程式:

解:$\varphi^{\theta}(I_2/I^-) = 0.535\ V < \varphi^{\theta}(ClO^-/Cl_2) = 1.63\ V$,在淀粉碘化钾溶液中加入少量 NaClO 时,$ClO^-$ 与 I^- 发生下列反应:

$$I^- + ClO^- + 2H^+ =\!\!=\!\!= \frac{1}{2}I_2 + \frac{1}{2}Cl_2 + H_2O$$

生成的碘遇淀粉变蓝。故 A 为 I_2。

由于 $\varphi^{\theta}(IO_3^-/I_2) = 1.195\ V < \varphi^{\theta}(ClO^-/Cl_2)$,加入过量 NaClO 时,能发生下述反应:

$$I_2 + 10ClO^- =\!\!=\!\!= 2IO_3^- + 5Cl_2 + 4H_2O$$

过量的 NaClO 使生成的 I_2 变成 IO_3^-,故溶液又变无色。因此 B 为 $NaIO_3$。

由于 $\varphi^{\theta}(SO_4^{2-}/SO_3^{2-}) = 0.20\ V < \varphi^{\theta}(IO_3^-/I_2)\ 1.195\ V$,当酸化溶液,并加入少量固体 Na_2SO_3 时,能发生如下反应:

$$2IO_3^- + 5SO_3^{2-} + 2H^+ =\!\!=\!\!= I_2 + 5SO_4^{2-} + H_2O$$

有单质碘生成,故溶液又呈现蓝色。

由于 $\varphi^{\theta}(I_2/I^-)=0.535$ V$>\varphi^{\theta}(SO_4^{2-}/SO_3^{2-})=0.20$ V,当 Na_2SO_3 过量时,可进一步发生如下反应:

$$I_2 + SO_3^{2-} + H_2O = SO_4^{2-} + 2H^+ + 2I^-。$$

此时 I_2 转化为 I^-,故蓝色褪去,因此 C 为 NaI 和 Na_2SO_4,当加入 $NaIO_3$ 时,由于 $\varphi^{\theta}(IO_3^-/I_2)=1.195$ V$>\varphi^{\theta}(I_2/I^-)=0.535$ V,所以发生如下反应:

$$6H^+ + 5I^- + IO_3^- = 3I_2 + 3H_2O$$

有 I_2 生成,故 A 溶液又呈现蓝色。

12. 电解食盐水时,用隔膜法在阴极上逸出的是氢气而用汞阴极法在阴极析出的却是金属钠,为什么?

答:电解时,阴极发生的是还原反应,实际析出电势越大,越易在阴极得到电子发生还原反应。

当用隔膜法电解食盐水时,阴极是铁,氢气在铁电极上的过电位很小,H_2 的实际析出电势比 Na 的实际析出电势大,故在阴极上逸出的是氢气。

当用汞阴极法电解食盐水时,阴极为汞,氢气在汞电极上的过电位很大,使得 H_2 的实际析出电势变小;而金属钠在汞阴极上形成钠汞齐,使 Na 的实际析出电势变大,并大于 H_2 的实际析出电势。故在汞阴极上析出的是金属钠。

四、练习题

1. 卤族元素在自然界的存在形式是(   )。
   A. 多以 X^- 离子形式存在,因为这是卤素的一种稳定结构形式
   B. 多以难溶卤化物的形式存在于地壳中,可溶盐因雨水长期冲刷已转入海洋中
   C. 多以族价含氧酸盐形式存在,因为这也是卤素的一种稳定的结构形式
   D. 最活泼的 F、Cl 以 -1 价离子形式存在,活泼性次之的 Br、I 以族价含氧酸盐形式存在

2. 对卤素性质,按由 F—I 的次序递变规律叙述正确的是(　　)。

  A. X_2 的离解能由高到低

  B. $X_2+2e^- \rightleftharpoons 2X^-$ 标准电极电势 φ^0,由低到高

  C. 除 F_2 可分解水外,其他 X_2 在水中的溶解度由小到大

  D. X_2 的熔点由低到高

3. 砹(At)是原子序数最大的卤素,推测砹或砹的化合物最不可能具有的性质是(　　)。

  A. HAt 很稳定   B. 砹易溶于某些有机溶剂

  C. AgAt 不溶于水   D. 砹是有色固体

4. 卤素离子中对 Al^{3+} 离子配位能力最强的是(　　)。

  A. F^- B. Cl^- C. Br^- D. I^-

5. 市售液氯按规定应贮存于高压钢瓶中,钢瓶应涂成(　　)

  A. 黄色   B. 蓝色   C. 红色   D. 黄绿色

6. 单质碘在水中的溶解度很小,但在 KI 溶液中碘的溶解度增大,这是因为(　　)。

  A. 发生了解离反应   B. 发生了盐效应

  C. 发生了氧化还原反应   D. 发生了配位反应

7. 下述反应方程式中不正确的是(　　)。

  A. $I_2 + S^{2-} = S + 2I^-$

  B. $2NaCl + I_2 = 2NaI + Cl_2$

  C. $I_2 + 2S_2O_3^{2-} = S_4O_6^{2-} + 2I^-$

  D. $I_2 + SO_2 + 2H_2O = 2I^- + SO_4^{2-} + 4H^+$

8. HX 的酸性情况是(　　)。

  A. HF 酸是弱酸,HCl、HBr、HI 均为强酸。并按 HCl、HBr、HI 次序增强

  B. HF、HI 为弱酸,HCl、HBr 为强酸

  C. HF、HBr、HI 为弱酸,HCl 为强酸

  D. 无法确定

9. 在固态时,因氢键的存在使 HF 形成缔合分子,其图示表示正确的是(　　)。

A. H—F---H—F---H—F---

B.
```
    H—F
    ⋮ ⋮
    F—H
```

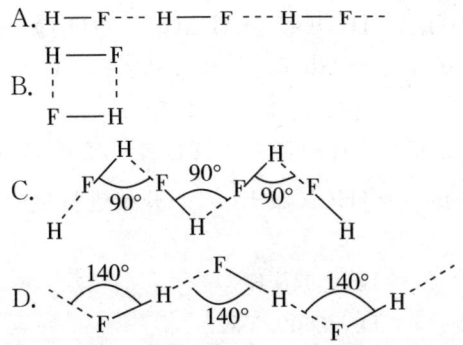

10. 卤化氢 HX 热稳定性的次序是( )。
    A. 按 HF—HCl—HBr—HI 的顺序依次减弱
    B. 按 HF—HCl—HBr—HI 的顺序依次增强
    C. HF 热稳定性较强，HCl、HBr、HI 热稳定性差
    D. HI 稳定性较强，HCl、HBr、HF 热稳定性差

11. 对于卤化物叙述正确的是( )。
    A. 金属卤化物均为离子型化合物
    B. 金属卤化物可形成离子型、过渡型或共价型化合物
    C. 非金属卤化物都是离子型化合物
    D. 非金属卤化物都是共价型化合物

12. 能组成卤素互化物的元素是( )。
    A. 两种卤素   B. 一种金属元素和卤素
    C. 两种非金属元素   D. 一种非金属元素和卤素

13. 已知下列元素电势图，则 $\varphi_{未知}$ 为( )。

$$BrO_4^- \xrightarrow{1.76} BrO_3^- \xrightarrow{1.49} HBrO \xrightarrow{\varphi_{未知}} Br_2$$
$$\underline{\qquad 1.58 \qquad}$$

    A. 0.79 V   B. 0.53 V   C. 1.58 V   D. 2.16 V

14. 碘与稀 HNO_3 作用(加热)生成 HIO_3，今有 100 g 碘完全作用，需要密度为 1.2 g·cm^{-3} 质量百分数为 33% 的 HNO_3 溶液( )。
    A. 209 mL   B. 104.5 mL   C. 418 mL   D. 313.5 mL

15. 已知下列热力学数据：

	$Cl_2(g)$	$H_2O(g)$	$HCl(g)$	$O_2(g)$
$\Delta_f G^\theta / kJ \cdot mol^{-1}$	0	-228.6	-95.38	0
$\Delta_f H^\theta / kJ \cdot mol^{-1}$	0	-241.83	-92.31	0
$S^\theta / J \cdot mol^{-1} \cdot K^{-1}$	222.95	188.72	184.81	205.03

则反应:$2Cl_2(g)+2H_2O(g) \Longleftrightarrow 4HCl(g)+O_2(g)$ 开始进行反应的近似温度为(　　)。

A. >946 K 　　　　　　B. <946 K

C. >609.5 K 　　　　　D. <609.5 K

16. 根据溴在碱性介质中的元素电势图:

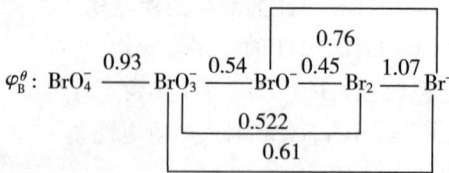

可以判断出溴在碱性条件下,岐化的最终产物为(　　)。

A. BrO^- 和 Br^-　　　　　B. BrO_3^- 和 Br^-

C. BrO_4^- 和 Br^-　　　　　D. BrO^- 和 BrO_3^-

17. 关于五氧化二碘的叙述正确的是(　　)。

　　A. 是棕色的固体

　　B. 是一种最不稳定的卤素氧化物

　　C. 可通过碘酸脱水制得

　　D. 是碘酸的酸酐

18. 次卤酸都是(　　)。

　　A. 极弱的一元酸　　　　　B. 强酸

　　C. 中强酸　　　　　　　　D. 显碱性的

19. 制取较浓的次氯酸的可行方法是(　　)。

　　A. $Cl_2+H_2O \Longleftrightarrow HCl+HClO$

　　B. $Ca(ClO)_2+CO_2+H_2O \Longleftrightarrow CaCO_3\downarrow+2HClO$

　　C. $2HgO+2Cl_2+H_2O \Longleftrightarrow HgO \cdot HgCl_2+2HClO$

　　D. $NaClO+H_2O \Longleftrightarrow NaOH+HClO$

第十五章 卤素

20. 制取碘酸不可行的方法是（　　）。
    A. $3I_2 + 6NaOH = 5NaI + NaIO_3 + 3H_2O$
    B. $5Cl_2 + I_2 + 6H_2O = 3HIO_3 + 10HCl$
    C. $10HNO_3 + I_2 = 2HIO_3 + 10NO_2\uparrow + 4H_2O$
    D. $Ba(IO_3)_2 + H_2SO_4 = BaSO_4\downarrow + 2HIO_3$

21. 漂白粉是（　　）。
    A. $Ca(ClO)_2$
    B. $Ca(ClO)_2$、$Ca(OH)_2$ 的混合物
    C. $Ca(ClO)_2$、$Ca(OH)_2$ 的水合复盐
    D. $Ca(ClO)_2$、$CaCl_2$、$Ca(OH)_2$ 的水合复盐

22. 关于卤酸（HXO_3）叙述正确的是（　　）。
    A. 卤酸的浓溶液都是强氧化剂
    B. 卤酸只具有还原性
    C. 卤酸都是强酸
    D. 卤酸都是弱酸

23. 关于高氯酸（$HClO_4$）的酸性叙述正确的是（　　）。
    A. 市售高氯酸含 $60\%HClO_4$，是已知酸中的最强酸
    B. 市售高氯酸含 $20\%HClO_4$，它为弱酸
    C. $HClO_4$ 只能现用现制，酸性极弱
    D. $HClO_4$ 为中强酸，其含量大于 85%

24. 下述卤素含氧酸酸性递变规律正确的是（　　）。
    A. $HClO < HClO_2 < HClO_3 < HClO_4$
    B. $HClO_4 << HBrO_4 >> H_5IO_5$
    C. $HClO_3 > HBrO_3 > HIO_3$
    D. $HClO < HBrO < HIO$

25. 对次氯酸与次氯酸盐的氧化性叙述正确的是（　　）。
    A. 次氯酸及次氯酸钠都是强氧化剂
    B. 次氯酸及次氯酸钠都不具有氧化性
    C. 次氯酸是强氧化剂，但次氯酸钠仅有极弱的氧化性
    D. 次氯酸不具有氧化性，只有它的盐如 $NaClO$ 才具有氧化性

26. 下列反应方程式不正确的是(　　)。
    A. $2BrO_3^- + 2H^+ + I_2 =\!\!= 2HIO_3 + Br_2$
    B. $2ClO_3^- + 2H^+ + I_2 =\!\!= 2HIO_3 + Cl_2$
    C. $2BrO_3^- + 2H^+ + Cl_2 =\!\!= 2HClO_3 + Br_2$
    D. $2IO_3^- + 2H^+ + Cl_2 =\!\!= 2HClO_3 + I_2$

27. 卤素含氧酸及其盐的氧化性强弱的规律正确的是(　　)。
    A. 同一元素随着卤原子氧化数的增高、氧化能力依次减弱
    B. 对于氯元素随着氯原子氧化数的增高、氧化能力依次减弱
    C. 同一氧化态的不同卤素,其氧化能力按 Cl—Br—I 的顺序依次减弱
    D. 卤素在酸性溶液中的 φ^θ 都比它们在碱性溶液中的 φ^θ 大,说明含氧酸的氧化性比其盐的氧化性都强

28. 卤素含氧酸及其盐的热稳定性与它们的氧化能力存在的相应关系是(　　)。
    A. 卤素含氧酸及其盐的氧化能力弱,热稳定性就高
    B. 卤素含氧酸及其盐的氧化能力强,热稳定性就低
    C. 卤素含氧酸及其盐的氧化能力弱,热稳定性亦弱
    D. 卤素含氧酸及其盐的氧化能力强,热稳定性亦强

29. 下列电对的标准电极电势中,数值最小的是(　　)。
    A. $\varphi^\theta(AgI/Ag)$ B. $\varphi^\theta(AgBr/Ag)$
    C. $\varphi^\theta(AgCl/Ag)$ D. $\varphi^\theta(AgF/Ag)$

30. 氟与水反应的产物(　　)。
    A. HF 和 HOF   B. HF 和 O_3
    C. OF_2 和 H_2O_2 D. HF 和 O_2

31. 常温下,Cl_2、Br_2、I_2 与 NaOH 作用正确的是(　　)。
    A. Br_2 生成 NaBr 和 NaBrO   B. Cl_2 生成 NaCl 和 NaClO
    C. I_2 生成 NaI 和 NaIO   D. Cl_2 生成 NaCl 和 $NaClO_3$

32. PCl_3 和水反应的产物是(　　)。
    A. H_3PO_3 和 HCl   B. $POCl_3$ 和 HCl
    C. H_3PO_4 和 HCl   D. PH_3 和 HClO

33. 向含 I^- 的溶液中通入 Cl_2,其产物可能是( )。
   A. I_2 和 Cl^- B. IO_3^- 和 Cl^-
   C. ICl_2^- D. 以上产物均可能

34. 在水溶液中不是强酸的是( )。
   A. $HOClO_3$ B. $HOClO_2$
   C. $(HO)_3PO$ D. $(HO)_2SO_2$

35. 有一白色固体 A,加入油状无色液体 B,可得紫黑色固体 C,C 微溶于水,加入 A 后溶解度增大,成棕色溶液 D,将 D 分成两份,一份中加一种无色溶液 E,另一份通入气体 F,都变成无色透明溶液,E 溶液遇盐酸变为乳白色浑浊液。将气体 F 通入溶液 E,在所得的溶液中加入 $BaCl_2$ 溶液有白色沉淀,该沉淀物不溶于 HNO_3。问 A、B、C、D、E 和 F 各为何物? 写出各步反应方程式。

36. 试根据卤族元素的性质推测 87 号元素 At 的下列性质:
   (1) HAt 水溶液的酸性;
   (2) At^- 的还原性,并与其他卤素的相应物质进行比较?

37. 为什么在实验室中常用 CCl_4 检验溶液中是否存在 Br_2 或 I_2?

38. 将 Cl_2 不断通入无色的 KI 溶液中,为什么开始时溶液呈黄色,继而棕色,最后又呈无色?

39. 试比较氟在卤素中的特殊性:(1) 氧化数;(2) 与 H_2O 的反应;(3) F_2 的制备.

40. 氯的电负性比氧小,但为什么许多金属均较易与氯气作用而较难与氧气反应?

41. 卤化氢中,HF 分子的极性最强,熔点、沸点最高,但氢氟酸的酸性却最弱,试分析原因?

42. 已知:φ_B^θ/V: $ClO^- \xrightarrow{0.40} Cl_2 \xrightarrow{1.36} Cl^-$, φ_A^θ/V: $HClO \xrightarrow{1.63} Cl_2 \xrightarrow{1.36} Cl^-$
   用电极电势说明通 Cl_2 于消石灰中可得漂白粉,而在漂白粉中加入盐酸又可产生氯气?

43. 已知:$\varphi^\theta(Fe^{3+}/Fe^{2+}) = 0.77$ V, $\varphi^\theta(I_2/I^-) = 0.54$ V,$[FeF_6]^{3-}$ 的 $K_{不稳} = 1.7 \times 10^{-16}$。试解释 Fe^{3+} 可被 I^- 还原为 Fe^{2+},并生成 I_2;如

果在 Fe^{3+} 溶液中先加入氟化物,然后再加入 KI 就没有 I_2 生成?

44. 试比较下列各组物质的氧化性或还原性的强弱。
    (1) HClO $HClO_2$ $HClO_3$ $HClO_4$
    (2) HCl   HBr   HI
    (3) HClO   HBrO   HIO

45. 分析氯的含氧酸根 ClO^-、ClO_2^-、ClO_3^-、ClO_4^- 的结构与性质的关系?

46. 列举两种方法鉴别氢氟酸、盐酸、氢溴酸和氢碘酸?

47. 如何用简单方法除去下列物质中的杂质。
    (1) KCl 中含有少许 KBr;
    (2) $FeCl_3$ 中含有少许 $FeCl_2$。

48. 为什么制备卤素单质时,以制备单质氟最为困难?通常采用什么方法制备?

49. 写出下列制备过程的反应方程式并注明条件:
    (1) 从 $KClO_3$ 制 $HClO_4$;
    (2) 从 HCl 制 HClO。

50. 试写出用盐酸同 $KMnO_4$、$Na_2Cr_2O_7$ 反应制取 Cl_2 的反应方程式。

51. 试举两例说明碘的氧化性,用方程式表示。

52. 试举两例说明 I^- 的还原性,用配平的化学方程式表示。

53. 试说明 F_2、Cl_2、Br_2、I_2 在室温时与 NaOH 作用的情况(用配平的化学方程式表示)。

54. 溴能从含有 I^- 的溶液中取代出 I_2,但又能从 $KClO_3$ 溶液中取代出 Cl_2,试分析上述实验事实,用配平的化学方程式表示。(已知:$\varphi^\theta(Br_2/Br^-)=1.08\ V$,$\varphi^\theta(I_2/I^-)=0.54\ V$,$\varphi^\theta(BrO_3^-/Br_2)=1.51\ V$,$\varphi^\theta(ClO_3^-/Cl_2)=1.47\ V$)。

五、练习题参考答案

1. A	2. D	3. A	4. A	5. D	6. D
7. B	8. A	9. D	10. A	11. B、D	12. A

第十五章 卤素

13. C	14. A	15. A	16. B	17. C、D	18. A
19. C	20. A	21. D	22. A	23. A	24. A、C
25. A	26. D	27. D	28. A、B	29. A	30. D
31. B	32. A	33. D	34. C		

35. 答：A:$KI(NaI)$，B:浓 H_2SO_4，C:I_2，D:$KI_3(NaI_3)$，E:$Na_2S_2O_3$，F:Cl_2

36. 提示：HAt 具有强酸性，At^- 具有强还原性。

37. 提示：均为非极性分子，在 CCl_4 中溶解性大，在 CCl_4 层中呈现棕色(Br_2)或紫红色(I_2)。

38. 提示：反应开始时 $Cl_2 + 2I^- = 2Cl^- + I_2$，进一步反应 $I_2 + 5Cl_2 + 6H_2O = 2HIO_3 + 10HCl$。

39. 提示：F 的氧化数呈 $-1,0$，与水强烈反应放出氧气；由于 F_2 是最强的氧化剂，发生反应：$2F^- + 2e^- \longrightarrow F_2$ 只能用电解法。

40. 提示：Cl—Cl 解离能小，O=O 解离能大，又因为金属卤化物挥发性比氧化物强。

41. 提示：卤原子中，由于 F 原子半径小，电负性特别大，所以 HF 中共用电子对强烈地偏向于 F 原子一方，HF 分子极性最强；由于 HF 分子间存在氢键，形成缔合分子，因此熔点、沸点高；由于 H—F 键能大及缔合分子的存在，因此为弱酸。

42. 提示：根据氯元素电势图可知，在碱性条件下 $\varphi_{右}^{\ominus} > \varphi_{左}^{\ominus}$，发生歧化反应：$Ca(OH)_2 + Cl_2 = Ca(ClO)_2 + CaCl_2$
又根据 $\varphi_A^{\ominus}$ 值 $\varphi_{左}^{\ominus} > \varphi_{右}^{\ominus}$ 因此在酸性条件下发生逆歧化反应，即 Cl^- 和 ClO^- 生成 Cl_2。

43. 提示：根据 $\varphi_A^{\ominus}$ 值分析可发生反应：$2Fe^{3+} + 2I^- = 2Fe^{2+} + I_2$
但加入氟化物后，F^- 与 Fe^{3+} 形成 $[FeF_6]^{3-}$ 配离子后，Fe^{3+} 浓度降低，使 $\varphi(Fe^{3+}/Fe^{2+}) < \varphi(I_2/I^-)$，故加入 KI 后没有 I_2 生成。

44. 提示：根据卤素氢化物及含氧酸性质递变规律进行分析。

45. 提示：ClO^-、ClO_2^-、ClO_3^-、ClO_4^- 离子构型分别为直线型、角形、角锥形、正四面体、对称性不同，则性质表现也不同（氧化性、热稳定性)。

46. **提示**:方法 1:加入 $AgNO_3$,分别生成 AgF、$AgCl$、$AgBr$、AgI(颜色不同,溶解性不同)。

    方法 2:分别加入 $CaCl_2$,F^- 与 Ca^{2+} 生成 CaF_2 白色沉淀,其余加氯水、再加入 CCl_4,观察现象。

47. **提示**:(1)加入 Cl_2 水 (2)加入 Cl_2 水。

48. **提示**:电解法。

49. **提示**:(1)$4KClO_3 \Longrightarrow 3KClO_4 + KCl$(395 ℃下分离出 $KClO_4$)

    $KClO_4 + H_2SO_4(浓) \Longrightarrow KHSO_4 + HClO_4$

    (2)$MnO_2 + 4HCl(浓) \xrightarrow{\triangle} MnCl_2 + Cl_2\uparrow + 2H_2O$

    $2Cl_2 + H_2O + CaCO_3 \Longrightarrow CaCl_2 + CO_2 + 2HClO$

50. **提示**:$HCl + KMnO_4$ 发生氧化还原反应产生 Cl_2。

    $HCl + K_2Cr_2O_7$ 发生氧化还原反应产生 Cl_2。

51. **提示**:例 1:$I_2 + S^{2-} \Longrightarrow S + 2I^-$

    例 2:$I_2 + SO_2 + 2H_2O \Longrightarrow 2I^- + SO_4^{2-} + 4H^+$

52. **提示**:例 1:$4HI + O_2 \Longrightarrow 2I_2 + 2H_2O$

    例 2:$5I^- + IO_3^- + 6H^+ \Longrightarrow 3I_2 + 3H_2O$

53. **提示**:室温时,F_2、Cl_2、Br_2、I_2 与 $NaOH$ 分别发生下述反应:

    $Cl_2 + 2NaOH \Longrightarrow NaCl + NaClO + H_2O$

    $Br_2 + 2NaOH \Longrightarrow NaBr + NaBrO + H_2O$

    $3I_2 + 6NaOH \Longrightarrow 5NaI + NaIO_3 + 3H_2O$

    $2F_2 + 2NaOH(2\%) \Longrightarrow OF_2 + 2NaF + H_2O$

    $4NaOH(浓) + 2F_2 \Longrightarrow 4NaF + O_2 + 2H_2O$

54. **提示**:(1)式可发生,反应式为:

    $Br_2 + 2I^- \Longrightarrow 2Br^- + I_2$

    只要加大 ClO_3^- 或 Br_2 的浓度,(2)式即可顺利进行:

    $Br_2 + 2ClO_3^- \Longrightarrow 2BrO_3^- + Cl_2$

第十六章
铜副族元素和锌副族元素

一、教学要求

1. 掌握铜、银、锌、汞单质的性质和用途。
2. 掌握铜、银、锌、汞的氧化物、氢氧化物及其重要盐类的性质。
3. 掌握 Cu(Ⅰ)、Cu(Ⅱ);Hg(Ⅰ)、Hg(Ⅱ)之间的相互转化。
4. 掌握ⅠA和ⅠB;ⅡA和ⅡB族元素的性质对比。

二、重点与难点

重点:掌握铜、银、锌、汞的氧化物、氢氧化物、重要盐及配合物的性质。
掌握 Cu(Ⅰ)、Cu(Ⅱ);Hg(Ⅰ)、Hg(Ⅱ)之间的相互转化。掌握ⅠA和ⅠB;ⅡA和ⅡB族元素的性质对比。

难点:Cu(Ⅰ)、Cu(Ⅱ);Hg(Ⅰ)、Hg(Ⅱ)之间的相互专化;ⅠA和ⅠB;ⅡA和ⅡB族元素的性质对比。

三、精选例题解析

1. 锌比铜化学活泼性强,从能量变化角度分析是因为( )。

    A. 锌的电离势比铜的电离势小

    B. 锌的升华热比铜的升华热较小

    C. 锌的升华热比铜的升华热大

    D. 锌的水合热比铜的水合热大(值更负)

答:金属的化学活泼性强弱,从能量变化分析取决于由 M ⟶ M^{n+} 的总能量变化,即 $\Delta_r H$ = 升华热+电离势+水合热。当总能量变化 $\Delta_r H$ 值越负时,表示该金属单质的活泼性越强。锌与铜相比,虽然锌的电离势较高,但其升华热却较小,而离子水合热又高得多,所以锌比铜活泼。正确答案为 B、D。

2. 当 Hg 与 HNO_3 反应,若 HNO_3 过量时,产物为何物? 若 Hg 过量时,产物又为何物? 并写出相应的反应方程式。

答:Hg 与 HNO_3 反应,当 HNO_3 过量时,反应所得产物为 $Hg(NO_3)_2$。其反应方程式如下:

$$3Hg + 8HNO_3 \Longrightarrow 3Hg(NO_3)_2 + 2NO\uparrow + 4H_2O$$

当 Hg 过量时,由于 $Hg^{2+} \xrightarrow{0.925} Hg_2^{2+} \xrightarrow{0.7986} Hg$,即存在下列平衡:

$$Hg + Hg^{2+} \Longrightarrow Hg_2^{2+}$$

所以产物为 $Hg_2(NO_3)_2$。反应式为:

$$6Hg + 8HNO_3 \Longrightarrow 3Hg_2(NO_3)_2 + 2NO\uparrow + 4H_2O$$

3. 试从原子结构方面说明铜族元素和碱金属元素在化学性质上的差异。

答:铜族元素与碱金属元素在化学性质上有很大的差异,这与它们的价电子结构密切相关,铜族元素的价电子层结构为 $(n-1)d^{10}ns^1$,碱金属元素的价电子层结构为 ns^1,从电子(外层)数看,它们的最外层电子数是一样的,但是次外层电子数不同,铜族元素次外层 18 个电子而碱金属次外层 8 个电子(锂只有 2 个电子),由于 18 个电子层结构对核的屏蔽效应比 8 电子层结构小得多,所以铜族元素的有效核电荷较多。其原子的最外层 s 电子受核的引力较强不易失去,因而与碱金属元素相比在化学性质上有很大差异。铜族为不活泼金属,碱金属为最活泼金属。其性质上的差异如下:

性 质	ⅠA族	ⅠB族
原子结构	ns^1	$(n-1)d^{10}ns^1$
同族元素化学活泼变化规律	是极活泼的轻金属,同族内金属活泼性从上到下递增	是不活泼重金属,同族内活泼性从上到下递减

续表

性　　质	ⅠA族	ⅠB族
氧化数	呈＋Ⅰ氧化态	有＋Ⅰ、＋Ⅱ、＋Ⅲ三种
单质在空气中的稳定性	在空气中迅速被氧化生成 M_2O、M_2O_2 或 MO_2	在潮湿空气中铜表面慢慢生成 $Cu(OH)_2 \cdot CuCO_3$，金、银能稳定存在
与 H_2O 反应	反应激烈，能置换水中的氢生成强碱 MOH	无反应
与非氧化性酸作用	反应激烈，置换酸中的氢并放出氢气	无作用，Cu、Ag 只能溶于硝酸和浓 H_2SO_4 中、Au 溶于王水中
与卤素等非金属作用	能直接作用生成离子型化合物	反应缓慢需加热
氢氧化物碱性及其稳定性	强碱并且很稳定	弱碱、氢氧化物不稳定，脱水后形成氧化物
形成配合物的能力	仅能同极强的配位剂生成配合物	有很强的生成配合物的倾向

4. 简述：(1)怎样从闪锌矿冶炼金属锌？(2)怎样从辰砂制金属汞？

答：(1)闪锌矿的主要成分为 ZnS，先将闪锌矿加以焙烧使它转化成氧化锌，再把氧化锌和焦炭混合，在鼓风炉中加热至 1 473～1 573 K，使锌蒸馏出来，主要反应为：

$$3ZnS + 3O_2 = 2ZnO + 2SO_2\uparrow$$
$$2C + O_2 = 2CO$$
$$ZnO + CO = Zn + CO_2\uparrow$$

(2)辰砂的主要成分为 HgS，将辰砂在空气中焙烧或与石灰共热，然后使汞蒸馏出来。

$$HgS + O_2 = Hg + 2SO_2\uparrow$$
$$4HgS + 4CaO = 4Hg + 3CaS + CaSO_4$$

5. 电解法精练铜的过程中，粗铜(阳极)中的铜溶解、纯铜在阴极上沉积出来，但粗铜中的 Ag、Au、Pt 等杂质则不溶解而沉于电解槽底部形成阳极泥，Ni、Fe、Zn 等杂质与铜一起溶解，但并不在阴极上沉积出来，为什么？

答：查表得：

$\varphi^\theta(Cu^{2+}/Cu)=0.340\ 2$ V, $\varphi^\theta(Ag^+/Ag)=0.799\ 6$ V, $\varphi^\theta(Au^{3+}/Au)=1.42$ V, $\varphi^\theta(Pt^{2+}/Pt)=1.2$ V, $\varphi^\theta(Ni^{2+}/Ni)=-0.23$ V, $\varphi^\theta(Fe^{2+}/Fe)=-0.409$ V, $\varphi^\theta(Zn^{2+}/Zn)=-0.762\ 8$ V

阳极主要是铜，另外还有杂质 Ag、Au、Pt、Ni、Fe、Zn 等，电解时，阳极上的金属电极电位小的溶解，即失去电子变成离子而溶解下来，从 φ^θ 来看，其溶解顺序为 Zn、Fe、Ni、Cu、Ag、Pt、Au。由于 Ag、Pt、Au 的 φ^θ 很高，不能失电子变成离子就以金属的形式掉下来，变成阳极泥，在阴极上 φ^θ 值大的离子先沉积出来。由于 $\varphi^\theta(Cu^{2+}/Cu)>\varphi^\theta(Ni^{2+}/Ni)>\varphi^\theta(Fe^{2+}/Fe)>\varphi^\theta(Zn^{2+}/Zn)$，故 Cu^{2+} 首先在阴极上得电子而沉积出来，只要有 Cu^{2+} 存在，Ni、Fe、Zn 就不会在阴极上沉积。

6. 利用金属的电极电势，说明铜、银、金在碱性氰化物水溶液中被溶解的原因，空气中的氧对溶解过程有何影响？CN^- 离子在溶液中的作用是什么？

解：查表知：

$\varphi^\theta(Cu^+/Cu)=0.521$ V，$\varphi^\theta(Ag^+/Ag)=0.799\ 6$ V，$\varphi^\theta(Au^+/Au)=1.68$ V，$\varphi^\theta(O_2/H_2O)=1.24$ V

由 φ^θ 值可知 Cu 和 Ag 都能被空气中的氧所氧化，但若考虑动力学因素，Cu 只有在潮湿的空气中才能被氧化，而银则不能被氧化。但若在碱性氰化物水溶液中，Cu^+、Ag^+、Au^+ 可与 CN^- 离子生成配离子，使电极电势降低，其数据如下：$\varphi^\theta\{[Ag(CN)_2]^-/Ag\}=-0.31$ V，$\varphi^\theta\{[Cu(CN)_2]^-/Cu\}=-0.429$ V，$\varphi^\theta\{[Au(CN)_2]^-/Au\}=-0.60$ V，$\varphi^\theta(O_2/OH^-)=+0.401$ V

从 φ^θ 值可见：空气中的氧可将 Ag、Cu、Au 氧化而溶解。
空气中的氧对溶解过程起氧化作用，而 CN^- 离子起配位的作用。

7. 将黑色 CuO 粉末加热到一定温度以后，转变为红色 Cu_2O。加热到更高温度时，Cu_2O 又转变成金属铜，试用热力学观点解释这种实验现象，并估计这些变化发生时的温度。

解：反应方程式为：

$$2CuO(s) \xrightarrow{\triangle} Cu_2O + \frac{1}{2}O_2 \qquad (1)$$

第十六章 铜副族元素和锌副族元素

$$Cu_2O \xrightarrow{\triangle} 2Cu + \frac{1}{2}O_2 \quad (2)$$

查表得：

化合物	$\Delta_f H^\theta / kJ \cdot mol^{-1}$	$\Delta_f G^\theta / kJ \cdot mol^{-1}$	$S^\theta / J \cdot K^{-1} \cdot mol^{-1}$
CuO	−155	−127	43.5
Cu_2O	−166.7	−146.4	101
Cu	0	0	33.3
O_2	0	0	205

反应(1)在 298 K 时标准自由能变、标准焓变和标准熵变分别为：

$\Delta_r G^\theta = -146.4 - (-127) \times 2 = 107.6 \text{ kJ} \cdot mol^{-1}$

$\Delta_r H^\theta = -166.7 - (-155) \times 2 = 143.3 \text{ kJ} \cdot mol^{-1}$

$\Delta_r S^\theta = 101 + 205 \times 1/2 - 2 \times 43.5 = 116.5 \text{ J} \cdot K^{-1} \cdot mol^{-1}$

$\Delta_r G^\theta > 0$，在 298 K、标准状态下，此反应不能发生，反应(1)发生的条件是：

$$\Delta_r G^\theta(T) = \Delta_r H^\theta(298) - T\Delta_r S^\theta(298) < 0$$

反应温度为：

$$T > \frac{\Delta_r H^\theta(298)}{\Delta_r S^\theta(298)} = \frac{143.3 \times 10^3}{116.5} = 1\ 230 \text{ K}$$

反应(2)在 298 K 时的标准自由能变、标准焓变和标准熵变分别为：

$\Delta_r G^\theta = [2 \times 0 + 1/2 \times 0] - (-146.4) = 146.4 \text{ kJ} \cdot mol^{-1}$

$\Delta_r H^\theta = [2 \times 0 + 1/2 \times 0] - (-166.7) = 166.7 \text{ kJ} \cdot mol^{-1}$

$\Delta_r S^\theta = (2 \times 33.3 + 1/2 \times 205) - 101 = 68.1 \text{ J} \cdot K^{-1} \cdot mol^{-1}$

$\Delta_r G^\theta(298) > 0$，反应(2)在 298 K 标准状态下不能自发进行。

反应(2)发生时的温度为：

$$T > \frac{\Delta_r H^\theta(298)}{\Delta_r S^\theta(298)} = \frac{166.7 \times 10^3}{68.1} = 2\ 448 \text{ K}$$

由计算结果可见，在标准状态下反应(1)、(2)进行的最低温度分别是 1 230 K 和 2 448 K，所以当温度高于 1 230 K，且低于 2 248 K 时发生反应(1)，生成红色 Cu_2O，当 $T > 2\ 448$ K 时，反应(2)也能自发进行，Cu_2O 又转变为金属铜。

8. 铁能使 Cu^{2+} 还原，铜能使 Fe^{3+} 还原，这两件事有无矛盾？并说明理由。

解：查表得：

$\varphi^{\theta}(Fe^{2+}/Fe) = -0.44$ V，$\varphi^{\theta}(Cu^{2+}/Cu) = +0.34$ V，$\varphi^{\theta}(Fe^{3+}/Fe^{2+}) = 0.77$ V

由于 $\varphi^{\theta}(Fe^{2+}/Fe) < \varphi^{\theta}(Cu^{2+}/Cu)$，因此 Fe 能把 Cu^{2+} 还原为 Cu：

$$Cu^{2+} + Fe = Cu + Fe^{2+}$$

又由于 $\varphi^{\theta}(Fe^{3+}/Fe^{2+}) > \varphi^{\theta}(Cu^{2+}/Cu)$，因此 Cu 能使 Fe^{3+} 还原，发生下列反应：

$$Cu + 2Fe^{3+} = Cu^{2+} + 2Fe^{2+}$$

这两件事并无矛盾。

9. 用银和硝酸反应制取 $AgNO_3$，为了充分利用硝酸，问采用浓硝酸还是稀硝酸有利？

答：银与浓硝酸和稀硝酸反应的化学方程式为：

$$Ag + 2HNO_3(浓) = AgNO_3 + NO_2\uparrow + H_2O$$
$$3Ag + 4HNO_3(稀) = 3AgNO_3 + NO\uparrow + 2H_2O$$

由反应方程式可见：Ag 与浓硝酸反应，生成 1 mol $AgNO_3$ 需 2 mol 硝酸；而与稀硝酸反应，生成 1 mol $AgNO_3$ 需 4/3 mol HNO_3，所以采用稀硝酸能充分利用硝酸。

10. 当含有 Cu^{2+} 离子的溶液与含有 CN^- 离子的溶液相混合时，将发生什么变化？若 CN^- 离子过量时，又出现什么现象？为什么？写出有关反应方程式。

答：在 Cu^{2+} 离子的溶液中加入 CN^- 后，得到氰化铜的棕黄色沉淀。

$$Cu^{2+} + 2CN^- = Cu(CN)_2\downarrow$$

若 CN^- 过量时，$Cu(CN)_2$ 与 CN^- 离子生成 $[Cu(CN)_4]^{2-}$ 而使溶液呈现片刻的紫色，$[Cu(CN)_4]^{2-}$ 不稳定，在室温下很快发生分解生成 $(CN)_2$ 和 $[Cu(CN)_3]^{2-}$。反应方程式分别为：

$$Cu(CN)_2 + 2CN^- \rightleftharpoons [Cu(CN)_4]^{2-}$$

$$2[Cu(CN)_4]^{2-} \rightleftharpoons (CN)_2 \uparrow + 2[Cu(CN)_3]^{2-}$$

11. 以 $AgNO_3$ 滴定氰离子,当加入 28.72 ml 0.0100 mol·L^{-1} 的 $AgNO_3$ 溶液时,则刚出现沉淀,此沉淀是什么物质?产生沉淀以前溶液中的银呈什么状态?问原样品中含 NaCN 多少克?

解:此沉淀是 AgCN,反应方程式为:

$$Ag^+ + [Ag(CN)_2]^- \rightleftharpoons 2AgCN\downarrow$$

产生沉淀以前溶液中银以 $[Ag(CN)_2]^-$ 配离子形式存在。反应式为:

$$Ag^+ + 2CN^- \rightleftharpoons [Ag(CN)_2]^-$$

原样品中含 NaCN 的质量为:

$$m(NaCN) = n(NaCN) \cdot M(NaCN) = 2n(Ag^+) \cdot M(NaCN)$$

答:原样品中含 NaCN 0.028 g。

12. 为什么当硝酸与 $[Ag(NH_3)_2]Cl$ 反应时,会析出沉淀?说明所发生反应的本质。

解:因为 $[Ag(NH_3)_2]Cl$ 溶液中存在着如下平衡:

$$[Ag(NH_3)_2]^+ \rightleftharpoons Ag^+ + 2NH_3$$

当加入 HNO_3 时,HNO_3 电离出 H^+ 与 NH_3 配位生成 NH_4^+,使 NH_3 的浓度降低,平衡向右移动,Ag^+ 浓度增大。当 Ag^+ 增大到 $[Ag^+][Cl^-] > K_{sp}$ 时,就与 Cl^- 生成 AgCl 沉淀,所以发生反应的本质是配位平衡的移动。

13. $CuCl$、$AgCl$、Hg_2Cl_2 都是难溶于水的白色粉末,试区别这三种金属氯化物。

答:分别取三盐放入三支试管中,向各试管中加入氨水并放置一段时间,有黑灰色沉淀的为 Hg_2Cl_2,先变成无色溶液后又变成为蓝色的为 CuCl,溶解得到无色溶液的是 AgCl。其反应式如下:

$$Hg_2Cl_2 + 2NH_3 \rightleftharpoons HgNH_2Cl\downarrow + Hg\downarrow + NH_4Cl$$

$$CuCl + 2NH_3 \rightleftharpoons [Cu(NH_3)_2]^+ + Cl^-$$

$$2[Cu(NH_3)_2]^+ + 4NH_3 \cdot H_2O + \frac{1}{2}O_2 \rightleftharpoons$$

$$2[Cu(NH_3)_4]^{2+} + 2OH^- + 3H_2O$$

$$AgCl + 2NH_3 \rightleftharpoons [Ag(NH_3)_2]^+ + Cl^-$$

14.(1)为什么 Cu^+ 不稳定,易歧化,而 Hg_2^{2+} 则较稳定,试用电极电势的数据和化学平衡的观点加以阐述;

(2)在什么情况下可使 Cu^{2+} 转化为 Cu^+,试各举一个实例;

(3)在什么条件下可使 $Hg(II)$ 转化为 $Hg(I)$;$Hg(I)$ 转化为 $Hg(II)$,试各举三个反应方程式加以说明。

答:(1)Cu 的电势图为 $Cu^{2+} \xrightarrow{0.158} Cu^+ \xrightarrow{+0.522} Cu$。由于 $\varphi_{右}^{\theta} > \varphi_{左}^{\theta}$,故 Cu^+ 不稳定,易发生歧化反应。

$$2Cu^+ \rightleftharpoons Cu^{2+} + Cu$$

298 K 时反应的平衡常数为:

$$\lg K = \frac{1 \times (0.522 - 0.158)}{0.059\ 2} = 6.15$$

$$K = 1.4 \times 10^6$$

从化学平衡的观点来看,由于 K 值很大,反应进行的程度很大,因此 Cu^+ 在溶液中基本上以 Cu^{2+} 和 Cu 存在,即 Cu^+ 不稳定,易歧化为 Cu^{2+} 和 Cu。

Hg 的电势图为:$Hg^{2+} \xrightarrow{0.905} Hg_2^{2+} \xrightarrow{0.798\ 6} Hg$

由于 $\varphi_{右}^{\theta} < \varphi_{左}^{\theta}$,故 Hg_2^{2+} 较稳定,不易歧化为 Hg^{2+} 和 Hg。Hg_2^{2+} 歧化反应的平衡常数为:

$$\lg K = \frac{1 \times (0.798\ 6 - 0.905)}{0.059\ 2} = -1.80$$

$$K = 1.6 \times 10^{-2}$$

由于 K 值不大,反应正向进行的程度不大,故 Hg_2^{2+} 较稳定,不易发生歧化反应。

(2)当 Cu^+ 生成难溶物或配合物时,可使 Cu^{2+} 转化为 Cu^+,例如:

$$2Cu^{2+} + 4I^- \rightleftharpoons 2CuI\downarrow + I_2$$

$$2Cu^{2+} + 6CN^- \rightleftharpoons 2[Cu(CN)_2]^- + (CN)_2\uparrow$$

(3)在 Hg^{2+} 的化合物与 Hg 反应时或 Hg^{2+} 的化合物与 SO_2 反应时均可使 $Hg(II)$ 转化为 $Hg(I)$。例如:

$$Hg(NO_3)_2 + Hg \rightleftharpoons Hg_2(NO_3)_2$$

$$2HgCl_2 + SO_2 + 2H_2O == Hg_2Cl_2 + H_2SO_4 + 2HCl$$

加入一种试剂与 Hg^{2+} 生成沉淀或配合物时,可使 $Hg(I)$ 转化为 $Hg(II)$。

$$Hg_2^{2+} + 2OH^- == HgO\downarrow + Hg\downarrow + H_2O$$
$$Hg_2^{2+} + H_2S == HgS\downarrow + Hg\downarrow + 2H^+$$
$$Hg_2^{2+} + 4I^- == [HgI_4]^{2-} + Hg\downarrow$$

15.(1)在什么介质中,锌表现出较强的还原性?为什么?

(2)$Zn(OH)_2$ 和 $[Zn(NH_3)_4](OH)_2$,哪个具有较强的碱性?

答:电对 Zn^{2+}/Zn 的能斯特方程为:

$$\varphi = \varphi^\theta(Zn^{2+}/Zn) + \frac{0.059\ 2}{2}\lg[Zn^{2+}]$$

$[Zn^{2+}]$ 浓度越低,φ 值就越小,Zn 的还原性就越强。在能与 Zn^{2+} 生成沉淀或配合物的介质(如 $NaOH$、NH_3 或 Na_2S 溶液)中,锌表现出较强的还原性。

(2)$[Zn(NH_3)_4](OH)_2$ 具有较强的碱性。$[Zn(NH_3)_4]^{2+}$ 与 OH^- 之间的结合力是离子键,在水溶液中以配离子和 OH^- 离子存在。

16.(1)用一种方法区别锌盐和铝盐;(2)用两种方法区别锌盐和镉盐;(3)用三种不同方法区别镁盐和锌盐。

答:(1)分别向两种盐中,加入过量的氨水,生成沉淀后又溶解的是锌盐,只得到白色沉淀的是铝盐。

(2)将两种盐分别溶解放入两支试管中,通入 H_2S 气体,生成白色沉淀的是锌盐,得到黄色沉淀是镉盐。向两种盐的溶液中加入过量的 $NaOH$ 溶液,生成沉淀后又溶解的锌盐,只得到沉淀的是镉盐。

(3)向两种盐的溶液中加入过量 $NaOH$,先出现白色沉淀后又溶解的是锌盐,只得到白色沉淀的是镁盐。分别向两种盐的溶液中通入 H_2S 气体,得到白色沉淀的是锌盐,无沉淀生成的是镁盐。加入过量氨水,先出现沉淀又溶解的是锌盐,沉淀不溶解的是镁盐。

17.分离下列各组混合物。

(1)$CuSO_4$ 和 $ZnSO_4$ (2)$CuSO_4$ 和 $CdSO_4$

(3)CdS 和 HgS (4)$HgCl_2$ 和 Hg_2Cl_2

答:(1)将混合物溶于水,向溶液中加过量的 NaOH,生成沉淀 $Cu(OH)_2$ 和 $Na_2[Zn(OH)_4]$。过滤分离出沉淀,向沉淀中加入 H_2SO_4 溶液生成 $CuSO_4$,将水蒸发,即得 $CuSO_4$。向滤液中加硫酸至 $Zn(OH)_2$ 沉淀完全为止,分离出 $Zn(OH)_2$ 沉淀,向沉淀中加入 H_2SO_4 生成 $ZnSO_4$,将水蒸发就重新得到 $ZnSO_4$。反应方程式为:

$$CuSO_4 + 2NaOH = Cu(OH)_2 \downarrow + Na_2SO_4$$
$$ZnSO_4 + 4NaOH = Na_2[Zn(OH)_4] + Na_2SO_4$$
$$Cu(OH)_2 + H_2SO_4 = CuSO_4 + 2H_2O$$
$$Na_2[Zn(OH)_4] + H_2SO_4 = Zn(OH)_2 \downarrow + Na_2SO_4 + 2H_2O$$
$$Zn(OH)_2 + H_2SO_4 = ZnSO_4 + 2H_2O$$

(2) $CuSO_4$ 和 $CdSO_4$

① $CuSO_4 + H_2S = CuS \downarrow + H_2SO_4$
  $CdSO_4 + H_2S = CdS \downarrow + H_2SO_4$

② $CuS + HCl = $ 不反应
  $CdS + 2HCl(浓) = CdCl_2 + H_2S \uparrow$

③ $CuS \xrightarrow{HNO_3} Cu(NO_3)_2 \xrightarrow{NaOH} Cu(OH)_2 \xrightarrow{H_2SO_4} CuSO_4$

  $CdCl_2 \xrightarrow{NaOH} Cd(OH)_2 \xrightarrow{H_2SO_4} CdSO_4$

(3) CdS 和 HgS

① $CdS + 2HCl(浓) = CdCl_2 + H_2S \uparrow$
  $HgS + HCl(浓) = $ 不溶解

② $CdCl_2 + H_2S = CdS \downarrow + 2HCl$

(4) $HgCl_2$ 和 Hg_2Cl_2

$$Hg_2Cl_2 + SCN^- \longrightarrow 不溶解$$
$$HgCl_2 + 4SCN^- = [Hg(SCN)_4]^{2-} + 2Cl^-$$

18. 怎样从 $Hg(NO_3)_2$ 制备:
(1) Hg_2Cl_2;(2) HgO;(3) $HgCl_2$;(4) $Hg_2(NO_3)_2$;(5) $HgSO_4$。

答:(1) $Hg(NO_3)_2 + Hg + 2HCl = Hg_2Cl_2 \downarrow + 2HNO_3$

(2) $Hg(NO_3)_2 + 2NaOH = HgO \downarrow + H_2O + HNO_3$

(3) $Hg(NO_3)_2 + 2HCl = HgCl_2 \downarrow + 2HNO_3$

(4) $Hg(NO_3)_2 + Hg \rightleftharpoons Hg_2(NO_3)_2$

(5) $Hg(NO_3)_2 + H_2SO_4(稀) \rightleftharpoons HgSO_4 \downarrow + 2HNO_3$

19. 欲溶解 5.00 g 含有 Cu 75.0%、Zn 24.4%、Pb 0.6%的黄铜,理论上需密度为 1.13 g·cm^{-3} 的 27.8% HNO$_3$ 溶液多少毫升(设还原产物 NO)?

解:Cu、Zn、Pb 与 HNO$_3$ 的反应如下:

$3Cu + 8HNO_3 \rightleftharpoons 3Cu(NO_3)_2 + 2NO\uparrow + 4H_2O$

$3Zn + 8HNO_3 \rightleftharpoons 3Zn(NO_3)_2 + 2NO\uparrow + 4H_2O$

$3Pb + 8HNO_3 \rightleftharpoons 3Pb(NO_3)_2 + 2NO\uparrow + 4H_2O$

由以上三个反应可知:

$$n(HNO_3) = \frac{8}{3}[n(Cu) + n(Zn) + n(Pb)]$$

将已知数据代入得:

$$V(HNO_3) \times \frac{1\,000 \times 1.13 \times 27.8\%}{63}$$

$$= \frac{8}{3} \times \left(\frac{5 \times 75.0\%}{63.5} + \frac{5 \times 24.4\%}{65.4} + \frac{5 \times 0.6\%}{207.2}\right)$$

$$V(HNO_3) = 0.042 \text{ L} = 42 \text{ mL}$$

答:需 42 mL HNO$_3$。

20. 试比较锌族和碱土金属的化学性质。

答:锌族元素次外层是 18 电子结构,而碱土金属为 8 电子结构,由于 18 电子结构的屏蔽效应小于 8 电子结构,所以锌族元素的有效核电荷大于碱土金属,导致锌族和碱土金属的化学性质有较大差别。列表比较如下:

化学性质	ⅡA	ⅡB
价电子构型	ns^2	$(n-1)d^{10}ns^2$
化学活泼性	较ⅡB强,同族从上到下化学活泼性增强	比ⅡA弱,同族从上到下化学活泼性减弱
与氧作用	与氧反应快	在常温下,与干燥的空气不发生变化,在加热时,与氧反应生成氧化物

续表

化学性质	ⅡA	ⅡB
与水作用	反应剧烈,放出氢气	无反应
与非氧化性酸反应	反应剧烈,放出氢气	Zn、Cd 可置换酸中氢,而 Hg 不能
氢氧化物酸碱性及同族变化规律	强碱[$Be(OH)_2$ 呈两性]同族由上到下碱性增强	弱碱[Zn 的氢氧化物呈两性]同族由上到下碱性增强
形成配合物倾向	不易形成配合物	能形成多种配合物
盐的水解	Ca^{2+}、Sr^{2+}、Ba^{2+} 的强酸盐一般不水解	在溶液中都有一定程度的水解

21. 解释下列实验事实:

(1) 焊接铁皮时,常先用浓 $ZnCl_2$ 溶液处理铁皮表面。

(2) HgC_2O_4 难溶于水,但可溶于含 Cl^- 离子的溶液中。

(3) 加热分解 $CuCl_2 \cdot 2H_2O$ 时得不到 $CuCl_2$。

答:(1) $ZnCl_2 + H_2O \rightleftharpoons H[ZnCl_2(OH)]$

$ZnCl_2$ 的浓溶液有显著的酸性,能除去铁皮表面的氧化物,从而保证了焊接。

$$FeO + 2H[ZnCl_2(OH)] \rightleftharpoons Fe[ZnCl_2(OH)]_2 + H_2O$$

(2) 由于 HgC_2O_4 与 Cl^- 能生成配离子$[HgCl_4]^{2-}$,而使 HgC_2O_4 溶解:

$$HgC_2O_4 + 4Cl^- \rightleftharpoons [HgCl_4]^{2-} + C_2O_4^{2-}$$

(3) $CuCl_2 \cdot 2H_2O$ 受热分解时,由于水解而得不到无水 $CuCl_2$。

$$2CuCl_2 \cdot 2H_2O \xrightarrow{\triangle} Cu(OH)_2 \cdot CuCl_2 + 2HCl\uparrow + 2H_2O$$

要得到 $CuCl_2$ 必须在氯化氢气氛中进行。

22. 比较铜族元素和锌族元素的通性,怎样说明锌族元素较同周期的铜族元素活泼?

答:铜族元素的价电子层结构为$(n-1)d^{10}ns^1$,锌族元素的价电子层结构为$(n-1)d^{10}ns^2$。铜族元素和锌族元素一样,化学活泼性随原子序数的增大而递减。它们形成配合物的倾向都很大。锌族单质的熔点、沸点、熔化热和气化热等都比铜族金属低,这是由于锌族最外层 s

电子成对后稳定的缘故。

锌族元素的标准电极电势比铜族元素小,说明锌族元素比铜族元素活泼。从能量变化上分析,虽然锌族元素的电离势高得多,但升华热较小,并且离子水合热更小。例如:$Cu(s) \longrightarrow Cu^{2+}(aq)$时需能量 939 kJ·$mol^{-1}$;而 $Zn(s) \longrightarrow Zn^{2+}(aq)$时需能量 735 kJ·$mol^{-1}$,可见需要的能量很大,所以铜没有锌活泼。

四、练习题

1. 下列说法不正确的是(　　)。
   A. 铜族元素熔、沸点比碱金属高
   B. 铜族金属离子不易被还原,而碱金属离子极易被还原
   C. 铜族元素的原子半径和离子半径比同周期碱金属大
   D. 铜族氧化物一般由相应的氢氧化物加热脱水制得,而碱金属族氧化物一般由金属与 O_2 直接化合而得

2. 黄铜矿的化学组成是(　　)。
   A. Cu_2S　　　　B. Cu_2FeS_4　　　　C. $CuFeS_2$　　　　D. Cu_2O

3. 从黄铜矿炼铜,通常经过高温处理生成冰铜(Cu_2S 和 FeS 的混合物),然后,再经反射炉中冶炼。此时冶炼中应保持(　　)。
   A. 还原性气氛
   B. 氧化性气氛
   C. 先还原性气氛,再氧化性气氛
   D. 先氧化性气氛,再还原性气氛

4. 下列金属中导电性最强的是(　　)。
   A. Hg　　　　B. Cu　　　　C. Ag　　　　D. Zn

5. 下列金属在含有 CO_2 的潮湿空气中能生成碱式盐的是(　　)。
   A. Fe　　　　B. Cu　　　　C. Ag　　　　D. Zn

6. 铜族元素单质还原性的趋势由大到小的顺序是(　　)。
   A. Cu>Ag>Au　　　　B. Cu>Au>Ag
   C. Ag>Cu>Au　　　　D. Au>Ag>Cu

7. 将 $Cu(OH)_2$ 持续加热超过 1 273 K,最终产物是(   )。
   A. CuO B. Cu C. Cu_2O D. $Cu(OH)_2$

8. 根据下列各方程式所给的反应条件,不能正向进行的是(   )。
   A. $Cu+CuCl_2+2HCl(浓) = 2H[CuCl_2]$
   B. $Cu_2O+H_2SO_4(稀) = Cu+CuSO_4+H_2O$
   C. $3CuO+2NH_3 \xrightarrow{\triangle} 3Cu+N_2\uparrow+3H_2O$
   D. $4CuO \xrightarrow{773\ K} 2Cu_2O+O_2\uparrow$

9. 下列氢氧化物最不稳定的是(   )。
   A. $Cu(OH)_2$ B. $Zn(OH)_2$
   C. $Cd(OH)_2$ D. $AgOH$

10. 关于 $CuCl_2$ 性质的叙述,错误的是(   )。
    A. 是离子型化合物 B. 是链状结构
    C. 与 HCl 反应可生成配合物 D. 不论晶体还是水溶液均有颜色

11. 将 $CuCl_2 \cdot 2H_2O$ 加热,得不到 $CuCl_2$,其原因是(   )。
    A. $CuCl_2$ 的热稳定性差,受热分解为 Cu 和 Cl_2
    B. $CuCl_2 \cdot 2H_2O$ 受热时易与空气中的 O_2 反应生成 CuO
    C. $CuCl_2 \cdot 2H_2O$ 受热会水解成 $Cu(OH)_2$ 和 HCl
    D. $CuCl_2 \cdot 2H_2O$ 受热水解成碱式盐 $Cu(OH)_2 \cdot CuCl_2$ 和 HCl

12. 下列配离子中无色的是(   )。
    A. $[Cu(NH_3)_2]^+$ B. $[CuCl_4]^{2-}$
    C. $[Cu(H_2O)_4]^{2+}$ D. $[Cu(OH)_4]^{2-}$

13. 可用于吸收合成氨原料气中 CO 的物质是(   )。
    A. $[Cu(NH_3)_4](OH)_2$ B. $[Cu(NH_3)_2]Ac$
    C. $Na_2[Cu(OH)_4]$ D. $H_2[CuCl_4]$

14. 由于生成沉淀或配合物,而使电极电势升高的是(   )。
    A. $\varphi^\theta(Cu^{2+}/Cu) \longrightarrow \varphi^\theta\{Cu(OH)_2/Cu\}$
    B. $\varphi^\theta(Cu^{2+}/Cu^+) \longrightarrow \varphi^\theta(Cu^{2+}/CuI)$
    C. $\varphi^\theta\{[Cu(NH_3)_2]^+/Cu\} \longrightarrow \varphi^\theta\{[Cu(CN)_2]^-/Cu\}$
       ($K_{稳}[Cu(NH_3)_2]^+ < K_{稳}[Cu(CN)_2]^-$)

D. $\varphi^\ominus(Cu^+/Cu) \longrightarrow \varphi^\ominus(CuI/Cu)$

15. 能用简单加热方法脱去结晶水的物质是(　　)。
    A. $CuCl_2 \cdot 2H_2O$　　　　　　B. $CuSO_4 \cdot 5H_2O$
    C. $AlCl_3 \cdot 6H_2O$　　　　　　D. $ZnCl_2 \cdot 2H_2O$

16. 向 $CuSO_4$ 溶液中不断加入氨水的过程中,可能得到(　　)。
    A. $Cu(OH)_2$　　　　　　B. $Cu_2(OH)_2SO_4$
    C. $[Cu(NH_3)_4]^{2+}$　　　　　　D. $[Cu(H_2O)_4]^{2+}$

17. 欲从含有少量 Cu^{2+} 的 $ZnSO_4$ 溶液中除去 Cu^{2+},最好的方法是(　　)。
    A. 加入 NaOH　　　　　　B. 通入 H_2S 气体
    C. 加入 Mg 粉　　　　　　D. 加入适量 Zn 粉

18. 已知: $\varphi^\ominus(Cu^{2+}/CuI)=0.86\ V, \varphi^\ominus(I_2/I^-)=0.54\ V, \varphi^\ominus(Cl_2/Cl^-)=1.36\ V$。
    可判断 KI 与 $CuCl_2$ 相互作用的主要产物是(　　)。
    A. CuI_2 和 Cl_2　　　　　　B. CuI_2 和 KCl
    C. CuI 和 Cl_2　　　　　　D. CuI 和 I_2

19. 下列物质稳定性顺序错误的是(　　)。
    A. $Hg_2^{2+}(aq) > Hg^{2+}(aq)$　　　B. $CuO(s) > Cu_2O(s)$
    C. $Cu^+(g) > Cu^{2+}(g)$　　　D. $Cu^+(aq) < Cu^{2+}(aq)$

20. 关于 Cu(Ⅱ)与 Cu(Ⅰ)的稳定性以及相互转化关系,下列说法不正确的是(　　)。
    A. 高温,干态时 Cu(Ⅰ)稳定
    B. Cu^{2+} 的水合能大,水溶液 Cu^{2+} 稳定
    C. 任何情况下,Cu(Ⅰ)在水溶液中均不稳定存在
    D. 若要平衡向左移动,必须加入沉淀剂或配合剂

21. AgCl 的溶度积常数为 K_{sp},$[AgCl_2]^-$ 的稳定常数为 $K_稳$,则 $AgCl(s) + Cl^- \rightleftharpoons [AgCl_2]^-$ 的平衡常数 K 等于(　　)。
    A. $K_{sp} \cdot \sqrt{K_稳}$　　　　　　B. $K_{sp}/\sqrt{K_稳}$
    C. $K_{sp}/K_稳$　　　　　　D. $K_{sp} \cdot K_稳$

22. 下列反应不正确的是(　　)。
    A. $Ag_2O + 2HF \rightleftharpoons 2AgF + H_2O$
    B. $AgCl + 2NH_3 \rightleftharpoons [Ag(NH_3)_2]^+ + Cl^-$

C. $Ag^+ + F^- =\!=\!= AgF$

D. $AgBr + 2Na_2S_2O_3 =\!=\!= Na_3[Ag(S_2O_3)_2] + NaBr$

23. 下列电对中，φ^0 值最大的是（   ）。

   A. $[Ag(NH_3)_2]^+ / Ag$ B. $[Ag(CN)_2]^- / Ag$

   C. Ag^+ / Ag D. $AgCl / Ag$

24. 物质性质顺序正确的是（   ）。

   A. 酸性：$H[Ag(CN)_2] > HCN$

   B. 碱性：$Cu(OH)_2 > [Cu(NH_3)_4](OH)_2$

   C. 氧化性：$[Zn(OH)_4]^{2-} > Zn^{2+}$

   D. 还原性：$Sn^{2+} > SnO_2^{2-}$

25. 下列离子中，与氨水作用不能形成配合物的是（   ）。

   A. Cd^{2+} B. Hg^{2+} C. Ag^+ D. Zn^{2+}

26. 金属的化学活泼性随原子序数增大而增强，但例外的是（   ）。

   A. ⅠA   B. ⅡA   C. ⅠB   D. ⅢA

27. 不溶于水的白色硫化物为（   ）。

   A. ZnS B. PbS C. Na_2S D. Ag_2S

28. 下列反应方程式中，不正确的是（   ）。

   A. $Zn + 4NH_3 + 2H_2O =\!=\!= [Zn(NH_3)_4]^{2+} + H_2\uparrow + 2OH^-$

   B. $2Al + 12NH_3 + 6H_2O =\!=\!= 2[Al(NH_3)_6]^{3+} + 3H_2\uparrow + 6OH^-$

   C. $Zn + 2NaOH + 2H_2O =\!=\!= Na_2[Zn(OH)_4] + H_2\uparrow$

   D. $2Cu + 8HCl(浓) \xrightarrow{\triangle} 2H_3[CuCl_4] + H_2\uparrow$

29. 下列反应不能产生黑色物质的是（   ）。

   A. Cu 在干燥空气中加热至 773 K

   B. Ag 与含 H_2S 的空气接触

   C. AgBr 见光

   D. ZnO 在 H_2S 气流中加热

30. 往往含有 Ag^+、Cd^{2+}、Al^{3+}、Hg_2^{2+} 的溶液中滴加稀 HCl，将能析出沉淀的是（   ）。

   A. Al^{3+} 和 Cd^{2+} B. Ag^+ 和 Hg_2^{2+}

C. Ag^+ 和 Cd^{2+}　　　　　D. 只有 Ag^+

31. $HgCl_2$ 在酸性溶液中,与过量 $SnCl_2$ 反应,产物为(　　)。

   A. $Hg_2Cl_2\downarrow + SnCl_4$　　　　B. $Hg_2Cl_2\downarrow + [SnCl_6]^{2-}$

   C. $[HgCl_4]^{2-} + [SnCl_6]^{2-}$　　D. $Hg\downarrow + SnCl_4$

32. 将 H_2S 通入 $Hg_2(NO_3)_2$ 溶液中,得到的沉淀物是(　　)。

   A. $Hg+S$　　　　　　　　　B. $HgS+H^+$

   C. Hg_2S+S　　　　　　　　D. $HgS+Hg$

33. 能区分 Zn^{2+} 和 Al^{3+} 的下列试剂是(　　)。

   A. $NaOH$　　　　　　　　　B. HCl

   C. Na_2CO_3　　　　　　　　D. $NH_3 \cdot H_2O$

34. 可使 HgI_2 溶解的物质是(　　)。

   A. KI　　　B. KCN　　　C. HCl　　　D. 热 $NaOH$

35. 用氨水可使其分离的是(　　)。

   A. Zn^{2+} 和 Al^{3+}　　　　　　B. $Cu(OH)_2$ 和 $Zn(OH)_2$

   C. $HgCl_2$ 和 Hg_2Cl_2　　　　D. Cu^{2+} 和 Fe^{2+}

36. 某溶液与 Cl^- 作用,生成白色沉淀,加氨水后变灰黑色,则该溶液可能存在的离子是(　　)。

   A. Pb^{2+}　　B. Hg^{2+}　　C. Hg_2^{2+}　　D. Ag^+

37. 下列氢氧化物的碱性变化顺序不正确的是(　　)。

   A. $AgOH > Cu(OH)_2 > Zn(OH)_2$

   B. $Cu(OH)_2 > Zn(OH)_2 > Cd(OH)_2 > AgOH$

   C. $RbOH > KOH > Cu(OH)_2 > Zn(OH)_2$

   D. $Ba(OH)_2 > Sr(OH)_2 > AgOH > Cd(OH)_2$

38. 欲使平衡 $Hg^{2+} + Hg \rightleftharpoons Hg_2^{2+}$,向左移动,需要加入的试剂是(　　)。

   A. OH^-　　B. Cl^-　　C. SO_4^{2-}　　D. H_2S

39. 实验室配制 $HgCl_2$ 和 $Hg(NO_3)_2$ 溶液(　　)。

   A. 二者均需在相应的酸溶液中配制

   B. $HgCl_2$ 需在 HCl 中配制,$Hg(NO_3)_2$ 可在水中配制

   C. $HgCl_2$ 可在水中配制,$Hg(NO_3)_2$ 需要在 HNO_3 中配制

   D. 两种溶液均可在水中配制

40. 下列各组配位剂,能使相应的沉淀 $Cu(OH)_2$、$Zn(OH)_2$、HgS 和 HgI_2 完全溶解的是( )。

   A. OH^-、NH_3、Na_2S 和 KI B. NH_3、OH^-、KI 和 Na_2S

   C. NH_3、OH^-、Na_2S 和 Cl^- D. OH^-、NH_3、Cl^- 和 Na_2S

41. ⅡB 族元素比ⅡA 族元素活泼性差的原因是( )。

   A. 由于 18 电子层结构对原子核的屏蔽作用较小,ⅡB 族元素有效核电荷数较大

   B. ⅡB 族元素的原子半径和离子半径较ⅡA 族元素大

   C. ⅡB 族元素的电负性比ⅡA 族元素电负性大

   D. ⅡB 族元素的电离势比ⅡA 族电离势小

42. ⅠB、ⅡB 族金属活泼性大小排列顺序正确的是( )。

   A. $Zn>Cd>Hg>Cu>Ag>Au$

   B. $Zn>Cd>Cu>Hg>Ag>Au$

   C. $Zn>Cu>Cd>Hg>Ag>Au$

   D. $Zn>Cd>Cu>Ag>Hg>Au$

43. 固体 $AgBr$ 易溶于浓度为 $0.5\ mol \cdot L^{-1}$ 的下列溶液( )。

   A. HNO_3 B. $NH_3 \cdot H_2O$

   C. $Na_2S_2O_3$ D. KCN

44. AgX 的颜色随卤素原子序数的增大而加深,可解释这一现象的理论是( )。

   A. 杂化轨道 B. 分子间作用力

   C. 溶剂化 D. 离子极化

45. 将 $Cu(NO_3)_2 \cdot 3H_2O$ 加热至 473K 时的最终产物为( )。

   A. CuO B. $Cu(NO_3)_2$

   C. Cu D. $Cu(NO_3)_2 \cdot Cu(OH)_2$

46. "波尔多液"的组成是( )。

   A. 石灰和 $Cu(NO_3)_2$ 的混合液

   B. 硫磺和 $Cu(NO_3)_2$ 的混合液

   C. 硫磺和胆矾的混合液

   D. 石灰和胆矾的混合液

47. 无水 $CuCl_2$ 的构型是（　　）。
   A. 直线型　　B. 链状型　　C. 正四面体型　D. 平面正方型
48. 在水中溶解度最大的卤化银是（　　）。
   A. AgI　　B. $AgBr$　　C. $AgCl$　　D. AgF
49. CuS 的 $K_{sp}=8.5\times10^{-45}$，H_2S 的 $K_1=9.1\times10^{-8}$，$K_2=1.1\times10^{-12}$，饱和 H_2S 水溶液浓度为 $0.10\ mol\cdot L^{-1}$。在 $0.10\ mol\cdot L^{-1}$ 的 $CuSO_4$ 溶液中不断通入 H_2S，则溶液中残留的 Cu^{2+} 浓度为（　　）。
   A. $7.7\times10^{-33}\ mol\cdot L^{-1}$　　B. $2.5\times10^{-20}\ mol\cdot L^{-1}$
   C. $1.7\times10^{-25}\ mol\cdot L^{-1}$　　D. $3.4\times10^{-26}\ mol\cdot L^{-1}$
50. 往 Ag^+ 溶液中滴加 HCl 生成 $AgCl$（$K_{sp}=1.56\times10^{-10}$）沉淀。若溶液中的 Cl^- 浓度达 $0.20\ mol\cdot L^{-1}$ 时，Ag^+ 的浓度为（　　）。
   A. $\sqrt{1.56\times10^{-10}}$　　B. 1.56×10^{-10}
   C. $\sqrt{7.8\times10^{-10}}$　　D. 7.8×10^{-10}
51. 用 Na_2S 做试剂得到黄色的沉淀，其阳离子是（　　）。
   A. Cd^{2+}　　B. Pb^{2+}　　C. Cu^{2+}　　D. Ni^{2+}
52. 既易溶于稀氢氧化钠又易溶于氨水的是（　　）。
   A. $Cu(OH)_2$　B. Ag_2O　　C. $Zn(OH)_2$　D. $Cd(OH)_2$
53. 下列热稳定性最强的是（　　）。
   A. Cu_2O　　B. $CuSO_4$　　C. CuO　　D. $Cu(OH)_2$
54. 下列金属和相应的盐混合，可发生反应的是（　　）。
   A. Fe 和 Fe^{3+}　　　　B. Cu 和 Cu^{2+}
   C. Hg 和 Hg^{2+}　　　　D. Zn 和 Zn^{2+}
55. $CuSO_4\cdot 5H_2O$ 中，中心离子的配位水分子数是（　　）。
   A. 5 个　　B. 2 个　　C. 1 个　　D. 4 个
56. $CuCl$、$AgCl$、Hg_2Cl_2 都是难溶于水的白色粉末，请用两种方法区别这三种金属氯化物。
57. 有一种固体可能含有 $AgNO_3$、CuS、$ZnCl_2$、$KMnO_4$、K_2SO_4。固体加入水中，并用几滴盐酸酸化，有白色沉淀 A 产生，滤液 B 是无色的。白色沉淀 A 能溶于氨水。滤液 B 分成两份：一份加入少量 $NaOH$ 时有白色沉淀产生,再加入过量 NaOH,沉淀溶解;另一份加入少量氨水时有白色沉淀产生,再加入过量氨水,沉淀也溶解。根据上述实验现象,指出哪些化合物肯定存在?哪些化合物肯定不存在?哪些化合物可能存在?

58. 今有 NH_4Cl、$Cd(NO_3)_2$、$AgNO_3$、$ZnSO_4$ 和 $Hg(NO_3)_2$ 五瓶溶液失落标签,试用一种试剂,将它们一一区别,写出有关反应方程式。

59. 下列 10 种无色溶液与 $AgNO_3$ 溶液反应,最终能观察到什么现象?写出反应后的主要产物。
    (1)NaF　(2)$HClO_4$　(3)$Na_2S_2O_3$(过量)　(4)$Na_2S_2O_3$(适量)
    (5)NaH_2PO_4　(6)$Na_4P_2O_7$　(7)$NaPO_3$　(8)NaH_2PO_2
    (9)Na_3AsO_3　(10)Na_3AsO_4

60. 有一固体混合物可能含有 $FeCl_3$、$NaNO_2$、$Ca(OH)_2$、$AgNO_3$、$CuCl_2$、NaF、NH_4Cl 七种物质中的若干种。若将此混合物加水后,可得白色沉淀和无色溶液,在此无色溶液中加入 KSCN 没有变化;无色溶液可使酸化后 $KMnO_4$ 溶液紫色褪去;将无色溶液加热有气体放出。另外,白色沉淀可溶于 $NH_3 \cdot H_2O$ 中。
    根据上述现象指出:① 哪些物质肯定存在,② 哪些物质可能存在,③ 哪些物质肯定不存在。并简述判断的理由。

五、练习题参考答案

1. B、C、D　2. C　3. B　4. C　5. B、D　6. A
7. C　8. D　9. D　10. A　11. D　12. A
13. B　14. B　15. B　16. B、C　17. D　18. D
19. B　20. C　21. D　22. C　23. C　24. A
25. B　26. C、D　27. A　28. B　29. D　30. B
31. D　32. C　33. D　34. A、B　35. A、D　36. C
37. D　38. A、B　39. A　40. B　41. A、B　42. C
43. C、D　44. D　45. A　46. D　47. B　48. D
49. D　50. D　51. A　52. C　53. A　54. A、C

55. D
56. **提示**：①加氨水 ②碘化钾溶液
57. **提示**：肯定存在：$AgNO_3$、$ZnCl_2$；肯定不存在：CuS、$KMnO_4$；可能存在：K_2SO_4
58. **提示**：选用 NaOH 试剂，即可一一区别。

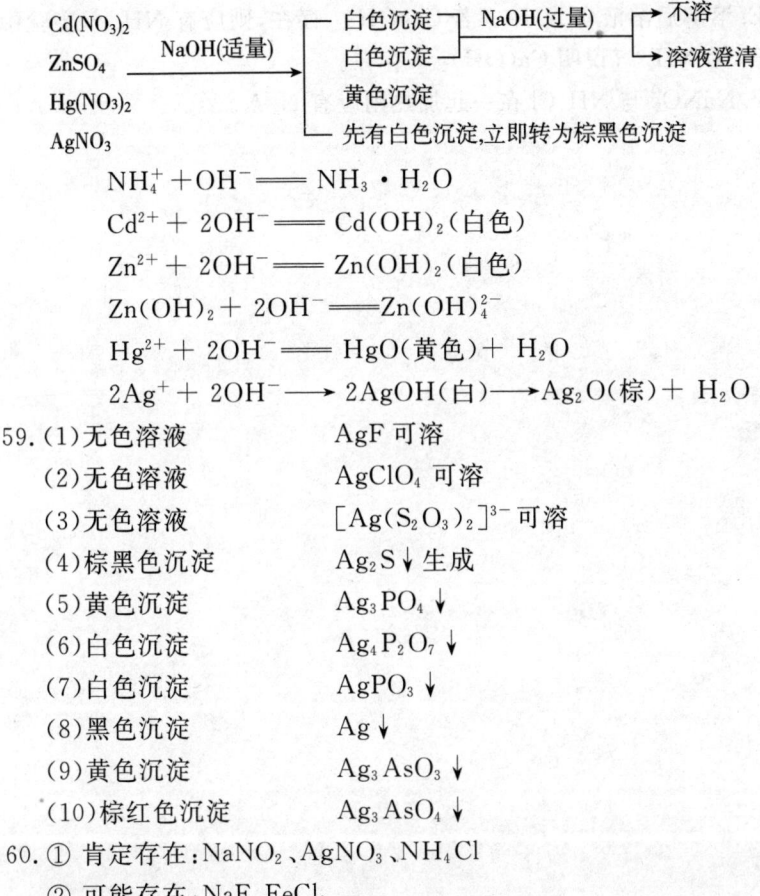

$$NH_4^+ + OH^- = NH_3 \cdot H_2O$$
$$Cd^{2+} + 2OH^- = Cd(OH)_2（白色）$$
$$Zn^{2+} + 2OH^- = Zn(OH)_2（白色）$$
$$Zn(OH)_2 + 2OH^- = Zn(OH)_4^{2-}$$
$$Hg^{2+} + 2OH^- = HgO（黄色） + H_2O$$
$$2Ag^+ + 2OH^- \longrightarrow 2AgOH（白）\longrightarrow Ag_2O（棕） + H_2O$$

59. (1) 无色溶液　　　　　AgF 可溶
　　(2) 无色溶液　　　　　$AgClO_4$ 可溶
　　(3) 无色溶液　　　　　$[Ag(S_2O_3)_2]^{3-}$ 可溶
　　(4) 棕黑色沉淀　　　　$Ag_2S\downarrow$ 生成
　　(5) 黄色沉淀　　　　　$Ag_3PO_4\downarrow$
　　(6) 白色沉淀　　　　　$Ag_4P_2O_7\downarrow$
　　(7) 白色沉淀　　　　　$AgPO_3\downarrow$
　　(8) 黑色沉淀　　　　　$Ag\downarrow$
　　(9) 黄色沉淀　　　　　$Ag_3AsO_3\downarrow$
　　(10) 棕红色沉淀　　　　$Ag_3AsO_4\downarrow$

60. ① 肯定存在：$NaNO_2$、$AgNO_3$、NH_4Cl
　　② 可能存在：NaF、$FeCl_3$
　　③ 肯定不存在：$CuCl_2$、$Ca(OH)_2$
　　理由：

A. 若无 NaF 存在,则 FeCl$_3$ 也不存在。但有 NaF 时 FeCl$_3$ 可能同时存在,它可形成 FeF$_6^{3-}$。

B. 使 MnO$_4^-$ 褪色说明还原剂存在,它是 NaNO$_2$。

C. 加水后有白色沉淀,它又溶于 NH$_3$ 则为 AgCl↓,说明有 AgNO$_3$ 及含 Cl$^-$ 的化合物。

D. 溶液无色说明不存在 CuCl$_2$,所以 Cl$^-$ 只能从 NH$_4$Cl 提供。

E. 溶解后溶液含 NH$_4^+$。若 Ca(OH)$_2$ 存在,则应有 NH$_3$↑,实验中无 NH$_3$ 气说明 Ca(OH)$_2$ 不存在。

F. NaNO$_2$ 与 NH$_4$Cl 在一起加热则应有 N$_2$↑。

第十七章 铬、锰、钛、钒

一、教学要求

1. 掌握过渡元素的价电子构型的特点及其元素通性的关系。
2. 掌握重要过渡元素钛、钒、铬和锰的单质及化合物的性质和用途；一般了解同多酸、杂多酸的知识。
3. 了解第二、三过渡系元素性质的递变规律。
4. 了解钛、钨的冶炼原理。

二、重点与难点

重点：掌握第四周期 Ti、V、Cr、Mn 金属元素氧化态、最高氧化态氧化物及其水合物的酸碱性、氧化还原稳定性、水合离子及其含氧酸根颜色等变化规律。掌握过渡元素的价电子构型特点及其与元素通性的关系。

难点：过渡元素的价电子构型特点及其与元素通性的关系，第二、三过渡系元素性质的递变规律。

三、精选例题解析

1. d 区元素原子的电子能级是 $(n-1)d > ns$，但氧化时首先失去的是 ns 轨道上的电子，这是因为（ ）。

   A. 能量最低原理不适用于离子的电子排布

B. 次外层 d 轨道的电子是一整体,不能部分丢失

C. 生成离子或化合物时,各轨道的能级顺序是可以变化的

D. 只有最外层 s 轨道电子才能参与成键

答:在多电子原子中,由于屏蔽效应和钻穿效应使轨道能级出现了 $(n-1)d > ns$ 和能级交错现象,因此在进行核外电子填充时,首先填充 ns 轨道,后填充 $(n-1)d$ 轨道,但原子在失去电子时,由于 $(n-1)d$ 电子云分布在 ns 电子云里,ns 电子云就不能再屏蔽 $(n-1)d$ 电子了,于是电子能级顺序又发生变化,即 $(n-1)d < ns$,所以原子失电子时,首先失去 ns 电子,再失去 d 电子(d 电子可部分或全部参与成键)。正确答案为 C。

2. 在酸性介质中使 Mn^{2+} 离子氧化为 MnO_4^- 离子应选用的氧化剂为(   )。

  A. PbO_2 B. $K_2Cr_2O_7$ C. $NaBiO_3$ D. H_2O_2

答:因为在酸性介质中,Mn^{2+} 是稳定的,只有在高酸度的热溶液中,与强氧化剂反应,才能使 Mn^{2+} 氧化为 MnO_4^-,所以应选用的氧化剂为 PbO_2 或 $NaBiO_3$。正确答案为 A、C。

3. 按下列要求填空:

Al^{3+}、Fe^{3+}、Cr^{3+}、Ni^{2+} —氨水适量→ [ ] —HCl→ [ ] —NaOH过量→ { 固( ) —氨水→ { 固( ), 液( ) }; 液( ) —NaOH溴水→ —CO_2→ { 固( ), 液( ) } }

答:若使 Al^{3+}、Fe^{3+}、Cr^{3+}、Ni^{2+} 进行分离,主要掌握它们的不同点:

(1) 与适量氨水作用,都可生成氢氧化物。

(2) 与过量 NaOH 作用,$Al(OH)_3$ 和 $Cr(OH)_3$ 可溶解,而 $Fe(OH)_3$ 和 $Ni(OH)_2$ 则不具有两性,不能溶解。

(3) 与氧化剂作用,只有 Cr(Ⅲ)——→Cr(Ⅵ),而 Fe(Ⅲ)、Al(Ⅲ)、Ni(Ⅱ) 遇氧化剂则不可能形成高价离子。

$$Al^{3+}, Fe^{3+}, Cr^{3+}, Ni^{2+} \xrightarrow{\text{氨水适量}} \begin{Bmatrix} Al(OH)_3 \\ Fe(OH)_3 \\ Cr(OH)_3 \\ Ni(OH)_2 \end{Bmatrix} \xrightarrow{HCl} \begin{Bmatrix} AlCl_3 \\ FeCl_3 \\ CrCl_3 \\ NiCl_2 \end{Bmatrix} \xrightarrow{NaOH \text{过量}} \begin{Bmatrix} \text{固}: Fe(OH)_3 \\ Ni(OH)_2 \\ \text{液}: [Al(OH)_4]^- \\ CrO_2^- \text{溴水} \end{Bmatrix}$$

$$\xrightarrow{\text{氨水}} \begin{Bmatrix} \text{固}: Fe(OH)_3 \\ \text{液}: [Ni(NH_3)_4]^{2+} \end{Bmatrix}$$

$$\xrightarrow{NaOH} Al(OH)_4^- , CrO_4^{2-}$$

$$\xrightarrow{CO_2} \text{固}: Al(OH)_3 ; \text{液}: CrO_4^{2-} \text{或} Cr_2O_7^{2-}$$

4. 已知:

$$MnO_4^- \xrightarrow{0.564} MnO_4^{2-} \xrightarrow{2.26} MnO_2 \xrightarrow{0.95} Mn^{3+} \xrightarrow{1.51} Mn^{2+} \xrightarrow{-1.029} Mn$$

上方跨接: 1.51；下方跨接: 1.23

$Fe^{3+} \xrightarrow{0.77} Fe^{2+}$，当用 $KMnO_4$ 在酸性介质中氧化 Fe^{2+} 时，若$KMnO_4$ 过量会发生什么现象？根据锰元素的电势图加以解释。

答: 根据电极电势分析，由于 $\varphi^\theta(MnO_4^-/Mn^{2+}) > \varphi^\theta(Fe^{3+}/Fe^{2+})$，所以当 $KMnO_4$ 在酸介质中氧化 Fe^{2+} 时，首先发生的反应是:

$$MnO_4^- + 5Fe^{2+} + 8H^+ = Mn^{2+} + 5Fe^{3+} + 4H_2O$$

$$\varphi^\theta(MnO_4^-/MnO_2) = \frac{0.564 + 2 \times 2.26}{3} = 1.69 \text{ V}$$

$\varphi^\theta(MnO_4^-/MnO_2) > \varphi^\theta(MnO_2/Mn^{2+})$，若 $KMnO_4$ 过量时，可发生如下反应:

$$2MnO_4^- + 3Mn^{2+} + 2H_2O = 5MnO_2 \downarrow + 4H^+$$

5. 根据实验现象，写出有关化学反应方程式:

(1) 四氯化钛暴露在空气中会发烟；

(2) 在 $Cr_2(SO_4)_3$ 溶液中逐滴加入 NaOH 溶液至过量，再加溴水；

答: (1) $TiCl_4 + 3H_2O = H_2TiO_3 + 4HCl$

(2) $Cr_2(SO_4)_3 + 6NaOH = 2Cr(OH)_3 \downarrow + 3Na_2SO_4$

$$Cr(OH)_3 + NaOH = NaCrO_2 + 2H_2O$$

$$2NaCrO_2 + 3Br_2 + 8NaOH = 6NaBr + 2Na_2CrO_4 + 4H_2O$$

6. 试讨论过渡元素的下列性质(1)原子电子层结构的特点;(2)氧化态的表现,各族元素的最高氧化态稳定性变化规律;(3)原子半径的变化;(4)主要的物理性质。

答:(1)它们的共同特点是都具有未充满的$(n-1)d$轨道(Pd除外),最外层也仅有 1~2 个电子,因而它们原子的最外两个电子层都是未充满的,所以过渡元素价电子层结构通常为$(n-1)d^{1\sim9}ns^{1\sim2}$。

(2)过渡元素在形成化合物时总是先失去最外层的两个 s 电子,而表现为+2 氧化态,由于次外层$(n-1)d$轨道能量与最外层 ns 轨道能量相近,且$(n-1)d$轨道还没有达到稳定结构,所以有时$(n-1)d$电子也可部分或全部作为价电子参加成键形成多种氧化态,从+2 依次递增到与族数相近的最高氧化态,各族元素最高氧化态稳定性变化规律是同一族中从上向下高氧化态趋向于比较稳定。

(3)各周期中随原子序数的增加,原子半径依次减小,但变化得很慢,到了各周期过渡元素的末尾才稍为增大;各族中从上至下原子半径增大,但第 5、6 周期同族元素的原子半径却很接近(由于镧系收缩的影响而引起的)。

(4)过渡元素的金属键较强,因而大多数都有较高的硬度和较高的熔、沸点,许多过渡金属及其化合物有顺磁性,过渡金属有较好的延展性和机械加工性,并且彼此间以及与非过渡金属组成具有多种特性的合金,它们都是电和热的良好导体。

7. $[Fe(H_2O)_6]^{2+}$配离子有 4 个未成对的电子,是顺磁性的,而$[Fe(CN)_6]^{4-}$配离子是抗磁性的,类似的$[CoF_6]^{3-}$是顺磁性的,而$[Co(CN)_6]^{3-}$是抗磁性,如何解释这些事实?

答:H_2O 和 F^- 都是弱场配位体,形成配离子时产生的分裂能较小,因而易形成高自旋配合物。Fe^{2+} 和 Co^{3+} 的最外层结构都是 $3d^6$,$[Fe(H_2O)_6]^{2+}$ 和$[CoF_6]^{3-}$ 配离子,中心离子有 4 个未成对 d 电子,因而它们具有顺磁性。而 CN^- 是强场配位体,能产生较大的分裂能,易形成低自旋配合物。$[Fe(CN)_6]^{4-}$ 和 $[Co(CN)_6]^{3-}$ 配离子的中心离子没有未成对的 d 电子,因而它们具有抗磁性。

8. 预测$[Cr(H_2O)_6]^{2+}$ 和 $[Cr(CN)_6]^{4-}$中的未成对电子数?

答：中心离子 Cr^{2+} 的最外层结构是 d^4，与弱场配位体 H_2O 形成高自旋配合物，有 4 个未成对电子，Cr^{2+} 与强场配位体 CN^- 形成低自旋配合物，中心离子有 2 个未成对电子。

9. 简述从钛铁矿提取金属钛的反应原理并写出反应方程式。

答：(1) 用硫酸分解钛铁矿制取 TiO_2。

先用浓 H_2SO_4 处理磨碎的钛铁矿精砂，得到钛的硫酸盐：

$$FeTiO_3 + 3H_2SO_4 = Ti(SO_4)_2 + FeSO_4 + 3H_2O$$

$$FeTiO_3 + 2H_2SO_4 = TiOSO_4 + FeSO_4 + 2H_2O$$

同时，钛铁矿中的铁氧化物与硫酸发生反应：

$$FeO + H_2SO_4 = FeSO_4 + H_2O$$

$$Fe_2O_3 + 3H_2SO_4 = Fe_2(SO_4)_3 + 3H_2O$$

加入铁粉，使溶液中 Fe^{3+} 离子还原为 Fe^{2+}，然后冷却，使 $FeSO_4 \cdot 7H_2O$ 结晶析出，除去溶液中的杂质铁。

$Ti(SO_4)_2$ 和 $TiOSO_4$ 水解析出偏钛酸白色沉淀：

$$Ti(SO_4)_2 + H_2O = TiOSO_4 + H_2SO_4$$

$$TiOSO_4 + 2H_2O = H_2TiO_3 \downarrow + H_2SO_4$$

煅烧偏钛酸，即可得 TiO_2：

$$H_2TiO_3 \xrightarrow{\triangle} TiO_2 + H_2O$$

(2) 氯化法将 TiO_2 转化为 $TiCl_4$：

$$TiO_2 + 2C + 2Cl_2 \xrightarrow{1\,000 \sim 1\,100\,K} TiCl_4 + 2CO \uparrow$$

(3) 金属热还原法制金属钛：

$$TiCl_4 + 2Mg \xrightarrow{1\,070\,K} 2MgCl_2 + Ti$$

10. 根据以下实验说明产生各种现象的原因并写出有关反应方程式。

(1) 打开装有四氯化钛的瓶塞，立即冒白烟；(2) 向此瓶中加入浓盐酸和金属锌时，生成紫色溶液；(3) 缓慢地加入氢氧化钠至溶液呈碱性，则析出紫色沉淀；(4) 沉淀过滤后，先用硝酸，然后用稀碱溶液处理，有白色沉淀生成；(5) 将此沉淀过滤并灼烧，最后与等物质的量的氢氧化镁共熔。

答:(1)因为 $TiCl_4$ 在水中或潮湿空气中都极易水解,暴露在空气中遇水蒸气发生水解产生 HCl 而冒白烟。

$$TiCl_4 + 3H_2O = H_2TiO_3 + 4HCl$$

(2)用 Zn 处理 $TiCl_4$ 的盐酸溶液,可以得到紫色的 $TiCl_3$ 水溶液:

$$2TiCl_4 + Zn \xrightarrow{浓 HCl} 2TiCl_3 + ZnCl_2$$

(3)在碱性条件下析出紫色的 $Ti(OH)_3O$ 晶体。

(4)Ti(Ⅲ)离子具有还原性,遇到氧化性的 HNO_3 时,被氧化为 Ti(Ⅳ)离子,再用稀碱处理则得白色偏钛酸沉淀:

$$3Ti^{3+} + NO_3^- + H_2O = 3TiO^{2+} + 2H^+ + NO$$

$$TiO^{2+} + 2OH^- = TiO_2 \cdot H_2O \downarrow$$

(5)将沉淀过滤灼烧则得到 TiO_2,当与氧化镁共熔时得到盐:

$$TiO_2 \cdot H_2O \xrightarrow{\triangle} TiO_2 + H_2O$$

$$TiO_2 + MgO \xrightarrow{共熔} MgTiO_3$$

11. 锌汞齐能将钒酸盐中的钒(Ⅴ)还原至钒(Ⅱ),将铌酸盐中的铌(Ⅴ)还原至铌(Ⅳ),但不能使钽酸盐还原,此实验结果说明了什么规律性?

答:锌汞齐能将钒酸盐,铌酸盐由高氧化态还原为低氧化态,而不能使钽酸盐还原,说明钒分族元素依钒、铌、钽顺序高氧化态逐渐稳定,而低氧化态化合物较少,稳定性依次降低。

12. 铬的某化合物 A 是橙红色溶于水的固体,将 A 用浓 HCl 处理产生黄绿色刺激性气体 B 和生成暗绿色溶液 C,在 C 中加入 KOH 溶液,先生成灰兰色沉淀 D,继续加入过量的 KOH 溶液则沉淀消失,变成绿色溶液 E,在 E 中加入 H_2O_2,加热则生成黄色溶液 F,F 用稀酸酸化,又变为原来的化合物 A 的溶液。问:A、B、C、D、E、F 各是什么?写出每步变化的反应方程式。

答:A 为 $K_2Cr_2O_7$,B 为 Cl_2,C 为 $CrCl_3$,D 为 $Cr(OH)_3$,E 为 $KCrO_2$,F 为 K_2CrO_4,各步的化学反应方程式为:

$$Cr_2O_7^{2-} + 6Cl^- + 14H^+ \xrightarrow{\triangle} 2Cr^{3+} + 3Cl_2 \uparrow + 7H_2O$$

$$Cr^{3+} + 3OH^- \rightleftharpoons Cr(OH)_3 \downarrow$$
$$Cr(OH)_3 + OH^- \rightleftharpoons CrO_2^- + 2H_2O$$
$$2CrO_2^- + 3H_2O_2 + 2OH^- \rightleftharpoons 2CrO_4^{2-} + 4H_2O$$
$$2CrO_4^{2-} + 2H^+ \rightleftharpoons Cr_2O_7^{2-} + H_2O$$

13. 举例说明 Cr^{3+} 离子和 Al^{3+} 离子的相似性,若 Cr^{3+} 和 Al^{3+} 共存时,如何分离它们?

答:Cr^{3+} 和 Al^{3+} 在水溶液中都以水合离子 $[Cr(H_2O)_6]^{3+}$、$[Al(H_2O)_6]^{3+}$ 的形式存在;都能形成复盐 $KCr(SO_4)_2 \cdot 12H_2O$、$KAl(SO_4)_2 \cdot 12H_2O$;与碱反应都产生胶状沉淀 $Cr(OH)_3$、$Al(OH)_3$,且均为两性,它们溶于过量碱生成 CrO_2^-、AlO_2^-,都能水解产生氢氧化物沉淀。

若 Cr^{3+} 和 Al^{3+} 共存时,可加过量的液氨将它们分离,Cr^{3+} 能同氨形成配合物 $[Cr(NH_3)_6]^{3+}$ 溶解,而 Al^{3+} 不能,只生成 $Al(OH)_3$ 沉淀。

14. 在硫酸铬溶液中,逐渐加入氢氧化钠溶液,开始生成灰兰色沉淀,继续加碱,沉淀又溶解,再向所得碱液中滴加溴水,直到溶液的绿色转为黄色,写出各步的化学方程式。

答:
$$Cr_2(SO_4)_3 + 6NaOH \rightleftharpoons 2Cr(OH)_3 \downarrow + 3Na_2SO_4$$
$$Cr(OH)_3 + NaOH \rightleftharpoons NaCrO_2 + 2H_2O$$
$$2CrO_2^- + 3Br_2 + 4OH^- \rightleftharpoons 6Br^- + 2CrO_4^{2-} + 4H^+$$

15. 为什么在酸性的 $K_2Cr_2O_7$ 溶液中,加入 Pb^{2+} 离子,会生成黄色的 $PbCrO_4$ 沉淀。

答:$Cr_2O_7^{2-}$ 在酸性溶液中存在着下列平衡:
$$Cr_2O_7^{2-} + H_2O \xrightleftharpoons{\triangle} 2CrO_4^{2-} + 2H^+$$

虽然酸性溶液中 CrO_4^{2-} 离子浓度很小,但由于加入 Pb^{2+},生成的 $PbCrO_4$ 溶解度较小,使平衡右移,当加入足够的 Pb^{2+} 离子,可使 $Cr_2O_7^{2-}$ 最后全部转化为 CrO_4^{2-},而成黄色的 $PbCrO_4$ 沉淀。

16. 在室温或加热的情况下,为什么不要把浓硫酸和高锰酸钾固体混合?

答:因两者混合,反应生成绿色油状的高锰酸酐 Mn_2O_7,它在 273 K (0 ℃)以下稳定,在常温下会爆炸分解成 MnO_2、O_2 和 O_3,这个氧化物还有强氧化性,因此不能在室温或加热的情况下混合固体$KMnO_4$和浓H_2SO_4。

$$2KMnO_4 + H_2SO_4(浓) = Mn_2O_7 + K_2SO_4 + H_2O$$

$$4Mn_2O_7 = 8MnO_2 + 3O_2 + 2O_3$$

17. 以软锰矿为原料,制备锰酸钾、高锰酸钾、二氧化锰和锰,并写出反应方程式。

答: 将软锰矿(MnO_2)与$KClO_3$,KOH的混合物加热熔融,可得绿色的锰酸钾:

$$3MnO_2 + KClO_3 + 6KOH \xrightarrow{熔融} 3K_2MnO_4 + KCl + 3H_2O$$

将锰酸钾溶于水,并通入氯气,即被氧化为高锰酸钾:

$$2K_2MnO_4 + Cl_2 = 2KMnO_4 + 2KCl$$

高锰酸钾溶液在酸性条件下分解得二氧化锰:

$$4MnO_4^- + 4H^+ = 4MnO_2 + 3O_2 + 2H_2O$$

将软锰矿强热使之转变为Mn_3O_4,然后与铝粉混合燃烧,制得金属锰:

$$3MnO_2 \xrightarrow{\triangle} Mn_3O_4 + O_2$$

$$3Mn_3O_4 + 8Al = 9Mn + 4Al_2O_3$$

18. 有一含磷化合物 A,其分子量为 137.5,该化合物能与氯发生加成反应得另一化合物 B,B 与水作用可得含有化合物 C 的溶液,向溶液中加入钼酸铵和硝酸溶液就有黄色沉淀 D 生成。A、B、C、D 各为何物?并写出反应方程式。

答: A 为 PCl_3,B 为 PCl_5,C 为 H_3PO_4,D 为 $(NH_4)_3[PMo_{12}O_{40}] \cdot 6H_2O$

各步反应方程式为:

$$PCl_3 + Cl_2 = PCl_5$$

$$PCl_5 + 4H_2O = H_3PO_4 + 5HCl$$

$$12MoO_4^{2-} + 3NH_4^+ + PO_4^{3-} + 24H^+ =$$
$$(NH_4)_3[PMo_{12}O_{40}] \cdot 6H_2O + 6H_2O$$

19. 写出下列反应的方程式。

(1)重铬酸铵加热；

(2)重铬酸钾加热至高温；

(3)向重铬酸钾的硫酸溶液中通入 SO_2；

(4)氢氧化铬与盐酸反应；

(5)在已用 H_2SO_4 酸化的重铬酸钾溶液中通入 H_2S；

(6)重铬酸钾与硫一起加热。

答：(1) $(NH_4)_2Cr_2O_7 \xrightarrow{\triangle} Cr_2O_3 + N_2\uparrow + 4H_2O$

(2) $4K_2Cr_2O_7 \xrightarrow{灼烧} 4K_2CrO_4 + 2Cr_2O_3 + 3O_2\uparrow$

(3) $K_2Cr_2O_7 + 3SO_2 + H_2SO_4 = Cr_2(SO_4)_3 + K_2SO_4 + H_2O$

(4) $Cr(OH)_3 + 3HCl = CrCl_3 + 3H_2O$

(5) $K_2Cr_2O_7 + 3H_2S + 4H_2SO_4 =$
$Cr_2(SO_4)_3 + K_2SO_4 + 3S\downarrow + 7H_2O$

(6) $K_2Cr_2O_7 + S \xrightarrow{\triangle} Cr_2O_3 + K_2SO_4$

20. 有一锰的化合物，它是不溶于水且很稳定的黑色粉末状物质 A，该物质与浓 H_2SO_4 反应则得到淡红色的溶液 B，且有无色气体 C 放出。向 B 溶液中加入强碱，可以得到白色沉淀 D，此沉淀在碱性介质中很不稳定，易被空气氧化成棕色 E，若将 A 与 KOH、$KClO_3$ 一起混合加热熔融可得一绿色物质 F，将 F 溶于水并通入 CO_2，则溶液变成紫色 G，且又析出 A，试问 A、B、C、D、E、F、G 各为何物？并写出相应的反应方程式。

答：A 为 MnO_2，B 为 $MnSO_4$，C 为 O_2，D 为 $Mn(OH)_2$，E 为 $MnO(OH)_2$，F 为 K_2MnO_4，G 为 $KMnO_4$。

各步反应方程式为：

$2MnO_2 + 2H_2SO_4(浓) = 2MnSO_4(淡红) + O_2\uparrow + 2H_2O$

$MnSO_4 + 2NaOH = Mn(OH)_2\downarrow(白) + Na_2SO_4$

$2Mn(OH)_2 + O_2 = 2MnO(OH)_2\downarrow(棕)$

$3MnO_2 + 6KOH + KClO_3 = 3K_2MnO_4(绿) + KCl + 3H_2O$

$3K_2MnO_4 + 2CO_2 = 2KMnO_4(紫) + MnO_2 + 2K_2CO_3$

21. Mn^{2+}、Mn^{3+}、MnO_4^{2-} 和 MnO_4^- 离子各是什么颜色？并试述 MnO_4^- 离子通常的鉴定方法。

答：Mn^{2+} 为肉色，Mn^{3+} 为红色，MnO_4^{2-} 为绿色，MnO_4^- 为紫色。

MnO_4^- 的鉴定方法较多，都是基于 MnO_4^- 的强氧化性，与还原剂反应后溶液的颜色改变或有沉淀生成。例如：

(1) 在酸性溶液中加入 Fe^{2+} 离子，紫色褪去：
$$MnO_4^- + 5Fe^{2+} + 8H^+ =\!=\!= Mn^{2+} + 5Fe^{3+} + 4H_2O$$

(2) 加入 Mn^{2+} 离子，生成褐色沉淀：
$$2MnO_4^- + 3Mn^{2+} + 2H_2O =\!=\!= 5MnO_2\downarrow + 4H^+$$

(3) 在强碱性溶液中加入 SO_3^{2-} 离子，溶液呈绿色：
$$2MnO_4^- + SO_3^{2-} + 2OH^- =\!=\!= 2MnO_4^{2-} + SO_4^{2-} + H_2O$$

22. 向一含有三种阴离子的混合溶液中，滴加 $AgNO_3$ 溶液至不再有沉淀生成为止，过滤，当用稀硝酸处理沉淀时砖红色沉淀溶解得红色溶液，但仍有白色沉淀，滤液呈紫色，用硫酸酸化后，加入 Na_2SO_3，则紫色逐渐消失，指出上述溶液中含哪三种阴离子，并写出有关反应方程式。

答：溶液中含有 Cl^-、CrO_4^{2-} 和 MnO_4^- 三种离子。
$$Ag^+ + Cl^- =\!=\!= AgCl\downarrow$$

产生白色沉淀不溶于稀硝酸
$$2Ag^+ + CrO_4^{2-} =\!=\!= Ag_2CrO_4\downarrow$$

砖红色沉淀溶于稀 HNO_3
$$2CrO_4^{2-} + 2H^+ =\!=\!= Cr_2O_7^{2-} + H_2O$$

$Cr_2O_7^{2-}$ 为橙红色
$$2MnO_4^- + 5SO_3^{2-} + 6H^+ =\!=\!= 2Mn^{2+} + 5SO_4^{2-} + 3H_2O$$

MnO_4^- 离子紫色消失。

23. 试利用锰的电势图，说明 Mn(Ⅲ) 化合物易歧化的原因，并计算它的歧化反应的平衡常数，说明歧化趋势如何？

答：锰的标准电势图 $\varphi_A^\ominus$ 为：
$$MnO_2 \xrightarrow{0.95} Mn^{3+} \xrightarrow{1.51} Mn^{2+}$$

由于 $\varphi_右^\ominus > \varphi_左^\ominus$，Mn(Ⅲ) 化合物易发生歧化反应：
$$2Mn^{3+} + 2H_2O =\!=\!= MnO_2 + Mn^{2+} + 4H^+$$

平衡常数为：

$$\lg K = \frac{nE^\theta}{0.0592} = \frac{(1.51-0.95)}{0.0592} = 9.46$$

$$K = 2.88 \times 10^9$$

歧化反应趋势很大。

四、练习题

1. 过渡元素在性质上不同于其他类型元素，其原因是（   ）。
    A. 过渡元素一般具有不全满的 d 电子
    B. 过渡元素的金属活泼性强
    C. 过渡元素的电极电势值较负
    D. 过渡元素的电离势较大

2. 过渡元素氧化态的变化规律是（   ）。
    A. 同一周期中，从左到右，氧化态先升高，后降低
    B. 同一周期中，从左到右，氧化态先降低，后升高
    C. 同一族中，从上到下，高氧化态趋向于较稳定
    D. 同一族中，从上到下，低氧化态趋向于较稳定

3. 下列过渡元素中，最活泼的一族金属是（   ）。
    A. Sc、Y、La   B. Ti、Zr、Hf
    C. Mn、Tc、Re   D. V、Nb、Ta

4. 下列关于过渡元素的规律正确的是（   ）。
    A. 一般来说，过渡元素从左到右，金属性减弱的趋势较为明显
    B. 所有同族过渡元素，自上而下，金属性依次增强
    C. 同一过渡系元素氧化物及其水合物，从左到右酸性减弱
    D. 过渡元素的离子中如果有未成对电子，其水溶液就有颜色

5. 下列各种离子中，均为无色的是（   ）。
    A. V^{3+}、Cr^{3+} B. Ti^{4+}、Cu^{2+}
    C. Ti^{4+}、Zn^{2+} D. Zn^{2+}、Cr^{3+}

6. 下列关于钛及其化合物反应方程式不正确的是（   ）。

A. $2Ti + 6HCl(浓) \xrightarrow{\triangle} 2TiCl_3 + 3H_2 \uparrow$

B. $Ti + 6HF == H_2TiF_6 + 2H_2 \uparrow$

C. $3Ti(OH)_3 + 13HNO_3(稀) == 3Ti(NO_3)_4 + NO \uparrow + 11H_2O$

D. $Ti + 4HNO_3(浓) \xrightarrow{\triangle} H_2TiO_3 + 4NO_2 \uparrow + H_2O$

7. 氧化态为 +4 的钛在溶液或晶体中存在的形式为(　　)。

   A. Ti^{4+}　　　　B. TiO^{2+}　　　　C. $(TiO)_n^{2n+}$　　　　D. $[Ti(H_2O)_6]^{4+}$

8. 下述说法错误的是(　　)。

   A. V_2O_5 溶解在强碱性溶液中,生成钒酸盐(M_3VO_4)

   B. V_2O_5 溶解在盐酸中,生成 $VOCl_2$,放出 Cl_2 气

   C. 用 H_2 还原 V_2O_5,可制得金属钒

   D. 用金属在加热条件下还原 V_2O_5 可制得金属钒

9. 下列关于铬副族元素与卤素反应的叙述中错误的是(　　)。

   A. Cr、Mo、W 在常温下都能与 F_2 剧烈反应

   B. Cr 在加热时能与氯、溴、碘化合

   C. Mo 在加热时能与氯、溴化合

   D. W 在加热时能与溴、碘化合

10. 已知:φ^{θ}/V: $Fe^{3+} \xrightarrow{0.77} Fe^{2+}$。

$$Cr_2O_7^{2-} \xrightarrow{1.33} Cr^{3+} \xrightarrow{-0.41} Cr^{2+} \xrightarrow{-0.91} Cr$$
$$\underset{-0.74}{\underline{\qquad\qquad\qquad}}$$

判断酸性溶液中,$Cr_2O_7^{2-}$ 与 Fe^{2+} 反应的产物是(　　)。

   A. Cr^{2+}、Fe^{3+}　　　　　　　　B. Cr^{3+}、Fe^{3+}

   C. Cr、Fe^{3+}　　　　　　　　　　D. Cr^{3+}、Fe_2O_3

11. 在 $Cr_2(SO_4)_3$ 溶液中,加入 Na_2S 溶液,产物为(　　)。

    A. $Cr_2S_3 + Na_2SO_4$　　　　　　B. $Cr + S$

    C. $Cr(OH)_3 + H_2S$　　　　　　　D. $CrO_2^- + S^{2-}$

12. 下列叙述中,正确的是(　　)。

    A. 碱性溶液中,$Cr_2O_7^{2-}$ 最稳定

    B. 酸性溶液中,Cr^{3+} 最稳定

C. 酸性溶液中，Cr^{2+} 可歧化为 Cr^{3+} 和 Cr

D. 酸性溶液中，Cr^{3+} 的还原性最强

13. 有些含氧酸是强酸，强氧化剂，但只存在于水溶液中，不能分离出游离的酸，这些酸是（   ）。

    A. 铬酸　　　　B. 钨酸　　　　C. 钛酸　　　　D. 高锰酸

14. 下列物质中不属于同多酸的是（   ）。

    A. $H_2S_2O_3$　　B. $H_2S_xO_6$　　C. $H_2Cr_2O_7$　　D. $H_5P_3O_{10}$

15. 依下列反应方程式所给出的条件，不能发生反应的是（   ）。

    A. $2Mn(OH)_2 + O_2 = 2MnO(OH)_2$

    B. $2MnO_2 + 2H_2SO_4(稀) = 2MnSO_4 + 2H_2O + O_2\uparrow$

    C. $2Mn^{2+} + 5S_2O_8^{2-} + 8H_2O = 16H^+ + 10SO_4^{2-} + 2MnO_4^-$

    D. $Mn(NO_3)_2 \xrightarrow{高温} MnO_2 + 2NO_2\uparrow$

16. 下列叙述中不正确的是（   ）。

    A. $KMnO_4$ 溶液与 H_2SO_4 反应，生成油状的 Mn_2O_7

    B. Mn_2O_7 在加热下会爆炸分解成为 MnO_2、O_2 和 O_3

    C. Mn_2O_7 具有强氧化性，遇有机物燃烧

    D. 将 Mn_2O_7 溶于水生成 MnO_2

17. 下列反应无气体产生的是（   ）。

    A. $MnO_2 + H_2SO_4(浓) \longrightarrow$

    B. $KMnO_4 \xrightarrow{\triangle}$

    C. $MnO_4^- + SO_3^{2-} + H_2O \longrightarrow$

    D. $MnCO_3 \xrightarrow{\triangle}$

18. 根据元素电势图：

    $MnO_4^- \xrightarrow{1.69} MnO_2 \xrightarrow{1.23} Mn^{2+}$　　　　$IO_3^- \xrightarrow{1.19} I_2 \xrightarrow{0.54} I^-$

    分析：当溶液 $pH = 0$ 时，过量的 $KMnO_4$ 与 KI 反应，主要产物为（   ）。

    A. MnO_4^- 和 I_2　　　　　　　　B. Mn^{2+} 和 IO_3^-

    C. MnO_2 和 IO_3^-　　　　　　　　D. Mn^{2+} 和 I_2

19. 锰的氧化物中，酸性最强的是（   ）。

A. MnO B. Mn_2O_3
C. MnO_2 D. Mn_2O_7

20. 下列各组金属氧化物中,常用氢还原制取高纯度金属单质的是(　　)。
    A. TiO_2、V_2O_5 B. WO_3、MoO_3
    C. CrO_3、Cr_2O_3 D. MnO_3、ZnO

21. 正确的 $HMnO_4$、$HTcO_4$、$HReO_4$ 的变化规律为(　　)。
    A. 酸性:$HMnO_4 > HTcO_4 > HReO_4$
    B. 酸性:$HMnO_4 < HTcO_4 < HReO_4$
    C. 氧化性:$HMnO_4 > HTcO_4 > HReO_4$
    D. 氧化性:$HMnO_4 < HTcO_4 < HReO_4$

22. TiO_2 与热的浓 H_2SO_4 作用析出的是(　　)。
    A. $Ti(SO_4)_2$ B. $TiOSO_4$
    C. $TiOSO_4 \cdot H_2O$ D. $Ti(SO_4)_2 \cdot H_2O$

23. 下列说法错误的是(　　)。
    A. $TiCl_4$ 暴露在空气中会发烟,因为它在水中或潮湿空气中都极易水解
    B. $TiCl_4$ 与 HCl 反应可生成 $H_2[TiCl_6]$ 配合物
    C. 钛的硫酸盐与碱金属硫酸盐反应生成 $M_2[Ti(SO_4)_3]$ 配合物
    D. 在 Ti(Ⅳ)的水溶液中存在有简单的水合配离子$[Ti(H_2O)_6]^{4+}$

24. 称为金红石的物质是(　　)。
    A. $CaTiO_3$　　B. $FeTiO_3$　　C. $TiOSO_4$　　D. TiO_2

25. 在下列钒的氧化物中,最稳定的是(　　)。
    A. VO　　B. VO_2　　C. V_2O_3　　D. V_2O_5

26. 下列钒酸盐中,可称为高钒酸盐的是(　　)。
    A. MVO_3 B. M_3VO_4
    C. $M_4V_2O_7$ D. $M_3V_3O_9$

27. Cr、Mo、W 三种金属的冶炼,可以采取的方法为(　　)。
    A. 水溶液中活泼金属置换法
    B. 盐溶液电解法

C. 氧化高温分解法

D. 还原剂(H_2,C 活泼金属)高温还原法

28. 对于 Cr(Ⅲ)化合物,下面叙述中不正确的是(　　)。

   A. 在碱性溶液中有较强的还原性

   B. 在酸性溶液中以 Cr^{3+} 形式存在

   C. Cr_2O_3、$Cr(OH)_3$ 均为碱性化合物

   D. 在酸性溶液中能被强氧化剂氧化为 Cr(Ⅵ)

29. 过渡元素原子的电子层结构特点是(　　)。

   A. 最外两个电子层一般是未充满的

   B. 最外层均为 ns^2 电子

   C. 在化学反应中,仅失去最外层 s 电子

   D. 在化学反应中,可失去最外层的全部电子

30. 下列叙述错误的是(　　)。

   A. 在同一周期中,过渡金属的标准电极电势值从左到右,基本上是逐渐增大的

   B. 在同一周期中,过渡金属的金属性从左到右,逐渐增强

   C. 与第一过渡系元素相比(ⅢB族除外),第二、三过渡系元素的活泼性都较弱

   D. 过渡元素氧化物(氢氧化物或水合氧化物)的碱性,从左到右逐渐增强

31. 水合离子呈淡紫色的是(　　)。

   A. V^{2+} 　　　　　　　　B. Cr^{3+}

   C. Ti^{3+} 　　　　　　　　D. Fe^{3+}

32. 对铬分族元素,下列不正确的叙述是(　　)。

   A. 价电子层结构为$(n-1)d^5 ns^1$

   B. 按 Cr ⟶ Mo ⟶ W 顺序其最高氧化态稳定性增强

   C. 它们表面易形成氧化膜而成钝态

   D. 它们的熔、沸点较高,尤其是钨的熔、沸点是一切金属中最高的

33. 下列各组离子中,可用 NaOH 进行分离的是(　　)。

   A. Al^{3+} 和 Cr^{3+} 　　　　　　　B. Zn^{2+} 和 Al^{3+}

C. Cr^{3+} 和 Fe^{3+} D. Cr^{3+} 和 Zn^{2+}

34. Mn 的电势图为：

$$MnO_4^- \xrightarrow{1.69} MnO_2 \xrightarrow{0.95} Mn^{3+} \xrightarrow{1.51} Mn^{2+} \xrightarrow{-1.18} Mn$$
$$\underset{1.51}{\underline{\qquad\qquad\qquad\qquad}}$$

能发生歧化的是（　　）。

A. MnO_4^- B. MnO_2 C. Mn^{3+} D. Mn^{2+}

35. $KMnO_4$ 与 K_2SO_3 作用，在中性介质中的还原产物为（　　）。

A. Mn^{2+} B. Mn C. MnO_2 D. MnO_4^{2-}

36. 加热时，不与 Br_2 作用的为（　　）。

A. V B. Cr C. Mo D. W

37. 白色的 NH_4VO_3 加热后，颜色变深，其原因是生成了（　　）。

A. VO_2^+ B. VO_3^- C. V_2O_5 D. VO_2^-

38. 在中等酸度的钛（Ⅳ）盐溶液中，加入 H_2O_2 可生成较稳定的桔黄色的（　　）。

A. $(TiO)_n^{2n+}$ B. Ti^{3+}

C. Ti^{2+} D. $[TiO(H_2O_2)]^{2+}$

39. 在 $Cr_2(SO_4)_3$ 溶液中，加入 Na_2S 溶液，其沉淀产物为（　　）。

A. Cr_2S_3 B. Cr C. $Cr(OH)_3$ D. CrO_2

40. 在硝酸介质中，欲使 Mn^{2+} 氧化为 MnO_4^- 可加下列哪种氧化剂（　　）。

A. $KClO_3$ B. $K_2Cr_2O_7$

C. 王水 D. $(NH_4)_2S_2O_8$（△，$AgNO_3$ 催化）

41. 有一含有 Cl^-、Br^-、I^- 三种离子的混合溶液，今欲使 I^- 氧化为 I_2，而不使 Br^- 和 Cl^- 氧化，该选用下列哪一种氧化剂（　　）。

A. $KMnO_4$ B. $K_2Cr_2O_7$ C. $Fe_2(SO_4)_3$ D. $SnCl_4$

[已知：$\varphi^\theta(KMnO_4/Mn^{2+})=1.51$ V，$\varphi^\theta(Cr_2O_7^{2-}/Cr^{3+})=1.33$ V，$\varphi^\theta(Fe^{3+}/Fe^{2+})=0.77$ V，$\varphi^\theta(Sn^{4+}/Sn^{2+})=0.15$ V，$\varphi^\theta(Cl_2/Cl^-)=1.36$ V，$\varphi^\theta(Br_2/Br^-)=1.07$ V，$\varphi^\theta(I_2/I^-)=0.54$ V]

42. +3 价铬在过量强碱溶液中的存在形式为(　　)。

　　A. $Cr(OH)_3$　　B. CrO_2^-　　C. Cr^{3+}　　D. CrO_4^{2-}

43. 已知：

$$MnO_4^- + 4H^+ + 3e^- = MnO_2 + 2H_2O \qquad \varphi^\theta = 1.695 \text{ V}$$

$$H_2O_2 + 2H^+ + 2e^- = 2H_2O \qquad \varphi^\theta = 1.77 \text{ V}$$

$$MnO_2 + 4H^+ + 2e^- = Mn^{2+} + 2H_2O \qquad \varphi^\theta = 1.23 \text{ V}$$

$$O_2 + 2H^+ + 2e^- = H_2O_2 \qquad \varphi^\theta = 0.68 \text{ V}$$

在酸性介质中，下列说法不正确的是(　　)。

　　A. MnO_2 可氧化 H_2O_2

　　B. MnO_2 不能氧化 H_2O_2

　　C. MnO_4^- 可氧化 H_2O_2

　　D. O_2 不能氧化 Mn^{2+} 离子

44. 在酸性溶液中可以稳定存在的离子是(　　)。

　　A. CrO_2^-　　B. MnO_4^-　　C. $Cr_2O_7^{2-}$　　D. CrO_4^{2-}

45. 实验室常用的洗液往往出现红色结晶，它是(　　)。

　　A. $K_2Cr_2O_7$　　B. CrO_3　　C. CrO_5　　D. Cr_2O_3

46. 某化合物 A 是紫色晶体，化合物 B 是浅绿色晶体。将 A、B 混合溶于稀 H_2SO_4 中得黄棕色溶液 C；在 C 中加 KOH 溶液得深棕色沉淀 D；在 D 中加稀 H_2SO_4，沉淀部分溶解得黄棕色溶液 E；在 E 中加过量 NH_4F 溶液得无色溶液 F。在不溶于稀 H_2SO_4 的沉淀中加 KOH、$KClO_3$ 固体加热得绿色物质 G；将 G 溶于水通入 Cl_2，蒸发结晶又得化合物 A。问 A、B、C、D、E、F、G 各为何物质？写出各反应的离子方程式。

47. 现有一种钛的化合物 A，它是无色液体，在空气中迅即冒白"烟"，其水溶液和金属锌反应，生成紫色溶液 B，加入 NaOH 至溶液呈现碱性后，产生紫色沉淀 C，过滤后，沉淀 C 用稀 HNO_3 处理，得无色溶液 D。将 D 逐滴加入沸腾的热水中得白色沉淀 E，将 E 过滤灼烧后，再与 $BaCO_3$ 共熔，得一种压电性晶体 F。试写出各步化学反应式并鉴别 A、B、C、D、E、F 各为何种物质？

五、练习题参考答案

1. A	2. A、C	3. A	4. D	5. C	6. C
7. C	8. C	9. D	10. B	11. C	12. B
13. A、D	14. A、B	15. B、C	16. A、D	17. C	18. C
19. D	20. B	21. B、C	22. B	23. D	24. D
25. D	26. B	27. D	28. C	29. A	30. B、D
31. D	32. A	33. C	34. C	35. C	36. D
37. C	38. D	39. C	40. D	41. C	42. B
43. B	44. C	45. B			

46. **提示**：A. $KMnO_4$；B. $FeSO_4 \cdot 7H_2O$；C. $MnSO_4$、$Fe_2(SO_4)_3$ 混合溶液；D. $Fe(OH)_3$、$MnO(OH)_2$ 混合沉淀；E. $Fe_2(SO_4)_3$ 溶液；F. $[FeF_6]^{3-}$ 溶液；G. K_2MnO_4

离子方程式：

$$MnO_4^- + 5Fe^{2+} + 8H^+ = Mn^{2+} + 5Fe^{3+} + 4H_2O$$

$$Fe^{3+} + 3OH^- = Fe(OH)_3 \downarrow$$

$$Mn^{2+} + \frac{1}{2}O_2 + 2OH^- = MnO(OH)_2 \downarrow$$

$$Fe(OH)_3 + 3H^+ = Fe^{3+} + 3H_2O$$

$$Fe^{3+} + 6F^- = FeF_6^{3-}$$

$$3MnO_2 + KClO_3 + 6KOH \xrightarrow{\triangle} 3K_2MnO_4 + KCl + 3H_2O$$

$$2MnO_4^{2-} + Cl_2 = 2MnO_4^- + 2Cl^-$$

47. **提示**：A. $TiCl_4$

$$TiCl_4 + 3H_2O = TiO_2 \cdot H_2O + 4HCl \uparrow$$

B. $TiCl_3$

$$2TiCl_4 + Zn = 2TiCl_3 + ZnCl_2$$

C. $Ti(OH)_3$

$$TiCl_3 + 3NaOH = Ti(OH)_3 \downarrow + 3NaCl$$

D. $TiO(NO_3)_2$

$$3Ti(OH)_3 + 7HNO_3 = 3TiO(NO_3)_2 + NO\uparrow + 8H_2O$$

E. H_2TiO_3

$$TiO(NO_3)_2 + 2H_2O = H_2TiO_3\downarrow + 2HNO_3$$

$$H_2TiO_3 \xrightarrow{灼烧} TiO_2 + H_2O$$

F. $BaTiO_3$

$$TiO_2 + BaCO_3 = BaTiO_3 + CO_2\uparrow$$

第十八章
铁系元素和铂系元素

一、教学要求

1. 掌握铁、钴、镍单质及其重要化合物的性质、结构和用途。
2. 了解铂系元素的性质、化合物和用途。

二、重点与难点

重点：掌握第四周期 Fe、Co、Ni 区金属元素氧化态、最高氧化态氧化物及其水合物的酸碱性、氧化还原稳定性、水合离子及其配合物颜色等变化规律。

难点：Fe、Co、Ni 的氧化还原变化规律。

三、精选例题解析

1. 从铁系元素的价电子构型出发，试述它们的氧化态及其稳定性。

答：Fe、Co、Ni 三个元素原子的最外层都有 2 个电子，次外层 d 电子分别为 6、7、8，原子半径也很相近，铁通常表现为 +Ⅱ 和 +Ⅲ 氧化态，在强氧化剂存在条件下，还可以制成不稳定的高铁酸盐的 +Ⅵ 氧化态。钴通常表现为 +Ⅱ 氧化态，遇强氧化剂能出现不稳定的 +Ⅲ 氧化态。镍则经常表现为 +Ⅱ 氧化态，+Ⅲ 氧化态极不稳定。这反映出第一过渡系元素发展到ⅧB 族时，由于 3d 轨道已超过半充满状态，全部价电子参加成键的趋势大大降低,除 d 电子数最少的铁可以出现不稳定的较高氧化态外,d 电子数较多的钴和镍,都不显高氧化态。

2. 在 Fe^{2+}、Co^{2+}、Ni^{2+} 盐的溶液中加入 NaOH 溶液,在空气中放置后,各得到何种产物?写出有关的反应式。

答:
$$Fe^{2+} + 2OH^- = Fe(OH)_2 \downarrow$$
$$4Fe(OH)_2 + O_2 + 2H_2O = 4Fe(OH)_3 \downarrow$$
$$Co^{2+} + 2OH^- = Co(OH)_2 \downarrow$$
$$4Co(OH)_2 + O_2 + 2H_2O = 4Co(OH)_3 \downarrow (氧化较慢)$$
$$Ni^{2+} + 2OH^- = Ni(OH)_2 \downarrow$$

$Ni(OH)_2$ 不能与空气中的氧作用

3. 如用盐酸处理 $Fe(OH)_3$、$Co(OH)_3$ 和 $Ni(OH)_3$ 各发生什么反应?写出反应方程式,并加以说明。

答:
$$Fe(OH)_3 + 3HCl = FeCl_3 + 3H_2O$$
仅发生中和反应:
$$2Co(OH)_3 + 6HCl = 2CoCl_2 + 6H_2O + Cl_2 \uparrow$$
$$2Ni(OH)_3 + 6HCl = 2NiCl_2 + 6H_2O + Cl_2 \uparrow$$

$Co(OH)_3$ 和 $Ni(OH)_3$ 都是强氧化剂,能将 Cl^- 氧化为 Cl_2,发生氧化还原反应。

4. 解释下列问题:

(1)钴(Ⅲ)盐不稳定而其配离子稳定,钴(Ⅱ)盐则相反,为什么?

(2)当 $NaCO_3$ 溶液与 $FeCl_3$ 溶液反应时,为什么得到的是氢氧化铁而不是碳酸铁?

(3)为什么蓝色的变色硅胶受潮后会变红?能否是其再生,反复使用?

答:(1) $Co^{3+} + e^- \longrightarrow Co^{2+}$,$\varphi_A^\theta = 1.84$ V

Co^{3+} 氧化性很强,水溶液中不稳定。但是当形成配离子后:
$$[Co(NH_3)_6]^{3+} + e^- \longrightarrow [Co(NH_3)_6]^{2+}, \varphi_A^\theta = 0.1 \text{ V}$$

可见,电极电势发生了很大变化,说明 Co^{3+} 形成 $[Co(NH_3)_6]^{3+}$ 配离子后变得相当稳定,从中心离子的价电子层结构变化也可看出:

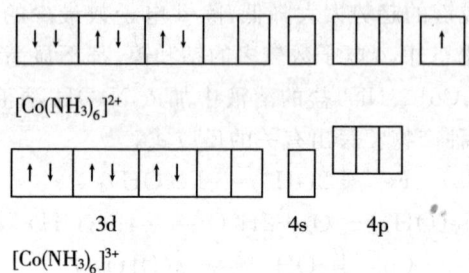

在[Co(NH$_3$)$_6$]$^{2+}$中Co^{2+}的3d中的一个电子被激发到5s上去,此单电子容易失去,而[Co(NH$_3$)$_6$]$^{3+}$中Co^{3+}的价电子层是稳定结构,要比[Co(NH$_3$)$_6$]$^{2+}$稳定。

(2) 因FeCl$_3$在碱性水溶液中易发生水解反应,生成难溶的Fe(OH)$_3$:
2FeCl$_3$ + 3 NaCO$_3$ + 3H$_2$O == 2Fe(OH)$_3$↓ + 3CO$_2$↑ + 6NaCl

(3) 干燥的硅胶中有无水CoCl$_2$,呈蓝色,受潮吸水后变为CoCl$_2$·6H$_2$O,呈粉红色,还可以利用其脱水,使其在烘箱中受热,失水变为蓝色而再生,反复利用。组成和颜色以及脱水的温度如下:

CoCl$_2$·6H$_2$O(粉红) $\xrightleftharpoons{325\ K}$ CoCl$_2$·2H$_2$O(紫红) $\xrightleftharpoons{363\ K}$ CoCl$_2$·H$_2$O(蓝紫) $\xrightleftharpoons{393\ K}$ CoCl$_2$(蓝色)

5. 用反应方程式说明下列实验现象:

(1) 向含有Fe^{2+}离子的溶液中,加入NaOH溶液后,生成白色沉淀,逐渐变成棕红色。

(2) 过滤后,沉淀用盐酸溶解,溶液呈黄色。

(3) 向黄色溶液中加几滴KCNS溶液,立即呈血红色,再通入SO$_2$,则红色消失。

(4) 向红色消失的溶液中,滴加KMnO$_4$溶液,其紫色褪去。

(5) 最后加入黄血盐溶液后,生成蓝色沉淀。

答:(1) Fe^{2+} + 2OH$^-$ == Fe(OH)$_2$↓(白色)

4Fe(OH)$_2$ + O$_2$ + 2H$_2$O == 4Fe(OH)$_3$↓(棕红)

(2) Fe(OH)$_3$ + 3HCl == FeCl$_3$(黄) + 3H$_2$O

(3) Fe^{3+} + nCNS$^-$ == [Fe(CNS)$_n$]$^{2-n}$(血红)

$2[Fe(CNS)]^{2+} + SO_2 + 2H_2O = 2Fe^{2+} + SO_4^{2-} + 2CNS^- + 4H^+$

(4) $5Fe^{2+} + MnO_4^- + 8H^+ = 5Fe^{3+} + Mn^{2+} + 4H_2O$

(5) $4Fe^{3+} + 3[Fe(CN)_6]^{4-} = Fe_4[Fe(CN)_6]_3\downarrow$ (蓝)

6. 完成下列反应方程式：

(1) $Co_2O_3 + HCl \longrightarrow$

(2) $FeCl_3 + H_2S \longrightarrow$

(3) $FeSO_4 + Br_2 + H_2SO_4 \longrightarrow$

(4) $Ni(OH)_2 + Br_2 + H_2O \longrightarrow$

(5) $Ni + CO \longrightarrow$

(6) $FeCl_3 + KI \longrightarrow$

(7) $Fe(OH)_3 + KClO_3 + KOH \longrightarrow$

(8) $FeCl_3 + Cu \longrightarrow$

答：(1) $Co_2O_3 + 6HCl = 2CoCl_2 + Cl_2\uparrow + 3H_2O$

(2) $2FeCl_3 + H_2S = 2FeCl_2 + S\downarrow + 2HCl$

(3) $2FeSO_4 + Br_2 + H_2SO_4 = Fe_2(SO_4)_3 + 2HBr$

(4) $2Ni(OH)_2 + Br_2 + 2H_2O = 2Ni(OH)_3\downarrow + 2HBr$

(5) $Ni + 4CO \xrightarrow{\triangle} Ni(CO)_4$

(6) $2FeCl_3 + 2KI = 2FeCl_2 + I_2 + 2KCl$

(7) $2Fe(OH)_3 + KClO_3 + 4KOH \xrightarrow{\triangle} 2K_2FeO_4 + KCl + 5H_2O$

(8) $2FeCl_3 + Cu = 2FeCl_2 + CuCl_2$

7. 在实验室使用铂丝、铂坩埚、铂蒸发皿等器皿时，必须严格遵守哪些规定，试联系铂的化学性质说明原因。

答：不能用铂坩埚来熔化苛性钠或过氧化钠，防止对铂的严重腐蚀，在高温下，不能装碳、硫、磷等还原性物质，以防被其侵蚀，铂器皿也不能用来装王水，因铂能溶于王水。

8. 向 Fe^{3+} 离子的溶液中，加入硫氰化铵溶液，然后加入少许铁粉，有何现象，试说明之。

答：$Fe^{3+} + nCNS^- = [Fe(CNS)_n]^{2-n}$（血红）

加入铁粉后：$2Fe^{3+} + Fe = 3Fe^{2+}$

Fe^{3+} 离子减少，溶液的血红色逐渐消失。

9. 有一种黑色的固态铁的化合物 A,溶于盐酸时可得浅绿色溶液 B,同时放出有臭味的气体 C,将此气体导入硫酸铜溶液时,则得到黑色沉淀物 D。若将 Cl_2 气通入 B 溶液中,则溶液变成棕黄色 E,再加硫氰化钾,溶液变成血红色 F。问 A、B、C、D、E、F 各为何物? 并写出有关化学反应方程式。

答:A 为 FeS,B 为 $FeCl_2$,C 为 H_2S,D 为 CuS,E 为 $FeCl_3$,F 为 $[Fe(SCN)]^{2+}$。

有关的化学反应方程式为:

$$FeS + 2HCl = FeCl_2 + H_2S\uparrow$$
$$CuSO_4 + H_2S = H_2SO_4 + CuS\downarrow$$
$$2FeCl_2 + Cl_2 = 2FeCl_3$$
$$FeCl_3 + KSCN = [Fe(SCN)]Cl_2 + KCl$$

10. 试述钴和镍的氧化物,氢氧化物的制法和性质。

答:CoO 和 NiO 可用 Co^{2+},Ni^{2+} 的草酸盐在隔绝空气的条件下加热制得,如:

$$CoC_2O_4 \xrightarrow{\triangle} CoO + CO\uparrow + CO_2\uparrow$$

CoO 和 NiO 均属于碱性氧化物,不溶于水或碱性溶液,Co_2O_3 Ni_2O_3 可在空气中加热分解 Co^{2+}、Ni^{2+} 的草酸盐,碳酸盐或硝酸盐制得:

$$4NiCO_3 + O_2 \xrightarrow{\triangle} 2Ni_2O_3 + 4CO_2\uparrow$$

Co_2O_3、Ni_2O_3 都有较强的氧化性,从 Co 到 Ni,氧化能力增强,稳定性降低。

在 Co^{2+},Ni^{2+} 盐的溶液中加入碱均得到相应的氢氧化物:

$$Co^{2+} + 2OH^- = Co(OH)_2\downarrow$$
$$Ni^{2+} + 2OH^- = Ni(OH)_2\downarrow$$
$$4Co(OH)_2 + O_2 + 2H_2O = 4Co(OH)_3\downarrow$$

$Co(OH)_2$ 在空气中能缓慢氧化成 $Co(OH)_3$,$Ni(OH)_2$ 则不能。但它们被某些强氧化剂氧化,反应迅速进行:

$$2Co(OH)_2 + NaOCl + H_2O = 2Co(OH)_3\downarrow + NaCl$$
$$2Ni(OH)_2 + Br_2 + 2NaOH = 2Ni(OH)_3\downarrow + 2NaBr$$

$Co(OH)_3$,$Ni(OH)_3$ 都是强氧化剂,和盐酸反应,能将 Cl^- 氧化成 Cl_2,如:

$$2Co(OH)_3 + 6HCl == 2CoCl_2 + Cl_2 \uparrow + 6H_2O$$

11. 为什么 Fe^{3+} 与 I^-、Co^{3+} 与 Cl^- 反应不能生成 FeI_3 和 $CoCl_3$?

答:因为都发生了氧化还原反应。Fe^{3+} 具有氧化性,I^- 还原性较强,Co^{3+} 具有更强的氧化性。反应如下:

$$2Fe^{3+} + 2I^- == Fe^{2+} + I_2$$
$$2Co^{3+} + 2Cl^- == 2Co^{2+} + Cl_2 \uparrow$$

12. 如何从铬铁矿 $[Fe(CrO_2)_2]$ 制备重铬酸钾?写出反应方程式并注明条件。

答:铬铁矿与碳酸钠混合在空气中煅烧,使铬被氧化成可溶性的铬酸钠:

$$4Fe(CrO_2)_2 + 7O_2 + 8Na_2CO_3 \xrightarrow{\triangle} 2Fe_2O_3 + 8Na_2CrO_4 + 8CO_2 \uparrow$$

用水浸取熔体,过滤除去 Fe_2O_3 等不溶性的杂质,Na_2CrO_4 的水溶液用 H_2SO_4 酸化:

$$2Na_2CrO_4 + H_2SO_4 == Na_2Cr_2O_7 + Na_2SO_4 + H_2O$$

加入固体 KCl 使转化成 $K_2Cr_2O_7$:

$$Na_2Cr_2O_7 + 2KCl == K_2Cr_2O_7 + 2NaCl$$

利用较低温度时 $K_2Cr_2O_7$ 的溶解度小而与 $NaCl$ 分离开来。

13. 当用 $KMnO_4$ 在酸性介质中氧化 Fe^{2+} 时,若 $KMnO_4$ 过量会发生什么现象?可利用锰的标准电势图加以解释,并写出有关的方程式。

答:MnO_4^- 氧化 Fe^{2+} 的反应为:

$$MnO_4^- + 5Fe^{2+} + 8H^+ == Mn^{2+} + 2Fe^{3+} + 4H_2O$$

当 MnO_4^- 过量时,则继续氧化 Mn^{2+} 而析出 MnO_2:

$$2MnO_4^- + 3Mn^{2+} + 2H_2O == 5MnO_2 \downarrow + 4H^+$$

从锰的标准电势图看出:

$$MnO_4^- \xrightarrow{1.679} MnO_2 \xrightarrow{1.21} Mn^{2+}$$
$$\underline{\quad 1.51 \quad}$$

$MnO_4^- + 8H^+ + 5e^- \rightleftharpoons Mn^{2+} + 4H_2O \quad \varphi_A^\theta = 1.51\ V$

$MnO_2 + 4H^+ + 2e^- \rightleftharpoons Mn^{2+} + 2H_2O \quad \varphi_A^\theta = 1.21\ V$

在酸性介质中,MnO_4^- 可将 Mn^{2+} 氧化成 MnO_2。

14. 有一钴的配合物,其中各组分的含量分别为钴 23.16%、氢 4.71%、氮 33.01%、氧 25.15% 和氯 13.95%。如将配合物加热则失去氨,失重为该配合物原质量 26.72%,试求该配合物中有几个氨分子,以及该配合物的最简式?

解:此钴的配合物中各元素的原子个数比为:

$$Co : H : N : O : Cl = \frac{23.16}{58.93} : \frac{4.71}{1.008} : \frac{33.01}{14.01} : \frac{25.15}{16.00} : \frac{13.95}{35.45}$$

$$= 1 : 12 : 6 : 4 : 1$$

最简式为 $CoH_{12}N_6O_4Cl$,最简式量为 254.54,由题意可知,配合物中含 NH_3 的分子数目为:

$$\frac{254.54 \times 26.72\%}{17.03} = 4$$

此配合物的最简式为 $Co(NH_3)_4(NO_2)_2Cl$。

答:该配合物中有 4 个氨分子,该配合物的最简式为:

$$[Co(NH_3)_4(NO_2)_2]Cl$$

15. 写出鉴别 Fe^{2+} 和 Fe^{3+} 离子的三种方法,并用反应方程式表示。

解:(1) Fe^{2+} 离子:加入赤血盐,产生深蓝沉淀。

$$K^+ + Fe^{2+} + Fe(CN)_6^{3-} \rightleftharpoons KFe[Fe(CN)_6]\downarrow$$

(2) Fe^{3+} 离子:加入黄血盐,则产生深蓝沉淀。

$$K^+ + Fe^{3+} + Fe(CN)_6^{4-} \rightleftharpoons KFe[Fe(CN)_6]\downarrow$$

(3) $Fe^{3+} + nSCN^- \rightleftharpoons [FeNCS]^{3-n}$ 血红色,Fe^{2+} 不起反应。

16. 如果 $FeCl_3$ 溶液中加入 NaF 浓溶液,回答以下问题,并扼要说明理由。

(1) $FeCl_3$ 溶液的颜色是否改变?

(2) Fe^{3+} 离子的氧化能力是否发生变化?

(3) 用 NH_4SCN 能否检验出 Fe^{3+} 离子?

(4) 磁性是否会有显著变化?

解：(1) $FeCl_3 + 6NaF = Na_3[FeF_6]$(无色) $+ 3NaCl$ 溶液褪色。

(2) 氧化能力降低，因为溶液中 Fe^{3+} 离子浓度降低。

(3) 不能。因为 $[Fe(NCS)_n]^{3-n}$ 不如 $[FeF_6]^{3-n}$ 稳定，所以当加入 SCN^- 离子不足以使 $[FeF_6]^{3-n}$ 发生解离作用。

(4) 磁性不变。因 F^- 也不是强场配位体。

四、练习题

1. 从实验得知，当硫酸的浓度超过 60% 时，金属铁就不与硫酸反应，这是因为(　　)。
   A. 浓度增加使硫酸的电离度减小
   B. 在铁表面形成 $FeSO_4$ 溶解度小保护了内部
   C. 在铁表面形成氧化膜，使铁的反应性能下降
   D. 无法解释

2. 在 $Fe(OH)_2$、$Co(OH)_2$、$Ni(OH)_2$ 系列中，被氧化的倾向是(　　)。
   A. 依次减小　　　　　　　B. 依次增大
   C. $Co(OH)_2$ 最容易被氧化　D. 无规律

3. 变色硅胶做干燥剂时，蓝色表示吸水性强，紫色其次，粉红色时表示硅胶已无干燥能力，这是因为(　　)。
   A. 硅胶($SiO_2 \cdot xH_2O$)本身吸水后有不同的颜色
   B. 硅胶与二氯化钴作用产生了不同的颜色
   C. $CoCl_2$ 所含结晶水的数目不同而有不同的颜色，$CoCl_2 \cdot 6H_2O$ 为粉红色，$CoCl_2$ 为蓝色
   D. 机理尚不清楚

4. ⅧB 族元素纵列从上到下（如镍、钯、铂）形成高氧化态的趋势是(　　)。
   A. 不变　　　B. 增大　　　C. 减弱　　　D. 无规律

5. Co^{2+} 离子在水溶液中和在氨水溶液中的还原性是(　　)。
   A. 前者大于后者　　　　B. 二者相同
   C. 后者大于前者　　　　D. 都无还原性

6. 不能在水溶液中由 Fe^{3+} 盐加 KI 来制取 FeI_3，是因为（   ）。

   A. FeI_3 易溶

   B. Fe^{3+} 离子易水解

   C. 生成的产物不纯，是 FeI_3 和 FeI_2 的混合物

   D. Fe^{3+} 有氧化性，I^- 有还原性，得不到 FeI_3

7. 若反应是在铂制器皿中进行，下列试剂中可以允许的是（   ）。

   A. 王水　　　　　　　　B. 氢氟酸

   C. 盐酸＋高氯酸　　　　D. 氢氧化钠＋过氧化钠

8. 铁在潮湿空气中会生锈，铁锈是松脆多孔的物质，它的成分通常表示为（   ）。

   A. Fe_2O_3　　　　　　B. Fe_3O_4

   C. $FeO \cdot H_2O$　　　　D. $Fe_2O_3 \cdot xH_2O$

9. 铁、钴、镍原子的 $(n-1)d$ 轨道上的电子数并不相等，但它们的特征价态却是相近的，其原因是（   ）。

   A. 最外层电子数相同

   B. 物理性质相似

   C. 最外层电子数相同，原子半径也相近

   D. 电负性相近

10. 在 $[Pt(NH_3)_4Cl_2]$ 和 $K[Pt(C_2H_4)Cl_3]$ 中，有顺、反异构体的是（   ）。

    A. $[Pt(NH_3)_4Cl_2]$　　　　B. $K[Pt(C_2H_4)Cl_3]$

    C. 两者均有　　　　　　　　D. 两者均无

11. 下列关于 $FeCl_3$ 性质的叙述，正确的是（   ）。

    A. $FeCl_3$ 是离子化合物

    B. 高温气态时，以 $FeCl_3$ 单分子存在

    C. 可用加热 $FeCl_3 \cdot 6H_2O$ 的方法制取无水 $FeCl_3$

    D. 在 $FeCl_3$ 中，铁的氧化态是 $+Ⅲ$，是铁的最高氧化态

12. 用来检验 Fe^{3+} 离子的试剂是（   ）。

    A. NH_4SCN　　　　　　B. KI

    C. $K_3[Fe(CN)_6]$　　　　D. NH_3

13. 通常鉴定镍离子的试剂是( )。
    A. 硫脲　　　　　　　　　B. 二苯基联苯胺
    C. 硝基苯偶氮间苯二酚　　D. 丁二酮肟

14. 实验测得配离子$[Ni(CN)_4]^{2-}$的磁矩为零,由价键理论可知,该配离子的空间结构为( )。
    A. 正四面体　　　　　　　B. 平面正方形
    C. 正八面体　　　　　　　D. 三角双锥

15. 化合物$CoCl_3 \cdot 5NH_3$中加入$AgNO_3$溶液有$AgCl$沉淀生成,沉淀过滤后,再给滤液中加入$AgNO_3$溶液并加热至沸,又有沉淀生成,其重量为原来沉淀的一半,此化合物的结构为( )。
    A. $[Co(NH_3)_4Cl_2]Cl$　　　　B. $[Co(NH_3)_5H_2O]Cl_3$
    C. $[Co(NH_3)_5Cl]Cl_2$　　　　D. $[Co(NH_3)_3Cl_3] \cdot 2NH_3$

16. 熔点最高的金属是( )。
    A. Cr　　　　B. W　　　　C. Au　　　　D. Tc

17. 形成六配位的水合离子时,磁矩为4.90 B.M.(理论值)的离子是( )。
    A. Cr^{3+}　　B. Mn^{2+}　　C. Fe^{2+}　　D. Co^{2+}

18. 在下列氢氧化物中,既能溶于过量$NaOH$,又能溶于氨水的是( )。
    A. $Ni(OH)_2$　B. $Zn(OH)_2$　C. $Fe(OH)_3$　D. $Al(OH)_3$

19. 下列氧化物与浓H_2SO_4共热,没有O_2生成的是( )。
    A. CrO_3　　B. MnO_2　　C. PbO_2　　D. V_2O_5

20. 下列各组自由离子的顺磁磁矩从小到大变化顺序,正确的是( )。
    A. $Cu^{2+}<Ni^{2+}<Co^{2+}$　　　B. $Cr^{2+}<Fe^{2+}<Fe^{3+}$
    C. $Cr^{2+}<Mn^{2+}<V^{2+}$　　　D. $Ti^{2+}<V^{3+}<Cr^{2+}$

21. 下列物质不能大量在溶液中共存的是( )。
    A. $Fe(CN)_6^{3-}$ 和 OH^-　　　B. $Fe(CN)_6^{3-}$ 和 I^-
    C. $Fe(CN)_6^{4-}$ 和 I_2　　　　D. Fe^{3+} 和 Br^-

22. 下列离子中氧化性最强的是( )。

A. CoF_6^{3-} B. $Co(NH_3)_6^{3+}$

C. $Co(CN)_6^{3-}$ D. Co^{3+}

23. 下列新制备出的氢氧化物沉淀在空气中放置，颜色不发生变化的是（　　）。

    A. $Fe(OH)_2$ B. $Mn(OH)_2$ C. $Co(OH)_2$ D. $Ni(OH)_2$

24. 维生素 B_{12} 中所含的金属元素及其所能医治的疾病是（　　）。

    A. 铁、高血压   B. 钴、恶性贫血

    C. 锌、侏儒病   D. 钙、软骨病

25. 用氢氧化钠熔融法分解某矿石时最合适用（　　）。

    A. 铂坩埚   B. 石英坩埚

    C. 镍坩埚   D. 瓷坩埚

26. 有一个固体混合物，可能含有 $FeCl_3$、$NaNO_2$、$Ca(OH)_2$、$AgNO_3$、$CuCl_2$、NaF、NH_4Cl 七种物质中的若干种，若将此混合物加水后，可得白色沉淀和无色溶液，在此无色溶液中加入 KSCN，没有变化，无色溶液酸化后，可使 $KMnO_4$ 溶液紫色退去，将无色溶液加热有气体放出。白色沉淀可溶于 NH_3 中。根据上述现象，指出（1）哪些物质肯定存在，（2）哪些物质可能存在，（3）哪些物质肯定不存在，并说明原因。

27. 如何从二氯化钴制备 $[Co(NH_3)_6]Cl_3$？

28. 如何从粗镍制高纯镍？

29. 用氨水处理含 Ni^{2+} 和 Fe^{3+} 离子的溶液，先形成有色沉淀，继续加氨水，沉淀部分溶解形成深蓝色溶液，剩下的沉淀仍然有颜色。过滤后向沉淀中加盐酸能溶解。写出上述每一步的离子反应方程式。

30. 研究证明，Pd(Ⅱ)和 Pt(Ⅱ)的配合物都是抗磁性的平面正方形结构。而 Ni(Ⅱ)的配合物多数为顺磁性的，且有的为八面体。试用杂化轨道理论解释。

31. 检验 Ni^{2+} 离子最灵敏的反应之一是与丁二酮肟 $H_3C—C=NOH$
                                                                                                          |
                                                                                                          $H_3C—C=NOH$

生成鲜红色的配位数为 4 的配合物，试说明配位基团的特征和中心

离子的杂化方式。

32. 写出[Fe(H$_2$O)$_6$]$^{3+}$离子的水解反应方程式。

33. Fe 的元素电势图为：

$$FeO_4^{2-} \xrightarrow{1.9\ V} Fe^{3+} \xrightarrow{0.771\ V} Fe^{2+} \xrightarrow{-0.414\ V} Fe$$

(1) 问酸性溶液中 Fe^{3+} 能否将 H$_2$O$_2$ 氧化成 O$_2$。

(已知 O$_2$ + 2H$^+$ + 2e$^-$ ══ H$_2$O$_2$ $\varphi^\theta = 0.682$ V)

(2) 计算下列反应的平衡常数(酸性溶液,298 K)。

Fe(s) + 2Fe^{3+}(aq) ══ 3Fe^{2+}(aq)

34. 拟出准确鉴别标签不清的二氧化锰、二氧化铅、四氧化三铁 3 瓶黑色固体试剂的简要步骤,并写出主要化学方程式。

35. 铁系元素和铂系元素在自然界的存在以及物理化学性质等方面,有哪些差异？

36. 欲初步鉴别: MnO$_2$、Fe$_3$O$_4$、Co$_2$O$_3$、NiO$_2$、CuO 五种棕黑色的氧化物,应加下列试剂中的哪一种较妥？写出反应现象。

(1) 浓 H$_2$SO$_4$；(2) 稀 H$_2$SO$_4$；(3) 浓 HCl；(4) 稀 HCl

五、练习题参考答案

1. C   2. A   3. C   4. B   5. C   6. D
7. B   8. D   9. C   10. A   11. B   12. A
13. D   14. B   15. C   16. B   17. C   18. B
19. D   20. A   21. C   22. D   23. D   24. B
25. C

26. **提示**：肯定存在的物质是 NaNO$_2$、AgNO$_3$、NH$_4$Cl；可能存在的物质是 NaF、FeCl$_3$；肯定不存在的物质是 CuCl$_2$、Ca(OH)$_2$。

27. **提示**：将 CoCl$_2$ 溶于过量浓氨水溶液中,并加入 H$_2$O$_2$（或通空气）进行氧化

4Co^{2+} + 24NH$_3$ + O$_2$ + 2H$_2$O ══ 4[Co(NH$_3$)$_6$]$^{3+}$ + 4OH$^-$

再加入 NH$_4$Cl,蒸发浓缩即可。

28. **提示**：先制成羰基配合物，再利用不同的羰基配合物的分解温度不同，而可得纯镍。

29. **提示**：(1) $Ni^{2+} + Fe^{3+} + 5NH_3 \cdot H_2O \Longrightarrow$
   $Ni(OH)_2\downarrow + Fe(OH)_3\downarrow + 5NH_4^+$
   (2) $Ni(OH)_2 + 6NH_3 \cdot H_2O \Longrightarrow$
   $[Ni(NH_3)_6]^{2+} + 2OH^- + 6H_2O$
   (3) $Fe(OH)_3 + 3H^+ \Longrightarrow Fe^{3+} + 3H_2O$

30. **提示**：对于 Pd(Ⅱ) 和 Pt(Ⅱ)，中心原子采用 dsp^2 杂化方式。Ni(Ⅱ) 则采用 sp^3d^2 杂化。

31. **提示**：配体中的两个氮原子都是配位原子，中心原子用 4 个 dsp^2 杂化轨道接受 2 个配体中的 4 个氮原子给出的 4 对孤电子，形成平面四边形结构。

32. **提示**：水解是可逆反应：
   $[Fe(H_2O)_6]^{3+} + H_2O \Longrightarrow [Fe(H_2O)_5(OH)]^{2+} + H_3O^+$
   $[Fe(H_2O)_5(OH)]^{2+} + H_2O \Longrightarrow$
   $[Fe(H_2O)_4(OH)_2]^+ + H_3O^+$
   $[Fe(H_2O)_4(OH)_2]^+ + H_2O \Longrightarrow Fe(OH)_3 + H_3O^+ + 3H_2O$

33. **提示**：(1) 因为 $\varphi^\theta(Fe^{3+}/Fe^{2+}) > \varphi^\theta(O_2/H_2O_2)$
   所以 Fe^{3+} 离子有可能把 H_2O_2 氧化成 O_2
   (2) $zE^\theta = 2(\varphi_+^\theta - \varphi_-^\theta)$
   $$\lg K = 40.1$$
   $$K = 1 \times 10^{40}$$

34. **提示**：第一步，各取三种固体少许，分别加入稀硫酸和少量 $MnSO_4$ 溶液，加热，离心，溶液呈紫红色的是 PbO_2：
   $5PbO_2 + 2Mn^{2+} + 4H^+ + 5SO_4^{2-} \xrightarrow{\triangle}$
   $2MnO_4^- + 5PbSO_4 + 2H_2O$
   第二步，另取剩下的二种固体各少许，分别和浓盐酸作用，加热后产生 Cl_2 的是 MnO_2（Cl_2 可用 KI 淀粉试纸加以检出）：
   $MnO_2 + 4HCl(浓) \xrightarrow{\triangle} MnCl_2 + Cl_2\uparrow + 2H_2O$

第三步,取第二步剩下的未产生 Cl_2 但曾和浓盐酸作用后的澄清溶液,用水稀释,分成两份,分别加入少许 $K_4[Fe(CN)_6]$ 和 $K_3[Fe(CN)_6]$ 溶液,都产生深蓝色沉淀的是 Fe_3O_4。

$$Fe_3O_4 + 8HCl = FeCl_2 + 2FeCl_3 + 4H_2O$$
$$Fe^{2+} + Fe(CN)_6^{3-} + K^+ = KFe[Fe(CN)_6] \downarrow$$
$$Fe^{3+} + Fe(CN)_6^{2-} + K^+ = KFe[Fe(CN)_6] \downarrow$$

35. 提示:(1)铂系元素在地壳中的丰度比铁系元素小;

(2)铂系元素在自然界以单质游离态存在,而铁系元素则以化合态存在;

(3)铂系元素的化学活泼性比铁系元素小;

(4)铂系元素的密度比铁系元素的大;

(5)铂系元素形成高氧化态化合物的倾向比铁系元素强。

36. 提示:用(4)稀 HCl,因为:

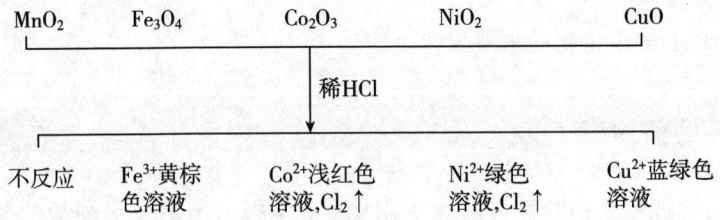

第十九章
无机物性质规律讨论

一、教学要求

1. 了解物质的颜色及产生的原理。
2. 掌握物质的酸性与碱性变化规律。
3. 掌握含氧酸及氧酸盐的某些性质:溶解性、水解性、热稳定性、氧化还原性。
4. 了解卤化物的水解规律。

二、重点与难点

重点:掌握物质的酸性与碱性变化规律;掌握含氧酸及氧酸盐的某些性质:溶解性、水解性、热稳定性、氧化还原性。

难点:溶解性、水解性、热稳定性、氧化还原性的理论解释。

三、精选例题解析

1. 下列物质,含有 Π_4^6 的是( )。

   A. SO_3^{2-} B. BF_3 C. NO_2^- D. ClO_3^-

   答:SO_3^{2-} 中硫原子采取不等性 sp^3 杂化与氧原子成键,无 π 键;NO_2^- 中氮原子采取 sp^2 杂化与氧原子成键,除 σ 键外还存在一个 Π_3^4;ClO_3^- 结构与 SO_3^{2-} 是类似的,在 BF_3 中,硼为缺电子原子,以 sp^2 杂化轨道与 F 形成 3 个 σ 键外,其空 p 轨道与 3 个 F 原子上 p 轨道上的电

第十九章 无机物性质规律讨论

子对形成 Π_4^6 键。正确答案为 B。

2. 下列氢化物,热稳定性最差的是(　　)

　　A. H_2S　　　B. HBr　　　C. HCl　　　D. H_2Se

答:分子型氢化物的热稳定性,在同一周期中从左到右逐渐增强,在同一族中,从上到下逐渐减小。由此可知热稳定性:HCl＞HBr、HCl＞H_2S、H_2S＞H_2Se、HBr＞H_2Se。因此稳定性最差的是 H_2Se。故正确答案为 D。

3. 估算下列各酸的 K_1 值:$HClO_4$、H_5IO_6、HClO。

解:含氧酸的 K_1 与非羟基氧原子数 N 有如下关系:$K_1 \approx 10^{5N-7}$
$HClO_4$、H_5IO_6、HClO 的 K_1 分别为:

$$K_1(HClO_4) = 10^{5\times3-7} = 10^8$$
$$K_1(H_5IO_6) = 10^{5\times1-7} = 10^{-2}$$
$$K_1(HClO) = 10^{0-7} = 10^{-7}$$

4. 概括非金属元素氢化物有哪些共性?

答:非金属元素氢化物的共性是:

(1)都是分子型氢化物,氢原子与非金属元素的原子间都是以共价键相结合。

(2)在通常状况下皆为气体或易挥发的液体。

(3)皆有还原性,能与氧、卤素、高氧化态的金属离子以及一些含氧酸或含氧酸盐等氧化剂作用。

(4)多数的热稳定性较小。

5. 下列说法是否正确,如不正确,予以改正并加以说明:

(1)非金属单质与碱的反应都是歧化反应。

(2)在一个周期中,从右到左,非金属的简单离子越来越容易与质子结合。

解:(1)不正确,如反应:
$$2B + 2NaOH + 2H_2O \Longrightarrow 2NaBO_2 + 3H_2 \uparrow$$
就不是歧化反应。

(2)这句话是正确的。因为许多非金属元素的氢化物的水溶液有酸碱性。从周期看,从右到左,酸性递减。例如,第二周期的氢化物水溶液的酸性是：$HF>H_2O>NH_3$，相应共轭碱的碱性 $F^-<OH^-<NH_2^-$，故这些碱夺质子的能力：$F^-<OH^-<NH_2^-$。

6. 试从结构观点分析含氧酸酸强度和结构之间的关系。用鲍林规则判断下列酸的强弱：

(1)$HClO$　(2)$HClO_2$　(3)H_3AsO_3　(4)HIO_3　(5)H_3PO_3
(6)$HBrO_3$　(7)$HMnO_4$　(8)H_2SeO_4　(9)HNO_2　(10)H_6TeO_6

解：鲍林规则是：含氧酸的与非羟基氧原子数 N 有以下关系：
$K_1 \approx 10^{5N-7}$

(1)$HClO$ 的 $N=0$，$K_1 \approx 10^{-7}$，酸性很弱

(2)$HClO_2$ 的 $N=1$，$K_1 \approx 10^{-2}$，酸性较弱

(3)H_3AsO_3 的 $N=0$，$K_1 \approx 10^{-7}$，酸性很弱

(4)HIO_3 的 $N=2$，$K_1 \approx 10^3$，酸性强

(5)H_3PO_3 是二元酸，$N=1$，$K_1 \approx 10^{-2}$，酸性较弱

(6)$HBrO_3$ 的 $N=2$，$K_1 \approx 10^3$，酸性强

(7)$HMnO_4$ 的 $N=3$，$K_1 \approx 10^8$，酸性最强

(8)H_2SeO_4 的 $N=2$，$K_1 \approx 10^3$，酸性强

(9)HNO_2 的 $N=1$，$K_1 \approx 10^{-2}$，酸性较弱

(10)H_6TeO_6 的 $N=0$，$K_1 \approx 10^{-7}$，酸性很弱

7. 用 $BaCO_3$、$CaCO_3$ 以及它们的组成氧化物的标准生成焓求 $BaCO_3$ 和 $CaCO_3$ 的分解焓，并从结构上解释为什么 $BaCO_3$ 比 $CaCO_3$ 稳定？

解：$BaCO_3$ 分解反应的方程式为：
$$BaCO_3 \xrightarrow{\triangle} BaO+CO_2$$

$BaCO_3$ 的标准分解焓变为：
$\Delta_r H^\theta = \Delta_r H^\theta(BaO,s)+\Delta_r H^\theta(CO_2,g)-\Delta_r H^\theta(BaCO_3,s)$
$\quad = -553.5+(-393)-(-1216)=269.5 \text{ kJ}\cdot\text{mol}^{-1}$

$CaCO_3$ 分解反应的方程式为：
$$CaCO_3 \xrightarrow{\triangle} CaO+CO_2$$

$CaCO_3$ 的标准分解焓变为：
$\Delta_r H^\theta = \Delta_r H^\theta(CaO,s)+\Delta_r H^\theta(CO_2,g)-\Delta_r H^\theta(CaCO_3,s)$

$= -635.1 + (-393) - (-1\,207) = 178.9 \text{ kJ} \cdot \text{mol}^{-1}$

由于 Ca^{2+} 的半径小于 Ba^{2+}，所以 Ca^{2+} 的极化力大于 Ba^{2+}。Ca^{2+} 容易使 CO_3^{2-} 变形以至分解，故 $BaCO_3$ 稳定。

8. 试比较下列各组物质的热稳定性，并做说明：

(1) $Ca(HCO_3)_2$、$CaCO_3$、H_2CO_3、$CaSO_4$、$CaSiO_3$

(2) $AgNO_3$、HNO_3、KNO_3、$KClO_3$、K_3PO_4

答：(1) $CaSiO_3 > CaSO_4 > CaCO_3 > Ca(HCO_3)_2 > H_2CO_3$

(2) $K_3PO_4 > KClO_3 > KNO_3 > AgNO_3 > HNO_3$

影响含氧酸盐稳定性的因素很多，它不仅决定于含氧酸根的结构，而且还与金属阳离子的性质有关。一般说来有如下几点规律：

(1) 正盐比相应的酸式盐稳定，而酸式盐比相应的酸稳定。

(2) 对同一含氧酸盐，极化力大的金属阳离子其盐容易分解。

(3) 同一金属离子的不同含氧酸盐中，硝酸盐受热易分解，其次是碳酸盐，硫酸盐居中，磷酸盐和硅酸盐比较稳定。

(4) 同一金属离子的不同氧化态的含氧酸盐，低氧化态含氧酸盐较高氧化态含氧酸盐的热稳定性差。

9. 试说明为什么下列各组含氧酸的氧化性是：

(1) $H_2SeO_4 > H_2SO_4$

(2) $HNO_2 > $ 稀 HNO_3

(3) 浓 $H_2SO_4 > $ 稀 H_2SO_4

(4) $HClO > HBrO > HIO$

答：含氧酸及其盐的氧化性受多种因素的影响，情况颇为复杂。氧化性就是指在化学反应过程中获得电子的能力。显然，电负性大，原子半径小，氧化态高的中心原子，其获得电子的能力强，表现为酸的氧化性强。中心原子与氧之间的 R—O 键的强度越强，键数也多，分子又稳定，则氧化性就弱。

(1) 硒是第四周期元素，与同族的第三周期元素硫相比，由于 3d 电子的填充，导致 Se 与 S 的电负性相近，原子半径和离子半径也相差不大，核电荷增加，但 3d 电子的屏蔽作用小，所以 H_2SeO_4 获得电子的能力比 H_2SO_4 强，氧化性更强。

(2) 在 HNO_3 中共有 3 个 N—O 键,而在 HNO_2 中只有两个 N—O 键,要断裂的键越多就越稳定。

(3) 硫酸的浓度越大,所在电对的电极电势就越高,氧化能力就越强。

(4) 中心原子的电负性越大,获得电子的能力越大、氧化性越强。

10. 什么叫对角线规则?试举三例简单说明 Be 和 Al 的相似性。

解:在周期表中二、三周期左上方和右下方的两种元素性质十分相似,如 Li 和 Mg、Be 和 Al、B 和 Si 等的性质就十分相似,周期律中称之为对角线规则。

如 Be、Al 两者都属两性金属,既溶于酸,也溶于碱;它们的氢氧化物都具两性;其电对标准电极电势 φ 值相近,说明氧化还原能力相当;氯化物 $BeCl_2$、$AlCl_3$ 均为缺电子共价型化合物;两种盐都能水解。

11. 为什么 LiF 在水中的溶解度比 AgF 小,而 LiI 在水中的溶解度比 AgI 大。

解:由于 LiF 和 AgF 都是离子型化合物,但是 LiF 的晶格能比 AgF 大,故 LiF 在水中的溶解度比 AgF 小。又由于 Ag^+ 为 18 电子构型,极化较强,I^- 离子的半径比 F^- 大,变形性较强,因此 AgI 的共价性较显著,所以 AgI 在水中的溶解度比 LiI 小。

12. 试述 Ga、In、Tl 和 Ge、Sn、Pb 氧化态变化规律的相似性。为什么?

解:Ga、In、Tl 氧化态有 +1、+3,Ge、Sn、Pb 氧化态有 +2、+4。

它们的氧化态从上至下,高氧化态(分别是 +3 和 +4)稳定性下降,低氧化态(分别是 +1 和 +2)稳定性增大。这是因为 $6s^2$ "惰性电子对"效应的影响。

13. VA 族中,N(V) 和 Bi(V) 的氧化性均比 As(V)、Sb(V) 要强,试用周期表中的有关变化趋势对此作解释。

解:p 区轻元素的电负性大于重元素,而且往往不易被氧化,所以氮(V) 一般是强氧化剂。铋的电负性小得多,但惰性电子对效应使之更有利于形成 +3 氧化态。磷、砷、锑的电负性小于氮,而且不显惰性电子对效应。

14. 说明硫化物的颜色为什么按下列顺序加深?

ZnS(白色)　　　　CdS(黄色)　　　　HgS(黑色)

解:因为 Zn^{2+}、Cd^{2+}、Hg^{2+} 离子在同一族,半径自上而下变大,离子电子构型都是 18 电子,它们对 S^{2-} 有极化作用;而 S^{2-} 对它们有附加极化作用,且随着阳离子半径变大附加极化作用也增加,所以,相互极化作用加大就使硫化物颜色由白色 —→ 黄色 —→ 黑色。

四、练习题

1. 下列物质在稀酸性溶液中,氧化性最强的是(　　)。

  A. SO_4^{2-}　　　B. NO_3^-　　　C. ClO_4^-　　　D. $S_2O_8^{2-}$

2. 下列盐类,受热最容易分解的是(　　)。

  A. Na_2SiO_3　　B. Na_2SO_4　　C. $NaClO_3$　　D. Na_3PO_4

3. $0.1\ mol \cdot L^{-1}$ 下列各盐的水溶液,pH 值最大的是(　　)。

  A. Na_2SO_4　　B. Na_3PO_4　　C. Na_4SiO_4　　D. $NaClO_4$

4. 下列物质中,能与 NaOH 溶液反应放出 H_2 的是(　　)。

  A. B　　　　B. Si　　　　C. As　　　　D. S

5. 下列单质,能被 HNO_3 氧化的是(　　)。

  A. B　　　　B. Br_2　　　C. Si　　　　D. S

6. 下列叙述正确的是(　　)。

  A. 卤素单质在水中均可发生歧化反应

  B. 非金属单质在碱性水溶液中均可发生歧化反应

  C. I_2 在水溶液中总是歧化为 I^- 和 IO_3^-

  D. Cl_2 在碱性水溶液中可以歧化为 Cl^- 和 ClO_3^-

7. 下列分子中偶极矩不等于零的是(　　)。

  A. CCl_4　　　B. PCl_5　　　C. PCl_3　　　D. SF_6

8. H_2O 的沸点是 373 K,H_2Se 的沸点是 231 K,可用于解释这种现象的理论是(　　)。

  A. 范德华力　B. 共价键　　C. 离子键　　D. 氢键

9. 下列分子或离子中,中心原子采取 sp^2 杂化轨道成键的是(　　)。

A. ClO_2^- B. ClO_4^- C. NO_2 D. SO_3^{2-}

10. 下列各组物质,都存在离域 π 键的是(　　)。

    A. NO_3^-、ClO_4^-、SO_2 B. NO_2、石墨、CO_3^{2-}

    C. SO_3、O_3、P_4O_6 D. HNO_3、O_2、SiO_2

11. 下列含氧酸盐为正盐的是(　　)。

    A. KH_2PO_4 B. KH_2PO_2 C. K_2HPO_4 D. KH_2PO_3

12. 下列含氧酸,属于多酸的是(　　)。

    A. $H_2S_2O_7$ B. $H_4Si_3O_8$ C. H_5IO_6 D. $H_2S_3O_6$

13. 下列物质,既有氧化性,又有还原性的是(　　)。

    A. ClO^- B. S^{2-} C. NO_2^- D. BO_3^{3-}

14. 下列酸中,含有配位键的是(　　)。

    A. $HClO_4$ B. HNO_3 C. H_5IO_6 D. H_3BO_3

15. 下列性质递变顺序,其中正确的是(　　)。

    A. 酸性:$HF>HCl>HBr>HI$

    B. 酸性:$H_2O<H_2S<H_2Se<H_2Te$

    C. 还原性:$H_2O<H_2S<H_2Se<H_2Te$

    D. 还原性:$HF>HCl>HBr>HI$

16. 下列递变规律不正确的是(　　)。

    A. 溶解性:$LiClO_4>NaClO_4>KClO_4$

    B. 热稳定性:$MgCO_3>CaCO_3>SrCO_3>BaCO_3$

    C. 碱性:$As_2O_3<Sb_2O_3<Bi_2O_3$

    D. 酸性:$HF<HCl<HBr<HI$

17. 下列氢化物,碱性最弱的是(　　)。

    A. SbH_3 B. PH_3 C. NH_3 D. AsH_3

18. 下列物质,属于一元酸的是(　　)。

    A. H_3BO_3 B. H_3AsO_4 C. H_3PO_2 D. H_3PO_3

19. 下列性质递变,正确的是(　　)。

    A. 热稳定性:$Na_2SO_4>Na_2CO_3>NaNO_3$

    B. 热稳定性:$CaCO_3<ZnCO_3<Na_2CO_3$

    C. 氧化性:$HClO_3<HBrO_3>HIO_3$

D. 氧化性：$HClO_4 > HBrO_4 > H_5IO_6$

20. 根据鲍林规则估算 H_6TeO_6 的 K_1 值为（ ）。

    A. 10^{-7}　　B. 10^{-2}　　C. 10^3　　D. 10^5

21. 下列性质递变，其中正确的是（ ）。

    A. 热稳定性：$NH_3 < PH_3 < AsH_3 < SbH_3$

    B. 碱性：$NH_3 < PH_3 < AsH_3 < SbH_3$

    C. 酸性：$HClO < HBrO < HIO$

    D. 氧化性：$HClO > HBrO > HIO$

22. 非金属氢化物热稳定性越高，则通常是（ ）。

    A. $|\Delta X|$ 值越小　　B. $\Delta_r H^\theta$ 值越小

    C. 键能越大　　D. $\Delta_r G^\theta$ 值越大

23. 下列分子或离子中，含有 Π_3^4 键的是（ ）。

    A. ClO_3^-　　B. SO_2　　C. HCO_3^-　　D. SiO_2

24. 下列各组物质中均为原子晶体的是（ ）。

    A. 石墨、S_8、SiO_2　　B. 金刚石、CO_2、P_4

    C. 黄磷、SiO_2、晶态 B　　D. 晶态 Si、金刚石、SiO_2

25. 有关非金属氢化物的下列叙述中，不正确的是（ ）。

    A. 它们都是共价型的分子氢化物

    B. 同一族从上到下还原性增强

    C. 同一周期从左到右酸性增强

    D. 同一族从上到下酸性减弱

26. 下列对非金属含氧酸根的叙述，其中不正确的是（ ）。

    A. 同一周期最高氧化数的结构相似

    B. 都存在离域 π 键

    C. 同一周期从左至右最高氧化态的氧化性增强

    D. 对某一酸根来说，在酸性介质中比在碱性介质中氧化性强

27. 下列各组元素在通常状况下，其单质均以小分子存在的是（ ）。

    A. O、N、I　　B. Cl、I、Si

    C. P、C、Br　　D. F、P、S

28. 下列性质，与第二周期非金属元素相符的是（ ）。

A. 化合物均可形成氢键　　　　　B. 多数可生成重键

C. 最高配位数为 4　　　　　　　D. 单质单键的键能在同族中最大

29. 下列含氧酸根,中心原子以 sp³ 杂化轨道成键的是(　　)。

A. ClO_2^-　　　B. PO_4^{3-}　　　C. BO_3^{3-}　　　D. CO_3^{2-}

30. 下列分子中,偶极矩不为零的是(　　)。

A. SiH_4　　　B. PH_3　　　C. H_2S　　　D. B_2H_6

31. 下列氯化物中,最易水解的是(　　)。

A. $NaCl$　　　B. $SiCl_4$　　　C. $MgCl_2$　　　D. $AlCl_3$

32. 下列含氧酸中,氧化性最强的是(　　)。

A. H_3PO_4　　　B. H_4SiO_4　　　C. H_3AsO_4　　　D. H_2SeO_4

33. 过渡金属和许多非金属的共同点是(　　)。

A. 有高的电负性　　　　　　　B. 许多化合物有颜色

C. 多种氧化态　　　　　　　　D. 许多顺磁性化合物

34. 对第四周期的过渡元素,不具备的性质是(　　)。

A. 形成多种氧化态

B. 形成配位化合物

C. 配位数为 4 或 6

D. 形成的离子必具有 $4s^2 3d^n$ 的电子排布

35. 为什么碳原子间易形成重键,而硅原子间很少形成重键?

36. 写出 p 区 3 种可形成具有缩合性的含氧酸的元素,并各写出一个缩合反应。

37. 试举出 5 种既具有强酸性,又具有强氧化性的含氧酸。

38. 比较 Na_2CO_3 和 $CaCO_3$ 的热稳定性高低,并简述理由。

39. 哪一类非金属的单质能与强碱反应放出氢气?试举出 2 种这样的非金属。

40. 试比较 $HClO_3$ 和 $HBrO_3$ 的酸性强弱,并简述理由。

41. 有人说:"水解反应是中和反应的逆反应,因为水解的产物必然是酸和碱。"这种说法对否?请举例说明。

42. 有人说:"同一非金属元素的含氧酸,总是氧化数高的氧化性强。"这种说法对吗?试举例说明。

五、练习题参考答案

1. D   2. C   3. C   4. B   5. A、D   6. C
7. C   8. D   9. C   10. B   11. B   12. A、B
13. A、C 14. A、C 15. B、C 16. B   17. A   18. A、C
19. A、C 20. A   21. D   22. B、C 23. B、C   24. D
25. D   26. B   27. D   28. B、C 29. A、B   30. B、C
31. B   32. D   33. C   34. D

35. **提示**：碳原子的半径较小，C—C 键能最大。
36. **提示**：有 Si，P，S 三种元素。如：

$$\text{HO}-\overset{\overset{O}{\uparrow}}{\underset{\underset{O}{\downarrow}}{S}}-\text{OH} + \text{HO}-\overset{\overset{O}{\uparrow}}{\underset{\underset{O}{\downarrow}}{S}}-\text{OH} \xrightarrow{-H_2O} \text{HO}-\overset{\overset{O}{\uparrow}}{\underset{\underset{O}{\downarrow}}{S}}-O-\overset{\overset{O}{\uparrow}}{\underset{\underset{O}{\downarrow}}{S}}-\text{OH}$$

37. **提示**：含氧酸中非羟基氧越多，中心原子氧化数越高者，如 $HClO_4$、H_2SO_4、HNO_3、$HBrO_4$、HIO_4。
38. **提示**：可计算分解反应的 $\Delta_r G^0$ 值。
39. **提示**：一般准金属能与强碱反应放出 H_2，如 Si、B 等。

$$Si + 2NaOH + H_2O = Na_2SiO_3 + 2H_2\uparrow$$

40. **提示**：比较 Cl 和 Br 的电负性，离子半径。
41. **提示**：不对，如 $SbCl_3 + H_2O = SbOCl\downarrow + HCl$，参看非金属卤化物的水解。
42. **提示**：不对，如 $HNO_2 > HNO_3$。